10. COLLOQUIUM DER
GESELLSCHAFT FÜR PHYSIOLOGISCHE CHEMIE
AM 9./12. APRIL 1959 IN MOSBACH/BADEN

DYNAMIK DES EIWEISSES

MIT 64 TEXTABBILDUNGEN

SPRINGER-VERLAG
BERLIN · GÖTTINGEN · HEIDELBERG
1960

Alle Rechte,
insbesondere das der Übersetzung in fremde Sprachen,
vorbehalten

Ohne ausdrückliche Genehmigung des Verlages ist es auch nicht
gestattet, dieses Buch oder Teile daraus auf photomechanischem
Wege (Photokopie, Mikrokopie) zu vervielfältigen

© by Springer-Verlag OHG.
Berlin · Göttingen · Heidelberg 1960

Die Wiedergabe von Gebrauchsnamen, Handelsnamen, Warenbezeichnungen usw.
in diesem Werk berechtigt auch ohne besondere Kennzeichnung nicht zu der
Annahme, daß solche Namen im Sinn der Warenzeichen- und Markenschutz-
Gesetzgebung als frei zu betrachten wären und daher von jedermann benutzt
werden dürften.

ISBN 978-3-540-02503-0 ISBN 978-3-642-86472-8 (eBook)
DOI 10.1007/978-3-642-86472-8

Inhalt

Die Größe des Umsatzes von Organ- und Plasmaeiweiß. Mit 17 Textabbildungen (W. MAURER, Köln-Lindenthal) 1

Diskussion 44

Biosynthese der Proteine und ihr enzymatischer Aspekt. Mit 3 Textabbildungen (V. V. KONINGSBERGER, Utrecht/Holland) 50

Diskussion 66

Bemerkungen über die physiologischen Voraussetzungen der Eiweißsynthese in isolierten Blättern. Mit 7 Textabbildungen (K. MOTHES, Halle a. d. S.) 72

Diskussion 81

Untersuchungen über die Rolle der Acceptor-RNS für Aminosäuren bei der Proteinsynthese von Escherichia coli. Mit 7 Textabbildungen (F. GROS, Paris/Frankreich) 82

Diskussion 95

Proteinsynthese in Lebermikrosomen. Mit 6 Textabbildungen (P. W. JUNGBLUT und F. TURBA, Würzburg) 102

Diskussion 115

Information, induction, répression dans la biosynthèse d'un enzyme. Avec 4 Figures (J. MONOD, Paris/France) 120

Diskussion. Mit 2 Textabbildungen 140

Bildung der Antikörper. Mit 18 Textabbildungen (H. E. SCHULTZE, Marburg a. d. L.) 146

Diskussion 195

Begrüßung und Eröffnung

Meine Damen und Herren!

Das ist nun das zehnte Colloquium unserer Gesellschaft, zu dem ich Sie hier in Mosbach willkommen heißen darf. Diese zehn Jahre sind sehr schnell verstrichen, und die Erinnerung an das erste Colloquium ist bei den meisten noch so frisch, als ob es erst im vergangenen Jahr gewesen wäre.

Die Stadtverwaltung hat uns in den ersten acht Jahren den Bürgersaal zur Verfügung gestellt, in dem noch manches von der Tradition der freien Reichsstadt lebendig ist. Zunächst war er gerade recht, und in ihm entstand die besondere intime Atmosphäre, die für unsere Colloquien charakteristisch ist und die den freien Austausch der Gedanken förderte. Diese Atmosphäre zog aber so viele Gleichgesinnte an, daß der Saal bald zu eng wurde. Wir blieben aber in ihm, weil wir nicht wollten, daß sich die Colloquien zu einem Kongreß ausweiteten. Im vergangenen Jahr haben wir nun dem Druck nachgegeben und sind in die Markthalle umgezogen, schweren Herzens, weil wir fürchteten, daß die Intimität verlorengehen könnte. Aber die Stadtverwaltung hat die Halle so schön und würdig hergerichtet, daß wir uns hier genauso wohl fühlen wie in dem historischen Bürgersaal. Dafür möchte ich ihr und dem Herrn Bürgermeister TARUN im Namen der Gesellschaft sehr herzlich danken.

Zwischen Mosbach und der Gesellschaft hat sich ein festes freundschaftliches Verhältnis entwickelt.

Ich weiß nicht, wie die Bevölkerung zu unseren Colloquien steht. Ihre Stadt ist unter den Biochemikern fast der ganzen Welt bekannt geworden. Viele Vortragende sind aus dem Ausland gekommen und haben daheim von der alten Stadt erzählt und Bilder von den schönen Fachwerkhäusern gezeigt. So hat sich der Ruf dieser Stadt und ihres tätigen Interesses für die Wissenschaft weit verbreitet. Sogar in Japan bin ich auf die Mosbacher Colloquien angesprochen worden.

Solche Colloquien und Symposien, in denen über ein bestimmtes Thema referiert und diskutiert wird, haben sich nicht nur hier bei uns bewährt, sondern entsprechen einem allgemeinen Bedürfnis. Da man unmöglich selbst alles lesen und verfolgen kann, bieten sie die angenehmste und einfachste Möglichkeit, sich über die Fortschritte der Biochemie auf dem laufenden zu halten und neue Anregungen zu erhalten.

Das gegenwärtige Colloquium wird die Dynamik des Eiweißes behandeln. Zuerst wird uns Herr MAURER in sehr schönen neuen Versuchen zeigen, wie und in welchem Rhythmus das Eiweiß der Organe und des Blutplasmas umgesetzt wird. Herr KONINGSBERGER wird über die Proteinsynthese vom Gesichtspunkt der Enzyme aus referieren. Anschließend wird Herr GROS über seine Versuche berichten, nach denen ein Komplex von Ribonucleinsäure und einfachen Aminosäuren eine notwendige Zwischenstufe in der Synthese der Proteine aus freien Aminosäuren ist. Wie die Eiweißkörper, vor allem das Serumalbumin, in den Mikrosomen der Leberzelle gebildet werden, werden wir von Herrn JUNGBLUT hören. Herr MONOD kann seinen Vortrag nicht selbst halten, hat uns aber das Manuskript für den Druck überlassen. Herr GROS hat es freundlicherweise übernommen, die Ergebnisse der Monodschen Versuche zu referieren, so daß wir über die adaptive Enzymbildung wenigstens diskutieren können. Das Colloquium schließt mit einem Vortrag von Herrn SCHULTZE über die Bildung der Antikörper.

K. FELIX

Die Größe des Umsatzes von Organ- und Plasmaeiweiß

Von

WERNER MAURER

Köln-Lindenthal

Mit 17 Textabbildungen

Trotz zahlreicher Untersuchungen mit markierten Aminosäuren über die Größe des Plasma- und Organeiweißstoffwechsels ist über die absolute Größe von Inkorporations- bzw. Umsatzraten nicht allzu viel bekannt. Das gilt insbesondere für das Eiweiß der Organe bzw. der verschiedenen Gewebs- und Zellarten.

Im Stoffwechselgleichgewicht besteht zwischen der Menge einer eiweiß-gebundenen Aminosäure einer Eiweißfraktion (M) und den dynamischen Größen ,,Umsatzrate'' (A_0) und ,,Mittlere Lebensdauer'' (ML) der eiweiß-gebundenen Aminosäure die Beziehung:

$$\frac{M\,(\mu g)}{A_0\,(\mu g/min)} = ML\,(min) = \frac{HZ\,(min)}{\ln 2} = \frac{HZ}{0{,}693} = 1{,}44 \cdot HZ.$$

Dabei bedeutet HZ die sogenannte biologische Halbwertszeit. Sie kann aus dem zeitlichen — exponentiellen — Abfall der Markierung einer eiweiß-gebundenen Aminosäure bestimmt werden. Innerhalb der mittleren Lebensdauer ML wird die Menge M der eiweiß-gebundenen Aminosäure dem Betrage nach einmal und innerhalb der biologischen Halbwertszeit zu 69,3% (nicht 50%!) umgesetzt.

Die Bestimmung der Umsatzrate einer eiweiß-gebundenen Aminosäure kann, wie aus der obigen Beziehung hervorgeht, grundsätzlich auf zwei Wegen bestimmt werden: 1. Es wird die zeitliche Abfallkurve einer Markierung des Eiweißes, d. h. die biologische Halbwertszeit HZ gemessen und die Umsatzrate A_0 daraus berechnet. Wie sich zeigen wird, ist diese Methode nur auf Plasmaeiweiß-Fraktionen und auch hier nur mit Einschränkungen anwendbar. 2. Die Umsatzrate A_0 wird direkt gemessen. Umgekehrt kann dann die mittlere Lebensdauer ML berechnet werden.

Es soll hier über direkte Messungen von Aminosäure-Inkorporationsraten bei Plasmaeiweiß-Fraktionen und Organeiweiß unter in vivo-Verhältnissen berichtet werden. Abschnitt A gibt einen kurzen Überblick über Messungen von biologischen Halbwertszeiten von Plasmaeiweiß-Fraktionen. Abschnitt B beschreibt Messungen von Umsatzraten mit verschiedenen markierten Aminosäuren für Plasma- und Organeiweiß u. a. m. Abschnitt C behandelt autoradiographische Untersuchungen, welche einen Überblick über die relative Umsatzrate des Eiweißes der verschiedenen Gewebe bzw. Zellen des Organismus geben. Mittels einer Kombination der absoluten Werte für ganze Organe nach Abschnitt B und der relativen für die verschiedenen Gewebe innerhalb eines Organs nach Abschnitt C können schließlich absolute Werte der mittleren Lebensdauern bzw. Umsatzraten auch für einzelne Gewebe bestimmt werden.

A. Messung biologischer Halbwertszeiten aus dem zeitlichen Abfall einer Markierung

1. Plasmaeiweiß. Abb. 1 gibt den zeitlichen Abfall der S^{35}-Markierung von γ-Globulinen des Kaninchens bei verschiedenen experimentellen Bedingungen wieder. Bei Kurve I erfolgte die Markierung der γ-Globuline durch Injektion von S^{35}-Methionin. Kurve II gibt den Abfall der S^{35}-γ-Globulin-Aktivität nach Injektion von S^{35}-markiertem Serumeiweiß wieder. Letzteres wurde einem Spender-Kaninchen nach Verfütterung von S^{35}-Methionin entnommen. Bei Kurve III wurden zunächst S^{35}-γ-Globuline aus dem S^{35}-Spender-Serum isoliert und diese dann injiziert. Erst die letztere Kurve zeigt den zu erwartenden exponentiellen Abfall, jedenfalls bis zu einem Abfall der S^{35}-Markierung bis auf wenige Prozent des Ausgangswertes.

Die unterschiedliche Neigung der drei Kurven erklärt sich aus der Wiederverwendung von S^{35}-Methionin (und S^{35}-Cystin), welches beim Wiederabbau von S^{35}-Körper- und Plasma-Eiweiß frei und neuerlich in γ-Globuline eingebaut wird. Die Menge der wieder frei gewordenen S^{35}-Thio-Aminosäuren — und damit die Wiederverwendung — ist besonders groß nach einer Gabe von S^{35}-Thio-Aminosäuren, weil dabei das gesamte Körpereiweiß markiert wird (Kurve I). Der Einfluß der Wiederverwendung ist minimal, wenn man nur diejenige Plasmaeiweiß-Fraktion injiziert, deren biologische Halbwertszeit gemessen werden soll (Kurve III). Die Neigung der Kurve III entspricht einer biologischen Halbwertszeit von 6,5 Tagen. Die so gewonnenen biologischen Halbwertszeiten beziehen sich strenggenommen nur auf das injizierte *körperfremde*, wenn auch artgleiche Plasmaeiweiß. Wahrscheinlich zeigt das körpereigene Plasmaeiweiß das gleiche Verhalten. Die Messung von Abfallskurven erfordert lange Zeiten und setzt eine entsprechende Stoffwechsel-Konstanz des Organismus voraus.

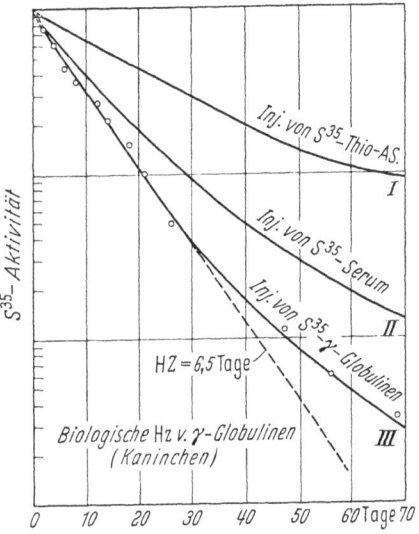

Abb. 1. Zeitliche Abfallskurven von S^{35}-γ-Globulinen (Kaninchen). Kurve I: Nach Injektion von S^{35}-Thio-Aminosäuren. Kurve II: Nach Injektion von S^{35}-Serum. Kurve III: Nach Injektion von S^{35}-γ-Globulinen. — Alle Kurven geben den Aktivitätsverlauf der aus den Serumproben isolierten γ-Globuline wieder. Nach SCHULTZE[1]

Über biologische Halbwertszeiten von Plasmaeiweiß-Fraktionen und damit zusammenhängende Fragen ist in letzter Zeit von MCFARLANE[2] (1957) ausführlich berichtet worden. Hier soll deshalb nur eine Zusammenstellung von Halbwertszeiten gegeben werden, soweit sie hier von Interesse sind.

In Tab. 1 wurden für Ratte, Kaninchen und Mensch nach Injektion von markiertem Plasmaeiweiß bzw. markierten Plasmaeiweiß-Fraktionen gemessene Halbwertszeiten zusammengestellt. Messungen mit J^{131}-markierten Plasmaeiweiß-Körpern wurden nur so weit erwähnt, als die Jodierung mit dem von MCFARLANE[3] (1956) angegebenen Verfahren durchgeführt wurden. MCFARLANE konnte zeigen, daß bei geeigneter Jodierung keine Denaturierung der Eiweißkörper eintritt, was anderenfalls zu einer vorzeitigen Eliminierung der markierten Eiweißkörper führt. Tabelle 1 zeigt, daß — beim gleichen Organismus — bei verschiedener Markierung für die einzelnen Plasmaeiweiß-Fraktionen sehr ähnliche Werte gefunden

Tabelle 1. *Biologische Halbwertszeiten von Plasmaeiweiß-Fraktionen gemessen nach Injektion von artgleichem, markiertem Plasmaeiweiß bzw. -Fraktionen*

	HZ Tage	markiert mit:	zitiert nach:
Ratte:			
Albumine	3,1—3,5	C^{14}, J^{131}	4
γ-Globuline	6,1—7,4	C^{14}, J^{131}	4
Fibrinogen	1,2	C^{14}, J^{131}	4
Kaninchen:			
Albumine	7 —8,5	S^{35}, C^{14}, J^{131}	1, 8, 9, 3, 5, 18a
γ-Globuline	5,8—6,8	S^{35}, C^{14}, J^{131}	1, 8, 9, 3, 5, 18a
Antikörper	5 —7	S^{35}, C^{14}, J^{131}	8, 9
Fibrinogen	2,3—2,9	S^{35}, C^{14}, J^{131}	10, 5
Mensch:			
Albumine	17 —27	S^{35}, C^{14}, J^{131}	11, 6, 12, 13, 15, 16
γ-Globuline	20 —35	S^{35}	11
Fibrinogen	3,4—4,2	S^{35}	11

wurden. Nach gleichzeitiger Injektion von C^{14}- und J^{131}-markiertem Plasmaeiweiß an Ratten (CAMPBELL u. Mitarb.[4] 1956) und Kaninchen (COHEN u. Mitarb.[5] 1956) fiel die C^{14}- und die J^{131}-Markierung bei den Albuminen, den γ-Globulinen und dem Fibrinogen mit praktisch der gleichen Halbwertszeit ab. GOLDSWORTHY, VOLWILER (1957[6]), (1958[7]) markierten Albumine, Globuline und Fibrinogen des Hundes gleichzeitig mit S^{35}-Cystin und C^{14}-Lysin, und zwar durch gleichzeitige Verfütterung der beiden Aminosäuren an einen Spender-Hund. Das doppelt markierte Eiweiß wurde anderen Hunden reinjiziert. Bei allen drei Fraktionen fielen beide Markierungen in gleicher Weise ab. Die Halbwertszeiten der Tab. 1 charakterisieren offenbar einen in toto-Abbau der Plasmaeiweißkörper.

Die Berechnung von Umsatzraten von Plasmaeiweiß aus biologischen Halbwertszeiten ist nicht ohne weiteres möglich. Das hängt mit dem Vorhandensein von extravasculärem Plasmaeiweiß und dem eine gewisse Zeit benötigenden Diffusionsaustausch von extra- und intravasculärem Eiweiß zusammen. Die Klärung dieser Fragen ist in letzter Zeit durch die mathematische Behandlung entsprechender Modellvorstellungen wesentlich gefördert worden (CAMPBELL u. Mitarb.[4] 1956, MATTHEWS[14] 1957, FREEMAN u. MATTHEWS[15] 1958, PEARSON u. Mitarb.[16] 1958, LEWALLEN u. Mitarb.[17] 1959).

2. Organeiweiß. Da Organeiweiß nur mittels Injektion freier Aminosäuren markiert werden kann, spielt die Wiederverwendung eine erhebliche Rolle. Die Markierung des Organeiweißes fällt deshalb viel langsamer ab, als es der Fall wäre, wenn nur das Eiweiß eines einzigen Organs markiert werden könnte. Aus Abfallskurven der Markierung von Organeiweißen können lediglich obere Grenzwerte biologischer Halbwertszeiten entnommen werden. Siehe auch Abschnitt C, 3.

B. Direkte Messung von Umsatzraten

Nach einer allgemeinen zuerst von HEVESY[18] beschriebenen Schlußweise kann die Inkorporationsrate einer Aminosäure berechnet werden, wenn 1. die Markierung der eiweiß-gebundenen und 2. die spezifische Markierung der freien Aminosäure aus Messungen bekannt ist.

Im folgenden Teil B, I soll zunächst auf Untersuchungen mit N^{15}-markierten Aminosäuren am Menschen eingegangen werden. Bei einer Markierung mit N^{15} fällt jede Strahlenbelastung fort, was vor allem bei Untersuchungen am Menschen wesentlich ist.

Im Teil B, II soll dann auf Untersuchungen über Umsatzraten von Plasma- und Organeiweiß u. a. m. insbesondere mit S^{35}-Methionin eingegangen werden.

I. Messung von Stickstoff-Umsatzraten mit N^{15}-markierten Aminosäuren

Von SPRINSON, RITTENBERG [19] (1949) wurde ein Verfahren zur Messung des gesamten Aminosäure-Stickstoff-Umsatzes beim Menschen nach Gabe von N^{15}-Glykokoll beschrieben. In der Folgezeit wurden ausgehend von gleichen bzw. verwandten Modellvorstellungen Gesamt-Stickstoff-Umsatzraten gemessen von WHITE, PARSON[20] (1950) mit N^{15}-Glykokoll und N^{15}-Hefe am Menschen, von WU, SNYDERMAN[21] (1950) mit N^{15}-L-Asparaginsäure bei Kindern und Erwachsenen, von HOBERMAN (1950[22], 1951[23]) mit N^{15}-Glykokoll bei Ratten und von BARTLETT, GAEBLER[24] (1952) mit N^{15}-Glykokoll bei Hunden. Bei allen diesen Arbeiten wird angenommen, daß die spezifische N^{15}-Markierung des Harnstoffs zu jedem Zeitpunkt gleich der mittleren spezifischen N^{15}-Markierung des Aminosäure-pool's ist. In späteren Arbeiten zeigen SAN PIETRO, RITTENBERG (1953), daß diese Annahme nicht berechtigt ist, weil die endliche Größe des Harnstoff-pool's nicht vernachlässigt werden darf. Tatsächlich hat die spezifische N^{15}-Markierung des Harnstoffs einen ganz anderen Verlauf als diejenige des Aminosäure-pool's. Das Schema der Abb. 2 gibt die dem verbesserten Verfahren von SAN PIETRO, RITTENBERG (1953, 1953a, s. a. 1948 [25–28]) zugrunde liegenden Gedanken wieder. Als „Stickstoff-pool P" wird

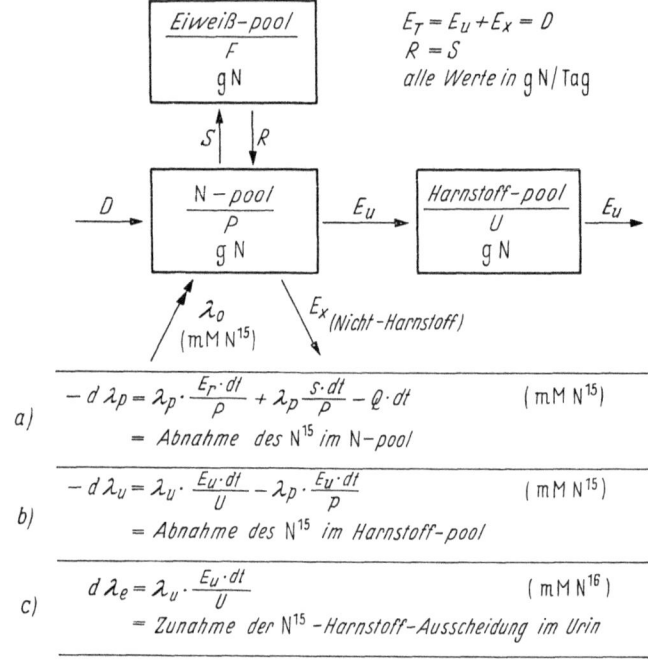

Abb. 2. Zur Bestimmung von Stickstoff-Umsatzraten mit N^{15}-Aminosäuren nach SAN PIETRO, RITTENBERG[26] (λ_0 = mM N^{15} injiziert; λ_p = mM N^{15} im N-pool; λ_u = mM N^{15} im Harnstoff-pool; übrige Zeichen s. Text)

diejenige Menge von freien N-Verbindungen definiert, welche vom Organismus zur Synthese von N-Verbindungen verwandt wird. Der Harnstoff gehört nicht zum N-pool. In den N-pool treten laufend N-Verbindungen aus der Nahrung und aus dem Abbau von N-Körpersubstanz ein. Eine gleichgroße N-Menge wird laufend in N-Verbindungen des Organismus eingebaut bzw. ausgeschieden. Weiterhin wird die Annahme gemacht, daß der N-pool homogen sei und zwar in dem Sinne, daß nach einer Zufuhr von N^{15}-Glykokoll bzw. N^{15}-Asparaginsäure zu jedem späteren Zeitpunkt von einer im gesamten N-pool gleichen spezifischen N^{15}-Markierung gesprochen werden kann, jedenfalls formal im Sinne der aufgestellten Differentialgleichungen.

Der gesamte N-Umsatz wird nach Abb. 2 folgendermaßen beschrieben: Dem N-pool werden mit der Nahrung pro Tag D Gramm Stickstoff zugeführt. Dem Harnstoff-pool U fließen pro Tag E_u Gramm zu; die gleiche Menge wird mit dem Urin ausgeschieden. Außerdem werden pro Tag E_x Gramm Stickstoff in Form anderer N-Verbindungen ausgeschieden. Die Größen S bzw. R geben an, wieviel Gramm Stickstoff pro Tag in N-Verbindungen des Organismus ein- bzw. ausgebaut werden.

Nach einer Gabe von λ_0 mM N^{15}-Glykokoll bzw. N^{15}-Asparaginsäure (appl. Mengen siehe Tab. 2) wird dann der zeitliche Verlauf des N^{15}-Gehaltes im N-pool P (Gleichung a) und im Harnstoff-pool (Gleichung b) sowie der zeitliche Verlauf der N^{15}-Harnstoff-Ausscheidung im Urin (Gleichung c) durch die in Abb. 2 wiedergegebenen Differential-Gleichungen beschrieben.

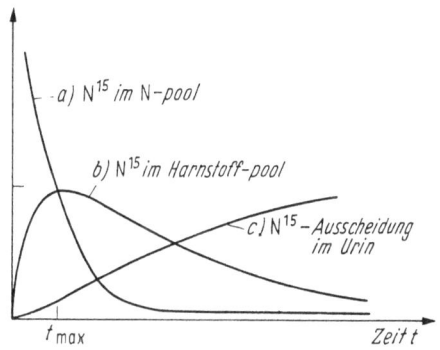

Bei der Lösung der Gleichungen wurde angenommen, daß der Rückstrom von N^{15} in den N-pool aus dem Wiederabbau von N^{15}-

Abb. 3. Lösungen der Differential-Gleichungen von Abb. 2, dargestellt als Kurven (schematisch)[26]

Verbindungen des Organismus vernachlässigt werden kann ($Q \cdot dt = 0$ gesetzt, d. h. Vernachlässigung der ,,Wiederverwendung''). Wegen der Vernachlässigung der Wiederverwendung ergibt sich für die N^{15}-Markierung des N-pool's nach Gleichung a in Abb. 2 ein exponentieller Abfall mit der Zeit, was den wahren Verhältnissen nur angenähert gerecht wird. Man vergleiche hierzu die gemessene Abfallskurve von freiem S^{35}-Methionin in Abb. 6.

Wie die in Abb. 3 wiedergegebenen Lösungen der Differential-Gleichungen der Abb. 2 zeigen, steigt der N^{15}-Gehalt des Harnstoff-pool's (Kurve b) von Null zu einem Maximum an. Danach erfolgt ein langsamer Abfall. Die Gesamtmenge des bis zu

Tabelle 2. *Stickstoff-Umsatzraten nach Gabe von N^{15}-Aminosäuren (Mensch) nach* SAN PIETRO, RITTENBERG[25]

Nr.	Gewicht kg	Gabe von:	P g	S g/Tag	B Tag^{-1}
DR-1	68	715 mg N^{15}-Glykokoll (i. v.)	0,61	39,4	83,2
DR-2	68	2,02 g N^{15}-Asparaginsäure (p. os)	0,84	29,0	51,4
AGS-1	72	805 mg N^{15}-Glykokoll (i. v.)	3,40	91,8	31
AGS-2	69	805 mg N^{15}-Glykokoll (i. v.)	1,8	59	
		Mittel:	1,66 gN ±0,94	55 gN/Tag ±20,6	55,2 Tag^{-1} ±12

einem bestimmten Zeitpunkt als Harnstoff im Urin ausgeschiedenen N^{15} steigt nach Kurve c dauernd bis zu einem Maximum an.

Um die Größen P, S und B berechnen zu können, wird die spezifische N^{15}-Markierung des N im Harnstoffpool (N^{15}-Atom-%-Überschuß bezogen auf gleiche Mengen Harnstoff-N) gemessen. Diese Messung wird indirekt über eine entsprechende Untersuchung des Harnstoffs des fraktioniert entnommenen Urins durchgeführt. In die Berechnungen geht der Zeitpunkt der maximalen spezifischen N^{15}-Markierung des Harnstoff-N ($=t_m$ in Abb. 3) empfindlich ein. Wegen der bekannten Schwierigkeiten einer zeitgerechten Gewinnung des Urins bei fraktionierter Entnahme ist die Bestimmung von t_m mit einer gewissen Unsicherheit behaftet.

Weiterhin muß zur Berechnung von P, S und B die Größe des Harnstoff-pool's U bekannt sein. Die Menge U des insgesamt im Organismus befindlichen Harnstoffs wird in einem besonderen, unabhängigen Versuch nach Gabe von N^{15}-Harnstoff mittels der Isotopen-Verdünnungsmethode gemessen. SAN PIETRO, RITTENBERG[25] (1953) konnten zeigen, daß die Konzentration des Harnstoffs im gesamten Körperwasser gleich derjenigen im Serum ist.

Wegen der Durchführung der Berechnungen von P, S und B muß auf die Original-Arbeit verwiesen werden. Tab. 2 gibt die Ergebnisse von vier Untersuchungen am Menschen wieder.

Die Größe des N-pool's von im Mittel 1,7 Gramm N stimmt ungefähr mit der Menge des N der freien AS im gesamten Organismus überein, wenn man deren Konzentration im Körperwasser gleich derjenigen im Serum setzt. Für die Menge S des pro Tag vom Organismus eingebauten Stickstoffs ergab sich im Mittel ein Wert von 55 Gramm. Die für B gefundenen Werte führen zu einer mittleren Lebensdauer des N im N-pool von im Mittel nur 18 Minuten. Die weitere Diskussion dieser Werte soll weiter unten bei der Besprechung der Tab. 5 erfolgen.

Da die gemessene N^{15}-Harnstoff-Ausscheidung im Urin größer war, als auf Grund der für P und S berechneten Werte zu erwarten, schließen SAN PIETRO, RITTENBERG, daß im Gegensatz zu dem theoretischen Ansatz in Gleichung a der Abb. 2 die Wiederverwendung von N^{15} aus dem Wiederabbau von N^{15}-markierten Körper-Substanzen nicht vernachlässigt werden kann. Im Rahmen einer diesbezüglichen Korrekturrechnung kommen die Autoren zu dem Schluß, daß der Protein-pool F nicht homogen ist, sondern eine stoffwechsel-aktive Fraktion von ca. 140 Gramm Stickstoff mit einer biologischen Halbwertszeit von ca. 2,5 Tagen enthält. Diese wird Leber, Niere usw. zugeschrieben.

II. Bestimmung von Umsatzraten aus der Messung der spezifischen Aktivitäten der freien und der eiweiß-gebundenen Aminosäure.

1. Prinzip der Messung. Unter der Umsatzrate A_0 einer Aminosäure soll diejenige Menge freier Aminosäure in μg verstanden werden, welche in einer Minute in das Eiweiß eines Organs etc. eingebaut wird. Für diese Größe sollen im folgenden Ausdrücke abgeleitet werden, welche — jedenfalls im Prinzip — ihre Messung gestatten.

Nach i.v.-Injektion von z. B. S^{35}-Methionin zeigt die spezifische Aktivität des freien Methionins s_t (β/min pro μg Meth.) und die S^{35}-Aktivität des eiweiß-gebundenen Methionins den in Abb. 4 angegebenen schematischen Verlauf.

Innerhalb des Zeitintervalls dt werden dann $A_0 \cdot dt$ μg freies Methionin eingebaut. Die Zunahme der S^{35}-Aktivität des eiweiß-gebundenen Methionins beträgt dann:

$$\text{Zunahme der } S^{35}\text{-Aktivität des eiweiß-gebundenen Methionins in } dt \text{ zur Zeit } t = A_0 \cdot dt \cdot s_t. \quad (1)$$

Dafür kann auch geschrieben werden:

$$A_0 = M \cdot \frac{\dfrac{d}{dt}\text{(spezifische Aktivität des eiweiß-gebundenen Methionins)}}{\text{spezifische Aktivität des freien Methionins}}. \quad (1a)$$

Dabei bedeutet M die Menge des eiweiß-gebundenen Methionins.

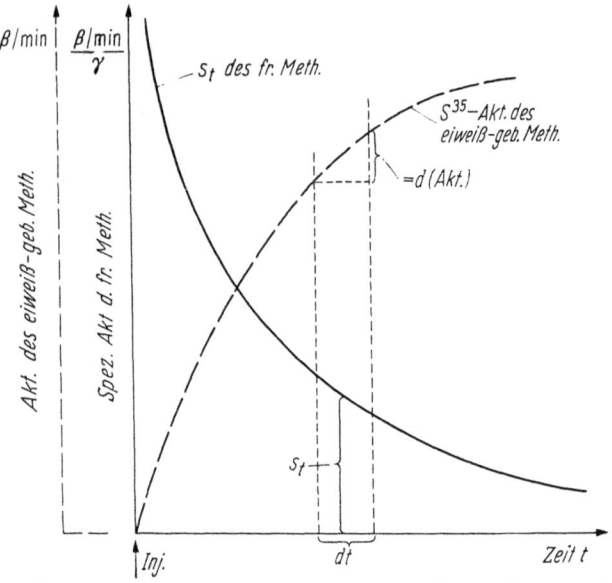

Abb. 4. Verlauf der spezifischen Aktivität des freien Methionins und der S^{35}-Aktivität des eiweiß-gebundenen Methionins (schematisch)

Durch Integration von (1) zwischen der Zeit Null und der beliebigen Zeit T erhält man:

$$\text{S}^{35}\text{-Aktivität des eiweiß-gebundenen Methionins zur Zeit } T = A_0 \cdot \int_0^T s_t \cdot dt. \quad (2)$$

Für die gesuchte Umsatzrate erhält man aus (2):

$$A_0 = \frac{\text{S}^{35}\text{-Aktivität des eiweiß-gebundenen Methionins zur Zeit } T}{\int_0^T s_t \cdot dt}. \quad (3)$$

Die Ausdrücke (2) und (3) gelten für den Fall, daß der Wiederabbau von markiertem Eiweiß vernachlässigt werden kann, d. h. daß die biologische Halbwertszeit HZ sehr groß gegenüber T ist.

Die Größe des Umsatzes von Organ- und Plasmaeiweiß

Für den Fall, daß das Eiweiß mit der endlichen Halbwertszeit HZ abgebaut wird, ist anstelle von (2) zu schreiben:

$$\text{S}^{35}\text{-Aktivität des eiweiß-gebundenen Methionins zur Zeit } T = A_0 \cdot \int_0^T s_t \cdot e^{-\frac{(T-t)\ln 2}{HZ}} \cdot dt. \quad (2\text{a})$$

Das Integral in (2) und (2a) ist eine Funktion der Zeit T.

Wie eingangs bereits erwähnt, kann die mittlere Lebensdauer des eiweiß-gebundenen Methionins wie folgt berechnet werden:

$$\text{Mittlere Lebensdauer } ML = \frac{\text{Menge des eiweiß-gebundenen Methionins}}{A_0}. \quad (4)$$

Einsetzen von (3) in (4) liefert nach einigen Umformungen:

$$ML = \frac{\int_0^T s_t \cdot dt}{\text{Spezifische Aktivität des eiweiß-gebundenen Methionins zur Zeit } T}$$

(gültig nur für Organeiweiß). (4a)

Genau wie (3) gilt (4a) für den Fall einer unendlich großen biologischen Halbwertszeit der eiweiß-gebundenen Aminosäure.

Da die Umsatzrate A_0 während weniger Stunden als konstant angesehen werden kann, muß die Aktivität der eiweiß-gebundenen Aminosäure nach (2) bzw. (2a) mit der Zeit T genauso ansteigen wie der Wert der Integrale für verschiedenes T. Die Integrale können berechnet werden, wenn der zeitliche Verlauf der spezifischen Aktivität der freien Aminosäure aus Messungen bekannt ist bzw. wenn in (2a) zusätzlich die biologische Halbwertszeit HZ der eiweiß-gebundenen Aminosäure bekannt ist. Der zeitliche Verlauf des Integral-Wertes in (2) gibt die *theoretisch zu erwartende Anstiegskurve* der Aktivität der eiweiß-gebundenen Aminosäure wieder, und zwar für den Fall einer unendlich großen Halbwertszeit. Entsprechendes gilt für das Integral in (2a) für eine endliche Halbwertszeit. Die Übereinstimmung der *gemessenen* mit der *theoretischen* Anstiegskurve ist eine notwendige Bedingung für die Anwendbarkeit der Ausdrücke (3) bzw. (4a) zur Berechnung von A_0 bzw. ML.

Die spezifische Aktivität der freien Aminosäure muß strenggenommen am Ort der Eiweiß-Synthese gemessen werden. Die Umsatzraten A_0 und die Lebensdauern ML beziehen sich nur auf die Inkorporation an freier Aminosäure. Die gesamte Einbaurate kann

u. U. größer sein. Die Überlegungen gelten für jede beliebige Aminosäure und sind unabhängig von der Art der Injektion.

2. **Untersuchungen mit S^{35}-Methionin.** *a) Spezifische Aktivität des freien Methionins am „Ort der Eiweiß-synthese".* Das eigentliche Problem bei der Messung von Umsatzraten besteht in der Messung der spezifischen Aktivität der freien Aminosäure innerhalb der

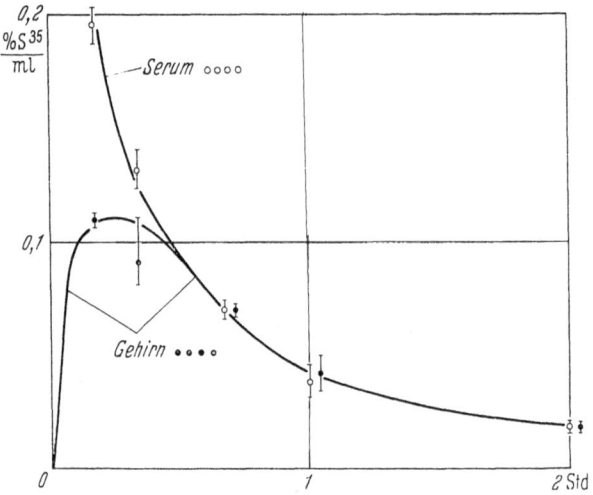

Abb. 5. Zeitlicher Verlauf der S^{35}-Aktivität des freien Methionins pro ml Serum bzw. ml Gehirn-Gewebswasser nach i.v. Injektion von S^{35}-Methionin (Ratten). (Ordinate: % der inj. S^{35}-Akt./m) nach[29]

Zellen. Diese Aufgabe kann nicht streng, sondern nur in Annäherung an die wirklichen Verhältnisse gelöst werden. Von MAURER u. Mitarb. wurde bei Untersuchungen mit S^{35}-Methionin an Stelle der spezifischen Aktivität des freien Methionins am „Ort der Eiweißsynthese" der entsprechende Wert im Serum gemessen. Im folgenden soll gezeigt werden, inwieweit diese Gleichsetzung berechtigt ist.

Zur Frage einer evtl. vorhandenen Blut-Hirn-Schranke für Aminosäuren wurden besondere Untersuchungen über den Verlauf der spezifischen Aktivität des freien Methionins im Gewebswasser des Gehirns durchgeführt. Bei Ratten (Wistarratten) wurde nach i.v.-Gabe von S^{35}-Methionin die S^{35}-Aktivität des freien Methionins pro ml Serum und ml Hirn-Gewebswasser in Abhängigkeit von der Zeit gemessen. Abb. 5 gibt das Ergebnis wieder. Man sieht, daß nach etwa 30 Min. ein Diffusionsgleichgewicht vorliegt.

Von diesem Zeitpunkt an ist die Zahl der freien S^{35}-Methionin-Moleküle pro ml Serum bzw. Hirn-Gewebswasser gleich. Im Diffusionsgleichgewicht muß das aber auch für die Konzentration des freien Methionins im Serum und Hirn-Gewebeswasser gelten, und zwar, jedenfalls im Mittel, über das gesamte Gehirn. Genauso ergab sich, daß die Konzentration des freien Methionins im Muskel-Gewebswasser (Ratte) und im Leber-Gewebswasser (Kaninchen) gleich derjenigen im Serum sein sollte.

Nach Division der Ordinaten-Werte in Abb. 5 durch den Wert der z. B. im Serum gemessenen Methionin-Konzentration geben die Kurven der Abb. 5 den zeitlichen Verlauf der spezifischen Aktivität des freien Methionins im Serum und im Hirngewebswasser wieder. Bezogen auf das Gehirn als Ganzes, ist nach Abb. 5 also etwa von der 30. Minute an die spezifische Aktivität des freien Methionins im Serum und im Hirn-Gewebswasser nahezu gleich.

Eine Diskussion des zeitlichen Verlaufs der S^{35}-Aktivität des freien Methionins pro ml Serum nach i.v.-Gabe von S^{35}-Methionin führt zu einem ähnlichen Schluß für den gesamten Methionin-pool. Der erste sehr steile Abfall I in Abb. 6 rührt von dem sehr rasch ablaufenden Diffusionsaustausch von intravasculärem S^{35}-Methionin mit zunächst nicht markiertem, extravasculärem Methionin her. Innerhalb 0,5 bis 1 Minute wird das freie Methionin des Serums dem Betrage nach einmal ausgetauscht. Der flachere Teil II der Abfallskurve kommt durch den Einbau von S^{35}-Methionin in Körpereiweiß u. a. m. zustande. Die mit der Zeit zunehmende Verflachung der Kurve beruht auf dem Rückstrom von S^{35}-Methionin aus dem Wiederabbau von S^{35}-Körpereiweiß in den Methionin-pool.

Aus der Rückextrapolation des Teils II der Kurve kann auf die ungefähre Menge des freien Methionins im Organismus geschlossen werden (Methionin-pool). Beim Kaninchen und Menschen ist die so ermittelte Größe des Methionin-pool's mit der Vorstellung einer im gesamten Körperwasser gleichen Methionin-Konzentration verträglich. Wegen der Größe des Methionin-pool's siehe Tab. 5. Wegen einer Diskussion der abweichenden Angaben der Literatur siehe QUINCKE (1956)[30].

Da das Diffusionsgleichgewicht zwischen injiziertem S^{35}-Methionin und Methionin-pool nach Abb. 6, Teil I, innerhalb relativ weniger Minuten eintritt, sollte kurze Zeit nach Injektion die spezifische Aktivität des freien Methionins im gesamten Organismus etwa den gleichen Wert haben und dann überall gleich abfallen. Lediglich innerhalb weniger Minuten nach Injektion ist der Verlauf ein anderer. Diese allgemeine Aussage deckt sich mit den oben besprochenen Messungen an Leber, Muskel und Gehirn.

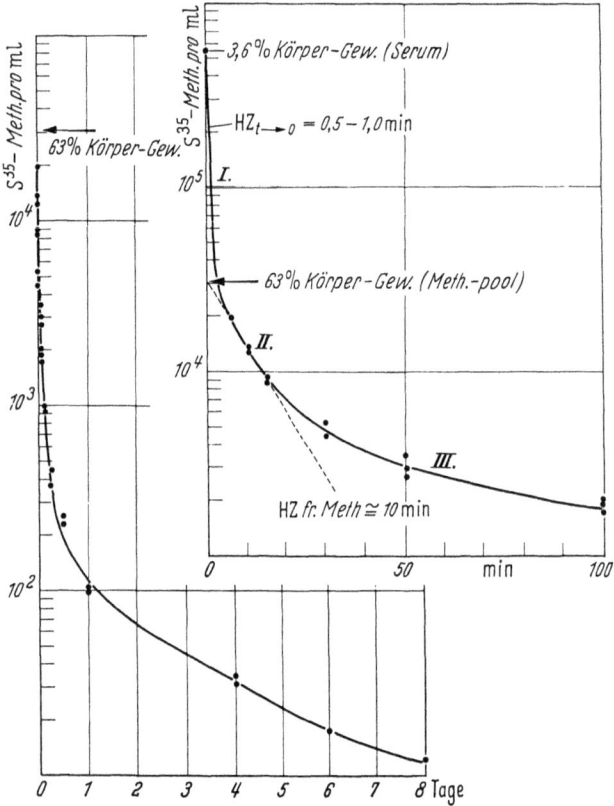

Abb. 6. Zeitlicher Abfall der S^{35}-Aktivität des freien Methionins im Serum nach i.v. Gabe von S^{35}-Methionin (Kaninchen)[29]. (Ordinate: % β-Impulse/min. pro ml Serum)

An Stelle der spezifischen Aktivität am „Ort der Eiweißsynthese" wurde deshalb der zeitliche Verlauf dieser Größe im Serum gemessen und zur Berechnung des Integrals

$$\int_0^T s_t \cdot dt$$

Die Größe des Umsatzes von Organ- und Plasmaeiweiß 15

im Ausdruck für die Umsatzrate A_0 in B, II, 1 verwandt. Dieses Verfahren stellt sicher nur eine Annäherung an die wirklichen Verhältnisse dar. In dem Fall, daß die spezifische Aktivität des freien Methionins am „Ort der Eiweißsynthese" kleiner sein sollte als im Serum würden aber *größere* Umsatzraten bzw. *kleinere* Mittlere Lebensdauern als in den Tab. 3 und 5 angegeben resultieren.

Der Diffusionsaustausch des freien Methionins läuft offenbar nicht wesentlich langsamer ab als der von Wasser. Es ist bekannt, daß sich i.v. gegebenes D_2O sehr schnell mit dem Körperwasser vermischt. Auch im Gehirn-Gewebswasser wurde bereits nach einigen Minuten fast das gleiche D_2O/H_2O-Verhältnis wie im Serum gefunden[31-36].

b) Vergleich der gemessenen und der zu erwartenden zeitlichen Verlaufskurve der S^{35}-Aktivität des eiweiß-gebundenen Methionins. Gleichung (2) in B, II, 1 enthält implizit die Annahme, daß das Zeitintervall zwischen Austritt der freien Aminosäure aus dem pool und dem peptidartigen Einbau in Eiweiß vernachlässigbar klein ist. In diesem Fall sollte die Markierung der eiweiß-gebundenen Aminosäure mit der Zeit genauso ansteigen wie die Integralkurve der spezifischen Aktivität der freien Aminosäure nach Ausdruck (2) bzw. (2a).

Bei Versuchen mit S^{35}-Methionin ergab sich eine relativ gute Übereinstimmung zwischen der zeitlichen Anstiegkurve der eiweiß-gebundenen S^{35}-Methionin-Aktivität der Albumine und der Integralkurve der spezifischen Aktivität des freien Methionins im Serum. Die erstere Kurve war gegenüber der theoretisch zu erwartenden um 10—20 min nach größeren Zeiten verschoben, was ähnlich wie andere Untersuchungen auf eine entsprechende „Bildungszeit" der Albumine hinweist. Bei den Globulinen liegen die Verhältnisse insofern anders, als diese offenbar mit erheblicher zeitlicher Verzögerung in den Kreislauf eintreten[37, 38].

Bei Organeiweiß ergab sich eine gute Übereinstimmung zwischen der gemessenen und der theoretischen Verlaufskurve der eiweiß-gebundenen S^{35}-Methionin-Aktivität, worauf in Abschnitt C, 3 näher eingegangen werden soll.

3. Zur Bestimmung der Methionin-Umsatzraten und -Lebensdauern in Tab. 3 und 5. Unter Verwendung von S^{35}-L-Methionin wurden von MAURER u. Mitarb.[37-41] Umsatzraten von Plasma- und Organeiweiß bei Ratte, Kaninchen und Mensch bestimmt.

Das S^{35}-Methionin wurde durch eine Biosynthese [42] mit Hefezellen hergestellt und hatte eine spezifische Aktivität von bis zu 10000 mC/ mM. Die injizierten Methionin-Mengen betrugen etwa 1% der Menge des freien Methionins im Organismus und weniger. Nach der Injektion wurde laufend die spezifische Aktivität des freien Methionins im Serum gemessen und außerdem nach 3 Stunden oder auch als Funktion der Zeit die S^{35}-Aktivität oder die spezifische Aktivität des eiweiß-gebundenen Methionins, und zwar für verschiedene Organe bzw. Plasmaeiweiß-Fraktionen.

Unter Verwendung dieser Meß-Werte und des Ausdrucks (3) in Abschnitt B, II, 1 für die Umsatzrate A_0 wurden dann die in Tab. 3 und 5 enthaltenen Methionin-Umsatzraten berechnet. Wegen der Bestimmung der Werte in Tab. 5, Spalte IV und V, muß auf die Original-Arbeiten verwiesen werden. Wegen einer Besprechung der Ergebnisse siehe den übernächsten Abschnitt.

4. Untersuchungen mit C^{14}-Lysin. Von WAELSCH u. Mitarb. [44-46] wurden Umsatzraten von eiweiß-gebundenem Lysin für Gehirn, Leber und Muskel bei Mäusen und Affen gemessen. Nach Injektion von gleichmäßig mit C^{14}-markiertem Lysin an Mäuse bestimmten LAJTHA, FURST, GERSTEIN, WAELSCH [44] (1957) die spezifische Aktivität des freien Lysins (= gesamte C^{14}-Aktivität der säurelöslichen Fraktion pro μg Lysin) und des eiweiß-gebundenen Lysins für Gehirn, Leber, Muskel und Plasma, und zwar für 7 Zeitpunkte zwischen 2 und 60 min nach Injektion. Unter Benutzung des in Abschnitt B, II, 1 abgeleiteten Ausdrucks (1a) wurden dann für jeden der 7 Zeitpunkte die Umsatzrate und biologische Halbwertszeit des eiweiß-gebundenen Lysins berechnet. Dabei ergaben sich bei allen untersuchten Organen für die aufeinander folgenden Zeitpunkte immer größer werdende Halbwertszeiten. Für den Muskel ergab sich für die Halbwertszeit bei 2 min ein Wert von 3,5 Tagen und bei 60 min von 23,6 Tagen. Ähnliche Werte ergaben sich für die beiden anderen Organe. Die Autoren nehmen an, daß das Eiweiß der untersuchten Organe ein ganzes Spektrum von Halbwertszeiten hat.

Nach Meinung des Verfassers des vorliegenden Berichtes besteht aber zumindest beim Muskel die von den Autoren gegebene Deutung nicht zu Recht. Die veröffentlichten Daten zeigen, daß beim Muskel die Integralkurve der gemessenen spezifischen Aktivität des freien Lysins ausgezeichnet mit der gemessenen zeitlichen Verlaufskurve der C^{14}-Aktivität des eiweiß-gebundenen Lysins übereinstimmt. Das läßt unter Berücksichtigung der speziellen angegebenen Zahlenwerte nur den Schluß auf eine *mittlere* Lebensdauer von 16 Tagen zu. Im übrigen ist zu bemerken, daß der von den Autoren zur Berechnung verwandte Ausdruck (1a) in B, II, 1 gegen Versuchsfehler sehr empfindlich ist. Inwieweit Eiweiß-Fraktionen mit sehr kurzer Lebensdauer vorhanden sind, dürfte z. Z. noch unsicher sein. Andeutungen für kurzlebige Eiweiß-Unterfraktionen fanden sich auch bei den Untersuchungen mit S^{35}-Methionin von NIKLAS, QUINCKE, MAURER, NEYEN[41] (1958).

FURST, LAJTHA, WAELSCH [45] (1958) führten entsprechende Versuche wie oben an einzelnen Bezirken des Gehirns des Affen nach Gabe von C^{14}-Lysin durch. Hierbei ergaben sich für die Lebensdauer des eiweiß-gebundenen Lysins der weißen Substanz (Corpus callosum) kleinere Werte, d. h. also größere Umsatzraten als für eine Reihe von Bezirken der grauen Substanz. Diese Werte sind natürlich Mittelwerte für größere Gewebs-Bereiche.

Im Gegensatz hierzu führen die weiter unten in Teil C, 1 beschriebenen autoradiographischen Untersuchungen zu der Auffassung, daß der Aminosäure- bzw. Eiweißstoffwechsel der Ganglienzellen sehr viel größer als der von Glia und Mark ist. Das in Abb. 14 reproduzierte Autoradiogramm des Gehirns einer Maus zeigt über den Ganglienzellen eine wesentlich größere Schwärzung als über Glia und Mark und insbesondere auch über dem Corpus callosum. Gleiche Autoradiogramme wie in Abb. 14 wurden auch nach Gabe von C^{14}-Lysin erhalten.

5. Übersicht über Umsatzraten von Plasma- und Organeiweiß.
Tab. 3 gibt Umsatzraten und Lebensdauern des eiweiß-gebundenen Methionins für eine Reihe von Organen des Kaninchens und der Ratte wieder. Die größte mittlere Lebensdauer zeigt das Eiweiß der Skeletmuskulatur mit 61 Tagen beim Kaninchen und 32 Tagen bei der Ratte. Die Werte für die Herzmuskulatur sind 3—5 mal kleiner. Für das Gehirn fanden sich relativ große Werte von 8,9 bzw. 12,8 Tagen. Den kleinsten Wert zeigt Pankreas (Kaninchen) mit 1,4 Tagen.

Wie ein Vergleich der Methionin-Umsatzraten A_0 zeigt, entfallen beim Kaninchen rund $^3/_4$ des in Körpereiweiß eingebauten freien Methionins auf den Magen-Darm-Trakt, die Leber und Muskulatur. Bei der Ratte liegen die Verhältnisse ähnlich, nur sind die

Tabelle 3. *Umsatzraten und mittlere Lebensdauern für Organeiweiß.*
[1] nach NIKLAS, QUINCKE, MAURER[43]; [2] nach NIKLAS, QUINCKE, MAURER[41], NEYEN; [3] neuberechnet nach Daten von LAJTHA, FURST, GERSTEIN, WAELSCH[44]; [4] nach VLADIMIROW[47].

Organ	Kaninchen[1]			Ratte[2]			Maus[3]		Ratte[1]	
	S³⁵-Methionin			S³⁵-Methionin			C¹⁴-Lysin		C¹⁴-Tyrosin	
	ML Tage	A_0 μgMeth./min	A_0/g μgMeth./min g Organ	ML Tage	A_0 μgMeth./min	A_0/g μgMeth./min g Organ	ML Tage		ML Tage	
Magen	3,5	10 ⎫	0,27	3,5	0,9 ⎫	0,58				
Dünndarm	2,5	49 ⎬ 78	0,60	2,6	10,1 ⎬ 11,0	0,62				
Dickdarm	5,1	19 ⎭	0,21							
Leber	5,8	17	0,30	4,0	9,7	0,80	~2,2			
Skeletmuskulatur	61,0	71	0,05	32,0	13,9	0,11	16,0			
Pankreas	1,4	0,3	0,79							
Nebenniere	2,3	0,1	0,39							
Milz	2,5	0,6	0,55	3,7	1,0	0,91				
Nieren	4,0	4,0	0,29	3,0	1,9	0,57				
Ovar	4,0	0,02	0,23							
Lunge	5,2	3,2	0,25	3,5	1,6	0,53				
Testes	5,9	0,6	0,12							
Uterus	6,1	1,9	0,46							
Gehirn	8,9	0,8	0,11	12,8	0,2	0,13	~9,0		12,0	
Haut	13,1	9,1	0,03							
Herzmuskulatur	11,3	1,1	0,13	11,8	0,2	0,20				
	bezogen auf 3000 g Körpergewicht			bezogen auf 3000 g Körpergewicht						

Methionin-Umsatzraten — bezogen auf das ganze Organ — naturgemäß kleiner.

Anders liegen die Verhältnisse, wenn man die Methionin-Umsatzraten pro Gramm Organ (A_0/g in Tab. 3) bei Ratte und Kaninchen vergleicht. Diese Werte sind beim Kaninchen durchweg etwa zweimal kleiner als bei der Ratte. Das ist aber genau das, was man erwarten sollte unter der Annahme, daß Grundumsatz und Größe des Eiweißstoffwechsels *beim Übergang von Organismus zu Organismus* sich in gleicher Weise ändern. Der Grundumsatz pro Gramm gerechnet kann proportional gesetzt werden zu

$$\frac{1}{(\text{Gewicht des Organismus})^{1/3}}$$

Das bedeutet bei einem Gewichtsverhältnis zwischen Kaninchen und Ratte von 10, daß der Grundumsatz pro Gramm beim Kaninchen etwa halb so groß ist wie bei der Ratte. Genauso verhalten sich nach Tab. 3 die Methionin-Umsatzraten pro Gramm. Bereits früher wurde von MAURER gezeigt, daß sich die Neubildungsrate der Albumine proportional zum Grundumsatz ändert (Vergleich von Maus, Ratte, Kaninchen, Mensch). Damit ist ein Gesichtspunkt zur Extrapolation der Daten der Tab. 3 auf den Menschen gewonnen. Berücksichtigt man, daß das Gewicht des Menschen etwa 30 mal größer ist als dasjenige des Kaninchens, so sollten nach obiger Gewichts-Abhängigkeit die Lebensdauern des eiweiß-gebundenen Methionins der Organe des Menschen rund 3 mal größer sein als beim Kaninchen. Beim Menschen würde also das Methionin des Muskeleiweißes in 6 Monaten und dasjenige des Pankreas in 4—5 Tagen dem Betrage nach einmal ausgewechselt.

Von Interesse ist die nahe Übereinstimmung der ML-Werte (Ratte) für das Gehirn von 12,8 Tagen für S^{35}-Methionin und 12,0 Tagen für C^{14}-Tyrosin[47]. In dem Falle, daß die Inkorporation markierter Aminosäuren auf dem Auf- bzw. Abbau ganzer Eiweiß-Moleküle beruhen sollte, müßten alle Aminosäuren die gleiche Lebensdauer *ML* haben.

Schon von BORSOOK[48] wurde darauf hingewiesen, daß man nach Gabe der verschiedensten markierten Aminosäuren immer wieder sehr ähnliche Verteilungsschemen der Aktivität über die Organe findet, wie Tab. 4 zeigt. Das kann nach BORSOOK als ein Hinweis dafür gewertet werden, daß der Eiweiß-Auf- und -Abbau von den freien

Tabelle 4. *Aktivität des Eiweißes von Organen bezogen auf Leber = 100 für verschiedene Aminosäuren und Tiere*
(entnommen aus Borsook[48] mit Ergänzungen)

Tierart	Ratte														Kanin.	Hund
Isotop	S^{35}	S^{35}	S^{35}	S^{35}	C^{14}	C^{14}	S^{35}	S^{35}	S^{35}	C^{14}	C^{14}	C^{14}	C^{14}	C^{14}	S^{35}	S^{35}
Aminosäure	dl-Cystin	dl-Cystin	dl-Cystin	dl-Cystin	Glycin	Glycin	l-Meth.	dl-Meth.	dl-Meth.	Tyros.	Tyros.	dl-Trypt.	dl-Trypt.	dl-Serin	l-Meth.	dl-Meth.
Injektionsart	i.p.	oral	oral	i.p.	i.V.	i.p.	i.V.	i.V.	i.V.	i.V.	i.V.	i.p.	i.p.	parent.	i.V.	i.V.
Zeit zw. Inj. u. Tötung	8 Std.	3 Std.	4 Std.	8 Std.	6 Std.	8 Std.	3 Std.	3 Std.	6 Std.	6 Std.	6 Std.	8 Std.	8 Std.	6 Std.	3 Std.	6 Std.
Pankreas			184												264	170
Leber	100	100	100	100	100	100	100	100	100	100	100	100	100	100	100	100
Milz	171		168	171	71	81	114					55	139	158	183	165
Dünndarm						}141	}78					}157	}216		200	
Dickdarm															70	
Darm-Mukosa	366	242	332	366	180			180	192	304	336					348
Magen							73					73			89	
Nieren	278	69	126	280	95	84	71	145	144	230	150	84	146	105	97	161
Nebennieren				149											130	
Lunge					61		66								83	
Hoden					24		16	46	48			47			40	104
Gehirn					4,9		25	28	30	56,5	36	24,6			36,6	
Herz						30,7	13	35	33,8	21,7	28,6	25	41		43	
Muskulatur	58,5			58,5	7,1	16,7		23	23,9	8,7	21	11	22	15	16,7	17
Autor.	49	50	50	51	52	53	41	54	54	55	55	53	53	56	43	54

Aminosäuren ausgeht bzw. zu ihnen hinführt. Die Lebensdauern ML der Tab. 3 würden dann das Verhalten des Organeiweißes wiedergeben.

Der obere Teil von Tab. 5 gibt eine Reihe weiterer Methionin-Umsatzraten für verschiedene Organismen wieder. Der untere Teil enthält die Ergebnisse von SAN PIETRO, RITTENBERG.

Die Methionin-Umsatzraten der Spalte I der Tab. 5 wurden aus den in Tab. 1 zusammengestellten biologischen Halbwertszeiten für Plasmaeiweiß berechnet. Unbekannt ist, ob dieser Abbau bis zu den freien Aminosäuren führt. Nach Injektion von S^{35}-Serumeiweiß (Spender-Kaninchen nach Gabe von S^{35}-Thio-Aminosäuren) an Kaninchen bestimmten QUINCKE, MAURER[57] (1957) die im Serum auftretende S^{35}-Aktivität des freien Methionins. Danach sollte zumindest ein großer Teil des serumeiweiß-gebundenen Methionins beim Serumeiweiß-Abbau als freies Methionin entstehen.

Spalte II, Tab. 5 gibt direkt gemessene Methionin-Inkorporationsraten von Plasmaeiweiß wieder.

Spalte III gibt die Summe der Methionin-Umsatzraten der Organe nach Tab. 3 unter Berücksichtigung der nicht untersuchten Organe in Anlehnung an die autoradiographischen Ergebnisse der Tab. 6 wieder. Bereits im Nüchtern-Zustand wird also rund 15mal mehr Methionin in Körpereiweiß eingebaut, als maximal beim Abbau von Plasmaeiweiß frei werden könnte. Auch vom Standpunkt dieser Zahlen aus kann ein unmittelbarer Aufbau von Körpereiweiß aus Plasmaeiweiß, wie von WHIPPLE und seiner Schule diskutiert wurde, nur von untergeordneter Bedeutung sein.

Spalte IV gibt diejenige Menge an freiem Methionin wieder, welche pro Tag irreversibel in andere Schwefelverbindungen umgewandelt wird. Wegen der Berechnung muß auf die Originalarbeit[39] verwiesen werden. In Eiweiß umgerechnet, entspricht diese Menge dem aus Fütterungsversuchen bekannten Eiweiß-Minimum.

Spalte V gibt diejenige Methionin-Menge wieder, welche pro Tag in den Methionin-pool ein- und wieder austritt. Im Nüchtern-Zustand kann der Zustrom von freiem Methionin zum pool nur von dem Abbau von Körpereiweiß herrühren. Spalte VII gibt diese Umsatzrate in Eiweiß-Äquivalenten wieder. Daß nach Spalte V die Methionin-Menge aus dem *Abbau* von Körpereiweiß größer als die nach Spalte III in Körpereiweiß *eingebaute* Methionin-Menge ist,

Tabelle 5a. *Zusammenstellung von Umsatzraten für Methionin*
(Die Angaben für Methionin beziehen sich auf den nüchternen Organismus)

Ratte

Fraktion	I Plasma-Eiweiße mg/Tag aus HZ	II gemessen	III Körper-Eiweiß mg/Tag	IV irreversibler Umbau mg/Tag	V Umsatzrate freies Meth. mg/Tag	VI HZ freies Meth. min	VII Umsatzrate Körper-Eiweiß g/Tag
Plasma-EW	5,7		80	~33	130 ±7	10,6 ±0,6	~6,5 g/d
Zahl der Versuche (Methionin-pool = 1,4 mg)			3	3	2	2	

Kaninchen

Plasma-EW	18		280 ±62	560 ±100	1120 ±370	14,1 ±3,0	~45 g/d
Albumine	2,9	1,2—2,6					
Zahl der Versuche (Methionin-pool = 15 mg)		4	2	2			

Mensch

Serum-EW	≈210	200—550			21 400 ±4500	25,4 ±7,2	~800 g/d
Fibrinogen	~90	50—105					
Zahl der Versuche (Methionin-pool = 440 mg)		8 bzw. 5			4	4	

Tabelle 5 b. *Zusammenstellung von Umsatzraten für Glykokoll bzw. Asparaginsäure*

Mensch

N^{15}-Glykokoll N^{15}-Asparaginsäure (RITTENBERG)	N-pool gN	N-Einbau gN/Tag	HZ (N-pool) min	Körper-Eiweiß g/Tag
	1,66 ±0,9	55 ±21	18 ±3	> 350 g/d
Zahl der Versuche	4	4	4	

charakterisiert den Nüchtern-Zustand. Nach Nahrungsaufnahme sind die umgekehrten Verhältnisse zu erwarten.

Durch Division der Gesamtmenge an freiem Methionin im Organismus (Werte s. Tab. 5) durch die Umsatzraten in Spalte V erhält man die mittlere Lebensdauer des freien Methionins im Methionin-pool und durch Multiplikation mit ln 2 die biologische Halbwertszeit (Spalte VI). Wie es sein muß, erhält man die gleichen Werte aus Abfallkurven der S^{35}-Aktivität des freien Methionins im Serum. Man vergleiche hierzu Abb. 6.

Der untere Teil der Tab. 5 gibt die Ergebnisse von SAN PIETRO, RITTENBERG[26] für den Menschen wieder. Danach werden im Mittel 55 g N/Tag in Körpersubstanzen eingebaut, was 350 g Eiweiß/Tag entspricht. Nach SAN PIETRO, RITTENBERG handelt es sich hierbei um einen unteren Grenzwert, weil die Wiederverwendung von N^{15}-Aminosäuren aus dem Abbau von N^{15}-Körpereiweiß nicht berücksichtigt wurde. Die Übereinstimmung mit der für S^{35}-Methionin beim Menschen gefundenen Umsatzrate des gesamten Körpereiweißes kann als befriedigend gelten, wenn man bedenkt, daß den beiden Messungen ganz verschiedene Modellvorstellungen mit im einzelnen verschiedenen Idealisierungen der wirklichen Verhältnisse zugrunde liegen.

Die Werte der biologischen Halbwertszeit des freien Methionins (Spalte VI) und des Stickstoff-pool's nach RITTENBERG u. Mitarb. stimmen innerhalb der angegebenen Schwankungen überein.

Die kleinen Werte der biologischen Halbwertszeit von Aminosäuren machen es verständlich, daß eine etwa in Stunden-Intervallen aufeinanderfolgende Gabe einzelner Aminosäuren zu einer geringeren Eiweißbildung führt als bei gleichzeitiger Gabe, wie aus Fütterungsversuchen bekannt.

C. Größe des Eiweißumsatzes einzelner Gewebe und Zellen aus autoradiographischen Untersuchungen mit verschiedenen Aminosäuren

Die im vorigen Abschnitt beschriebenen Umsatzraten und Lebensdauern beziehen sich auf ganze Organe. Sie geben das mittlere Verhalten der verschiedenen Gewebe und Zellen eines Organs wieder. Um darüber hinaus etwas über die Umsatzraten einzelner Gewebe und Zellen zu erfahren, wurden autoradiographische Untersuchungen der Organe von Maus, Ratte und Kaninchen mit verschiedenen markierten Aminosäuren durchgeführt. Aus der Schwärzungsverteilung der Autoradiogramme kann auf die relativen Umsatzraten der verschiedenen Gewebe geschlossen werden. Darüber hinaus können dann mittels der absoluten Umsatzraten in Tab. 3 für ganze Organe auch absolute Werte der Umsatzraten einzelner Gewebe bestimmt werden.

1. Ergebnisse autoradiographischer Untersuchungen mit verschiedenen Aminosäuren. Im folgenden soll über autoradiographische Untersuchungen an Mäusen, Ratten und Kaninchen nach Gabe von S^{35}-l-Thio-Aminosäuren, einem Gemisch von C^{14}-l-Aminosäuren (Biosynthese von C^{14}-Chlorella-Eiweiß, ausgehend von $C^{14}O_2$), H^3-dl-Leucin und C^{14}-Lysin berichtet werden. (NIKLAS, OEHLERT 1956; OEHLERT, SCHULTZE 1957; SCHULTZE, OEHLERT 1958; OEHLERT, SCHULTZE, MAURER 1958, 1959a; SCHULTZE, OEHLERT, MAURER 1959; OEHLERT 1959; NOVER, SCHULTZE [58–67b].)

Nach Gabe der markierten Aminosäuren an ausgewachsene, nüchterne Tiere wurde zwischen 40 min und 8 Std. getötet, die Organe entnommen, mit Formol-Trichloressigsäure fixiert und in Paraffin eingebettet.

Die C^{14}- bzw. S^{35}-Aktivität der entparaffinierten Schnitte (5 μ dick) war beständig gegenüber einer Behandlung der Schnitte mit den verschiedenen Reagentien zur Isolierung von Eiweiß nach SCHNEIDER[68] (1945). Die Abnahme der Aktivität lag zwischen 0 und 3%. DROZ, VERNE [69] (1958) unterwarfen nach Gabe von S^{35}-Methionin an Ratten die entparaffinierten Schnitte einer Behandlung mit Trypsin, was zu einem vollständigen Verlust der Radioaktivität führte. Nach SIRLIN [70] (1958) ist bei gleichen Versuchsbedingungen eine Reduktion der Schnitte mit Thioglykoll ohne Einfluß auf deren S^{35}-Radioaktivitätsgehalt. Die Radioaktivität der in üblicher Weise präparierten Schnitte gibt also die Markierung der Eiweiß-Fraktion wieder.

Die entparaffinierten Schnitte wurden mit "stripping-film" (Kodak AR 10) oder mit flüssiger Emulsion (Ilford G5) bedeckt,

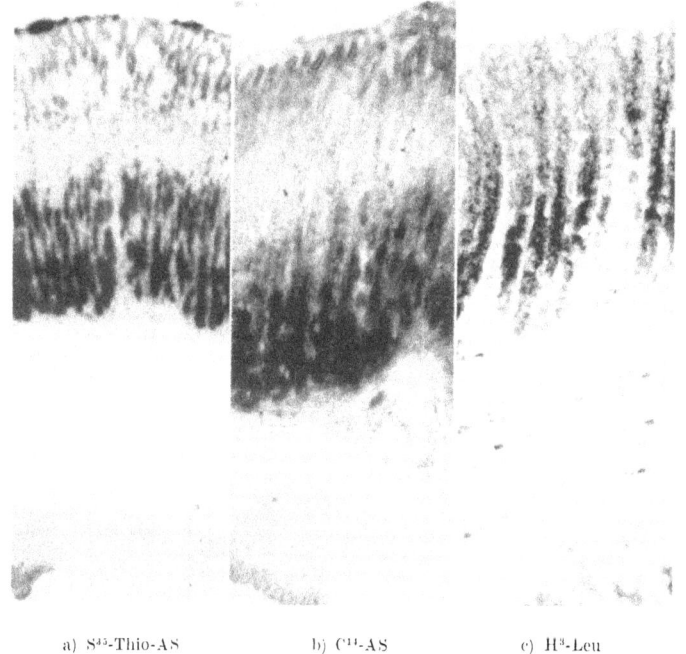

a) S^{35}-Thio-AS   b) C^{14}-AS   c) H^3-Leu

Abb. 7. Ungefärbte Autoradiogramme des Magens (Ratte) nach Gabe von: a) S^{35}-Thio-Aminosäuren, b) C^{14}-Eiweiß, c) H^3-Leucin. Tötungszeit: a) 1,5 Std., b) 3 Std., c) 1,5 Std. nach Applikation. Stärkste Schwärzung über den Hauptzellen der Drüsenschläuche, nur geringe Schwärzung über den Drüsenhälsen, etwas stärkere Schwärzung über den Schleimhautepithelien. Submucosa praktisch ungeschwärzt. Schwärzung über der Muscularis sehr gering

Tage bis Wochen exponiert, photographisch entwickelt und gelegentlich durch die photographische Schicht hindurch angefärbt. Schnitt und Emulsion bleiben in festem Kontakt.

Die Abb. 7—14 geben eine Reihe von Autoradiogrammen verschiedener Organe von Maus, Ratte und Kaninchen nach Gabe verschieden markierter Aminosäuren wieder. Die Legende der Abbildungen enthält eine kurze Beschreibung der Autoradiogramme. Weitere Beispiele enthalten die Originalarbeiten[58-67].

Da die autoradiographische Technik im Vergleich zur Impulszählung mit z. B. Geiger-Müller-Zählrohren lediglich eine andere Nachweismethode der Radioaktivität der eiweiß-gebundenen Aminosäuren ist, gelten für die Deutung der autoradiographischen Bilder die gleichen Überlegungen wie in B. II. 1. Mit der Genauigkeit,

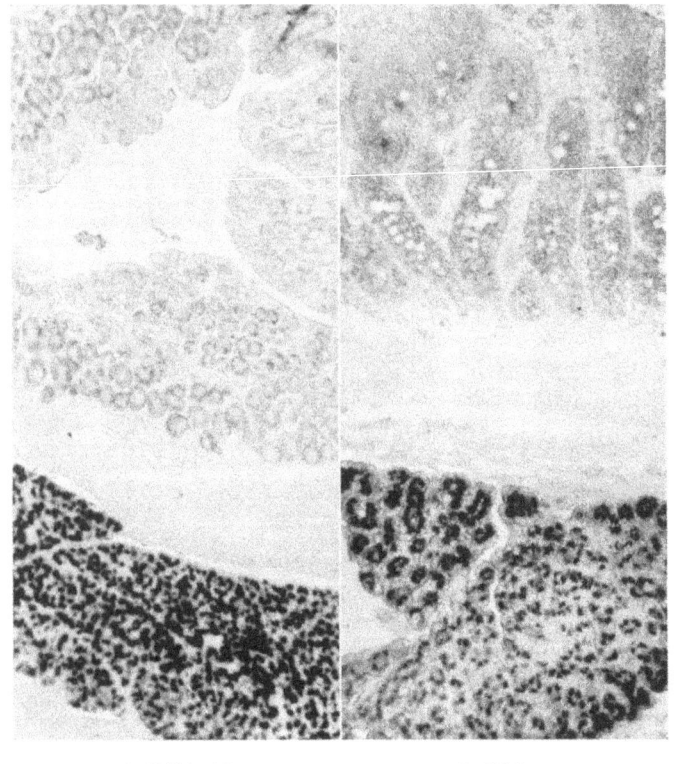

a) S^{35}-Thio-AS b) H^3-Leu

Abb. 8. Ungefärbte Autoradiogramme des Pankreas und des Dünndarms nach Gabe von: a) S^{35}-Thio-Aminosäuren (Kaninchen), b) H^3-Leucin (Ratte). Tötungszeit: a) 3 Std., b) 1,5 Std. nach Applikation. Stärkste Schwärzung über den Epithelien der Drüsenendstücke des Pankreas. Geringere Schwärzung über den Zellen der Lieberkühnschen Krypten des Dünndarms. Fehlende Schwärzung über den Becherzellen. Muscularis sehr wenig, Submucosa praktisch nicht geschwärzt

mit der der zeitliche Verlauf der spezifischen Aktivität der freien Aminosäuren in allen Geweben und Zellen als gleich angenommen werden kann, ist — nach dem Ausdruck (2) in B, II, 1 — der lokale

Aktivitätsgehalt der Schnitte (pro Volumeneinheit) ein relatives Maß für die Aminosäure-Umsatzrate A_0 eines Gewebes (pro Volumeneinheit). Die genannte Voraussetzung dürfte ähnlich wie für

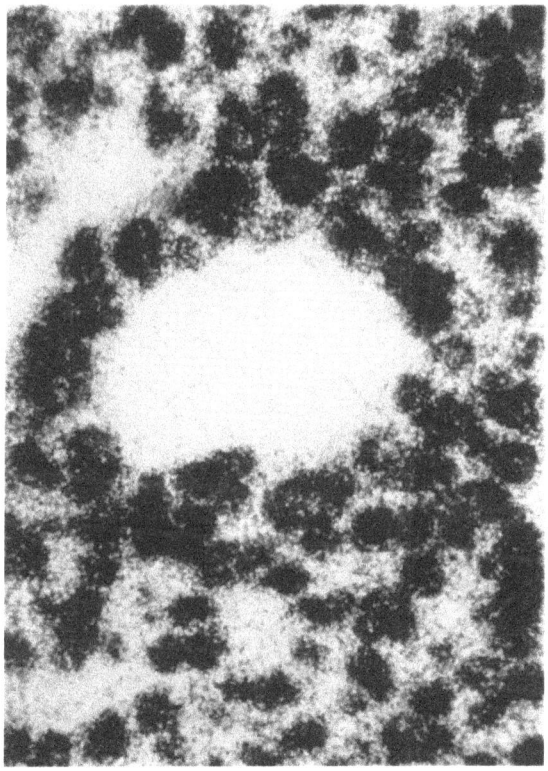

Abb. 9. Ungefärbtes Autoradiogramm des Pankreas bei stärkerer Vergrößerung (Kaninchen) nach Gabe von S^{35}-Thio-Aminosäuren. Tötungszeit: 3 Std. nach Applikation. Stärkste Schwärzung über den Acini. Zellen der Langerhansschen Insel praktisch ungeschwärzt

Methionin (s.B. II, 2a) auch für andere Aminosäuren in guter Annäherung gelten. Die Schwärzungsverteilung im Autoradiogramm gibt also die Verteilung der Umsatzraten A_0/Gramm wieder.

Ein Vergleich der erhaltenen Autoradiogramme zeigte, daß *verschiedene* Aminosäuren bei ein und demselben Organ ohne Ausnahme *gleiche* Autoradiogramme ergeben. In Abb. 7 wurden für den Drüsenmagen der Ratte Autoradiogramme mit S^{35}-Thio-Aminosäuren, C^{14}-Aminosäuren (s. o.) und H^3-Leucin gegenübergestellt. Abb. 10 gibt Autoradiogramme der Nebenniere der Ratte mit S^{35}-Thio-Aminosäuren, C^{14}-Aminosäuren und H^3-Leucin wieder.

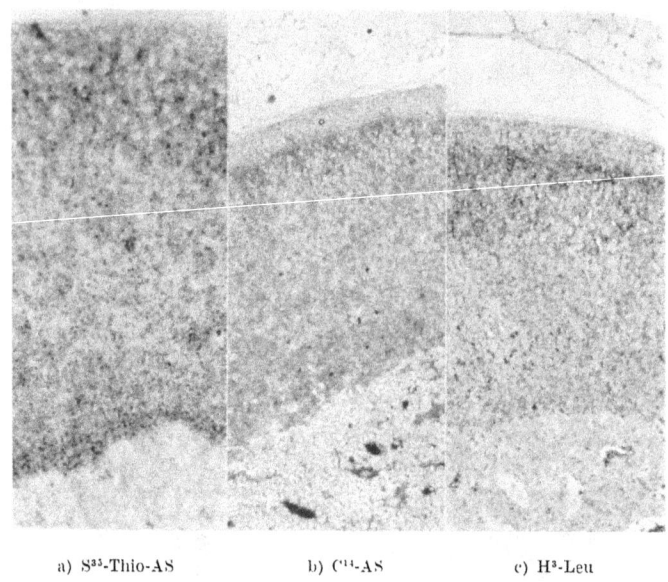

a) S^{35}-Thio-AS   b) C^{14}-AS   c) H^3-Leu

Abb. 10. Autoradiogramme der Nebenniere (Ratte) nach Gabe von: a) S^{35}-Thio-Aminosäuren (durchgefärbt), b) C^{14}-Eiweiß (ungefärbt), c) H^3-Leucin (ungefärbt). Tötungszeit: a) und c) 1,5 Std., b) 3 Std. nach Applikation. Stärkste, aber unterschiedliche Schwärzung über den verschiedenen Rindenschichten, geringe Schwärzung über den Zellen des Markes

Abb. 13 zeigt zwei Autoradiogramme des Kleinhirns der Ratte für S^{35}-Thio-Aminosäuren und H^3-Leucin. Die gleiche Übereinstimmung ergab sich für die Maus beim Vergleich von Autoradiogrammen mit S^{35}-Thio-Aminosäuren, C^{14}-Aminosäuren, H^3-Leucin und C^{14}-Lysin. Hinsichtlich der Autoradiogramme mit H^3-Leucin ist zu beachten, daß das autoradiographische Auflösungsvermögen wegen der extrem kleinen β-Energie von H^3 (18 keV gegenüber etwa 170 keV bei S^{35} und C^{14}) größer als bei S^{35}- und C^{14}-markierten Aminosäuren ist.

Weiterhin zeigte sich, daß die Autoradiogramme der Organe von Maus, Ratte und Kaninchen *untereinander* sehr ähnlich sind.

Es soll jetzt gezeigt werden, daß eine weitgehende Übereinstimmung der Autoradiogramme eines Organs mit verschiedenen Aminosäuren zu erwarten ist, falls der Inkorporation markierter

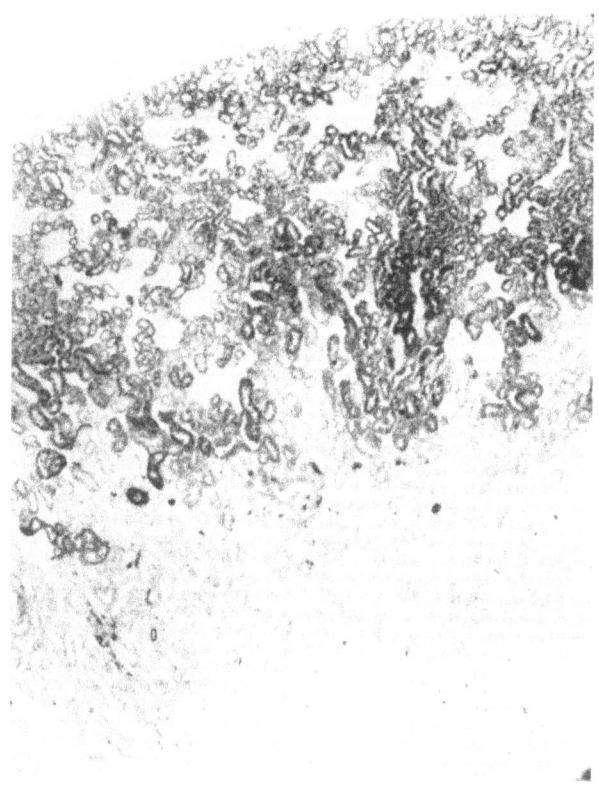

Abb. 11. Ungefärbtes Autoradiogramm der Niere (Ratte) nach Gabe von S^{35}-Thio-Aminosäuren. Tötungszeit: 1,5 Std. nach Applikation. Stärkste Schwärzung über den Zellen der Tubuli, geringe Schwärzung über den Glomeruli und dem Mark

Aminosäuren eine de novo-Synthese ganzer Eiweißmoleküle zugrunde liegt. An einer bestimmten Stelle im Organismus müßte dann die mittlere Lebensdauer ML der *verschiedenen* eiweiß-gebundenen Aminosäuren *gleich* sein. Dafür kann geschrieben werden:

$$ML_{Eiweißmolekül} = \frac{M_1}{A_1} = \frac{M_2}{A_2} = \ldots .$$

Dabei bedeutet M_1 den mengenmäßigen Anteil der Aminosäure 1 und A_1 ihre Umsatzrate. Dasselbe gilt für die Aminosäure 2 usw. Die Größen M und A beziehen sich auf die gleiche Eiweißmenge. Die Quotienten auf der rechten Seite geben die mittlere Le-

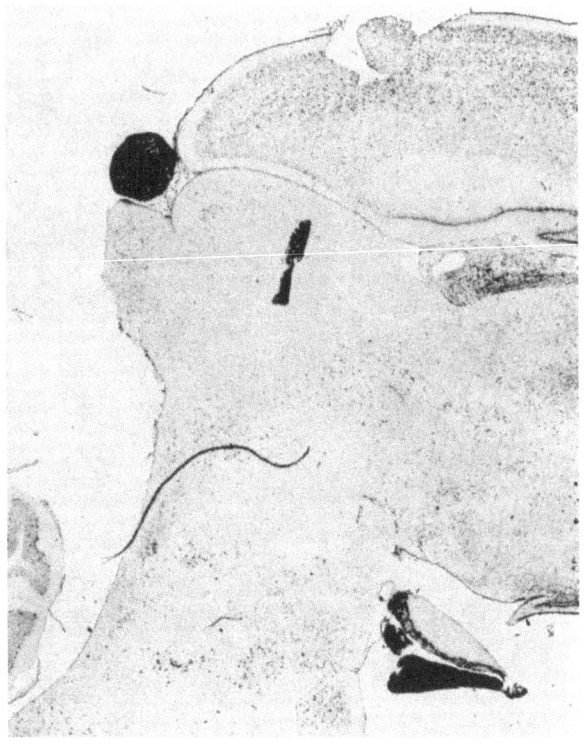

Abb. 12. Ungefärbtes Autoradiogramm eines Sagittalschnittes des Gehirns (Ratte) nach Gabe von S^{35}-Thio-Aminosäuren. Tötungszeit: 1,5 Std. nach Applikation. Stärkste Schwärzung über den Ganglienzellen und den Zellen der Epiphyse und Adenohypophyse. Sehr geringe Schwärzung über Glia, Mark und Neurohypophyse

bensdauer der einzelnen eiweiß-gebundenen Aminosäuren wieder. Aus der Gleichheit der Brüche folgt:

$$A_1 : A_2 : \ldots = M_1 : M_2 : \ldots$$

Die rechte Seite der Gleichung gibt die Aminosäurezusammensetzung des Eiweißes wieder. In dem Fall, daß diese im gesamten Organismus gleich ist, ist auch das Verhältnis der Umsatzraten der einzelnen Aminosäuren überall gleich, wobei die absoluten Werte

Die Größe des Umsatzes von Organ- und Plasmaeiweiß

der Umsatzraten von Ort zu Ort variieren können. Daraus folgt unmittelbar, daß verschiedene Aminosäuren gleiche Autoradiogramme liefern sollten. Da die Eiweißzusammensetzung tatsächlich nicht ganz gleichmäßig ist, sind entsprechende Unterschiede der Autoradiogramme mit verschiedenen Aminosäuren zu erwarten.

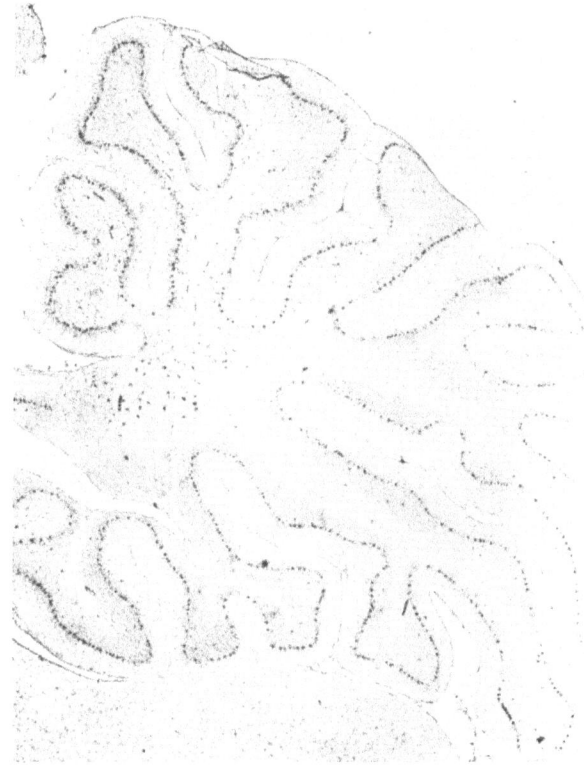

a) H^3-Leu

Abb. 13. Ungefärbte Autoradiogramme des Kleinhirns (Ratte) nach Gabe von: a) H^3-Leucin. b) S^{35}-Thio-Aminosäuren. Tötungszeit: 1,5 Std. nach Applikation. Stärkste Schwärzung über Purkinje-Zellen, großen Ganglienzellen, den Kleinhirnkernen und Plexus-Epithelien. Geringere Schwärzung über den Zellen der Körnerschicht. Glia und Mark kaum geschwärzt

Gleiche autoradiographische Ergebnisse, wie die hier beschriebenen, erhielten BÉLANGER[71] (1956) (Ratte: S^{35}-Methionin); FICQ, BRACHET[72] (1956) (Maus: C^{14}-Phenylalanin); LEBLOND, EVERETT, SIMMONS[73] (1957) (Ratte: S^{35}-Methionin) sowie FISCHER, KOLOUSEK,

LODIN[74] (1956) und KOLOUSEK, LODIN, FISCHER[75] (1958) (Ratte, Hund: S^{35}-Methionin).

Tab. 6 gibt das Ergebnis einer quantitativen Auswertung der Autoradiogramme der Ratten-Organe mit S^{35}-Thio-Aminosäuren

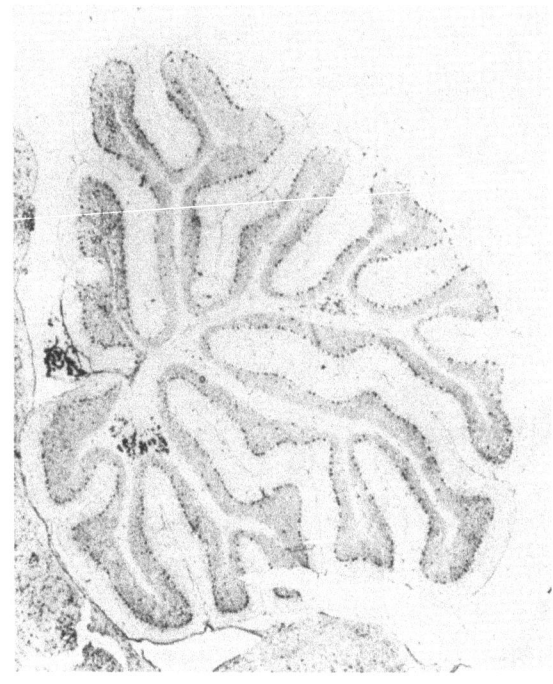

Abb. 13b. S^{35}-Thio-Aminosäuren

wieder. Mittels eines Vergleiches der autoradiographischen Schwärzungen über verschiedenen Geweben können Werte der relativen Thioaminosäure-Umsatzrate ermittelt werden. Wegen methodischer Einzelheiten sei auf die Originalarbeit[58] verwiesen. Spalte I, Tab. 6, gibt für verschiedene Gewebe der Ratte relative Umsatzraten wieder, wobei Pankreas = 100 gesetzt wurde. Wegen der Übereinstimmung der Autoradiogramme mit verschiedenen Aminosäuren ist es wahrscheinlich, daß die Zahlen der Spalte I die relative Größe des Eiweißstoffwechsels wiedergeben. Spalte II enthält entsprechende Ergebnisse von FICQ, BRACHET[72] (1956) für die Maus nach Gabe von C^{14}-Phenylalanin. Ein Vergleich von Spalte I und II zeigt eine sehr gute Übereinstimmung.

Wie Tab. 6 zeigt, lassen sich die einzelnen Gewebe und Zellen nach der Größe ihres Eiweißstoffwechsels in vier mehr oder weniger

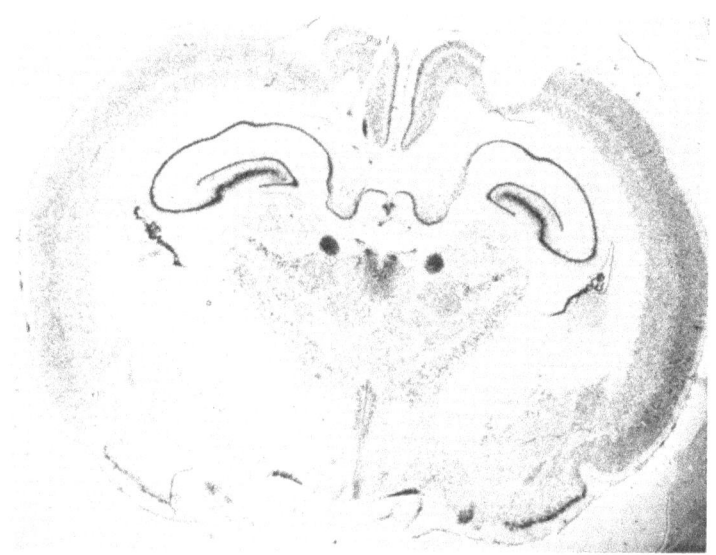

Abb. 14. Ungefärbtes Autoradiogramm des Zwischenhirns (Kaninchen) nach Gabe von S^{35}-Thio-Aminosäuren. Tötungszeit: 3 Std. nach Applikation. Stärkste Schwärzung über den Ganglienzellen der Rinde, des Hippocampus, des Nucl. supraopticus und paraventricularis sowie der verschiedenen Thalamus-Kerne und der Plexus-Epithelien

scharf gegeneinander abgegrenzte Gruppen einteilen. Gruppe 1 enthält die Zellen mit dem größten Eiweißstoffwechsel. Hierher gehören Sekreteiweiß bildende Zellen sowie die exkretorischen Pankreasepithelien, die Hauptzellen des Drüsenmagens, die Epithelien der serösen Speicheldrüsen. Gleichfalls gehören hierher die Zellen innersekretorischer Organe wie die Zellen der Nebennierenrinde, der Adenohypophyse und der Epiphyse. Bemerkenswert ist, daß auch die Ganglienzellen bestimmter Hirnareale und diejenigen der Netzhaut des Auges, die Hornhaut-Epithelien[67a, b], bestimmte Zellen des reticulo-endothelialen Systems und die Zellen des Plexus chorioideus des ZNS in der Gruppe 1 auftreten.

Innerhalb der Gruppe 2 ist der Eiweißstoffwechsel etwa dreimal geringer. Diese Gruppe enthält u. a. Zellen mit großer Mitoserate

Tabelle 6. *Relative Größe der Eiweiß-Umsatzrate einzelner Gewebe und Zellen der Ratte nach Gabe von S^{35}-Thio-Aminosäuren* (Spalte I: Ratte, S^{35}-Thio-Aminosäuren; Spalte II: Maus, C^{14}-Phenylalanin nach Ficq, Brachet[96]; Spalte III: Mittlere Lebensdauer nach [41])

	Gewebe	I Ratte S^{35}-Thioaminos.	II Maus C^{14}-Phenylalan.	III ML Ratte	IV Entzündliches Granulationsgewebe
Gruppe 1	Exokrine Pankreasepithelien	100	100		Vielkernige Riesenzellen (Langhansscher Typ) Fremdkörperriesenzellen Plasmazellen
	Hauptzellen des Drüsenmagens	150–100		6 Std.	
	Epithelien seröser Speicheldrüsen	~100			
	Zellen der Adenohypophyse	150–100			
	Zellen der Epiphyse	150–100			
	Zellen der Nebennierenrinde	150–100			
	Ganglienz. d. ZNS (mot., veg. bzw. sens.)	150 bzw. 40		9 Std.	
	Ganglienz. veg. Plexus (Magen-Darm)	~150			
	Plexus chorioideus im Gehirn	150–100			
	RES in Leber, Milz, Lymphknoten	~100	82	~9 Std.	
Gruppe 2	Lieberkühnsche Krypten	30–50	46	14 Std.	Histiocyten Fibroblasten Phagocyten Epitheloidzellen
	Stratum germinat. (Haut, Oesoph.)	30			
	Zellen der Haarwurzeln	30–50			
	Knochenmarkszellen	30–50			
	Zellen des Säulenknorpels	30			
	Spermatogonien	30			
	Follikelepithelien im Ovar	30–60			
	Leberepithelien	30	45		
	Tubulusepithelien der Niere	30	34	14 Std.	
Gruppe 3	Oberflächenepithelien des Magen-Darm- u. Respirationstraktes	15–30	26		
	Zellen des Nebennierenmarkes	~10			
	Zellen der Langerhansschen Inseln	10	13		
	Neurohypophyse	5			
	Nierenmark und Glomeruli	12	10		
Gruppe 4	Skeletmuskulatur	1,6		32 Tage	Segmentk. Neutrophile Eosinophile Kleine Lymphocyten
	Herzmuskulatur	4,8	5,5	12 Tage	
	Glatte Muskeln des Magen-Darmtraktes	1,6	7,6	~20 Tage	
	Glatte Muskeln des Uterus	4,8	6,4		
	Alveolargewebe der Lunge	6,0	6,3		
	Knorpel	1,6			
	Koll. und ret. Bindegewebe	0,5			
	Marksubstanz ZNS	1,0		} 25 Tage	
	Glia-Gewebe ZNS	1,0			

wie die Zellen der Lieberkühnschen Krypten von Dünn- und Dickdarm usw. Außerdem gehören hierher die Leberepithelien und die Tubulusepithelien der Niere.

Noch geringer ist der Eiweißstoffwechsel der in Gruppe 3 zusammengefaßten Oberflächenepithelien des Magen-, Darm- und Respirationstraktes. Zu dieser Gruppe zählen auch Nebennierenmark, Langerhans'sche Inseln und Neurohypophyse.

Innerhalb der Gruppe 4 ist der Eiweißstoffwechsel ca. 50 mal kleiner als in Gruppe 1. Hierher gehören Muskulatur-, Binde- und Stützgewebe sowie Glia und weiße Substanz des Gehirns und das Stroma der Hornhaut des Auges. Die Herzmuskulatur zeigt dreimal größere Werte als die Skeletmuskulatur. Den Eiweißstoffwechsel verschiedener Zellen des Knochens untersuchte KOBURG[67e].

OEHLERT[64] (1959) untersuchte bei Ratten mit Aspergillose nach Gabe von S^{35}-Thio-Aminosäuren autoradiographisch den Eiweißstoffwechsel der Zellen des entzündlichen Granulationsgewebes (s. Tab. 6, Spalte IV). Vielkernige Riesenzellen und Plasmazellen zeigten einen Umsatz von der Größe eiweißsezernierender Zellen in Gruppe 1. Die verschiedenen Zellen des aktivierten Bindegewebes wie Histiocyten, Fibroblasten, Phagocyten und Epitheloidzellen sind in Gruppe 2 einzuordnen. Mit der Differenzierung einer ruhenden Bindegewebszelle zum Phagocyten bzw. zur Epitheloidzelle nimmt demnach der Eiweißumsatz dieser Zellen (pro Zelle) um 2—3 Zehnerpotenzen zu. Bekannt ist eine entsprechende Zunahme der Fermentaktivität und der Basophilie. In reifen lymphocytären bzw. leucocytären Blutelementen ist der Eiweißumsatz, wie zu erwarten, sehr gering (Gruppe 4).

Tabelle 7. S^{35}-Aktivität des eiweiß-gebundenen Methionins in Prozenten der gesamten S^{35}-Aktivität des Organeiweißes (Ratte, i. v. Gabe von S^{35}-Methionin, Tötung nach 3 Std.)

Organe	S^{35}-Meth.-Akt. in % der Ges.-S^{45}-Akt. %
Magen	70
Darm	72
Nieren	75
Milz	76
Lunge	82
Gehirn	74
Leber	65
Herz	78
Muskulatur	88

2. **Absolute Größe des Umsatzes und der mittleren Lebensdauer des Eiweißes einzelner Gewebe und Zellen.** Durch eine Kombination der autoradiographisch ermittelten relativen Umsatzraten in Tab. 6 mit den absoluten Umsatzraten und Lebensdauern für ganze Organe in Tab. 3 können auch für einzelne Gewebe absolute

Umsatzraten und Lebensdauern abgeleitet werden (NIKLAS, QUINCKE, MAURER, NEYEN[41] 1958). Hierbei ist ohne Belang, daß sich die Werte der Tab. 3 auf S^{35}-Methionin und diejenigen der Tab. 6, Spalte I, auf S^{35}-Thio-Aminosäuren beziehen. Daß verschiedene Aminosäuren gleiche Autoradiogramme liefern, dürfte nach Tab. 7 auch für S^{35}-Methionin und S^{35}-Cystin gelten.

Spalte III der Tab. 6 gibt die so ermittelten absoluten mittleren Lebensdauern des Eiweißes verschiedener Gewebe wieder. Innerhalb der Gruppe 1 betragen die mittleren Lebensdauern nur 6—9 Stunden. Innerhalb dieser Zeiten sollte das ganze Zelleiweiß dem Betrage nach einmal umgebaut werden. Das Eiweiß der Skeletmuskulatur hat eine viel größere mittlere Lebensdauer von 32 Tagen.

3. Zur Deutung des zeitlichen Verlaufs der Markierung von Organeiweiß nach Gabe markierter Aminosäuren. Bei Kenntnis der speziellen Methionin-Umsatzraten und Lebensdauern bzw. biologischen Halbwertszeiten der einzelnen Gewebe eines Organs kann nunmehr auch eine Deutung für den zeitlichen Verlauf der S^{35}-Aktivität des eiweiß-gebundenen Methionins des ganzen Organs gegeben werden. Das Ergebnis gibt Abb. 15 wieder. Es wurde z. B. beim Gehirn der zeitliche Verlauf der S^{35}-Markierung 1. der Ganglienzellen und 2. des übrigen Hirngewebes nach Ausdruck (2a), Seite 8, berechnet, und zwar unter Verwendung der speziellen A_0- und HZ-Werte der beiden Gewebsarten. Die dünn ausgezogenen Kurven in Abb. 15, g, geben den so berechneten Markierungsverlauf der Ganglienzellen ($HZ = 6,6$ Std.) und von Glia und Mark ($HZ = 17,5$ Tage) wieder. Die dick ausgezeichnete Summenkurve deckt sich gut mit den Meßpunkten. Entsprechendes gilt für die übrigen Organe.

Bei den Geweben mit langer Halbwertszeit überwiegt der Einfluß der „Wiederverwendung" von S^{35}-Methionin aus dem Abbau, von S^{35}-Eiweiß. Bei den Geweben mit kurzer Halbwertszeit des eiweiß-gebundenen Methionins überwiegt der biologische Abbau. Insgesamt kann der zeitliche Verlauf der Markierung eines Organs aus dem Verlauf der spezifischen Aktivität der freien Aminosäure zusammen mit der sehr unterschiedlichen HZ des Eiweißes der Organe verstanden werden.

Lediglich aus Abfallskurven der Markierung eines Organs kann demnach nur in einem sehr qualitativen Sinne auf die biologische

Halbwertszeit von Organeiweiß geschlossen werden. Auch bei Organen mit sehr großem Eiweißumsatz wie Magen, Darm und Leber fällt die Markierung viel langsamer ab, als es der mittleren biologischen Halbwertszeit des Eiweißes nach Tab. 3 entspricht. Messungen des zeitlichen Verlaufs der Markierung von Organen finden sich

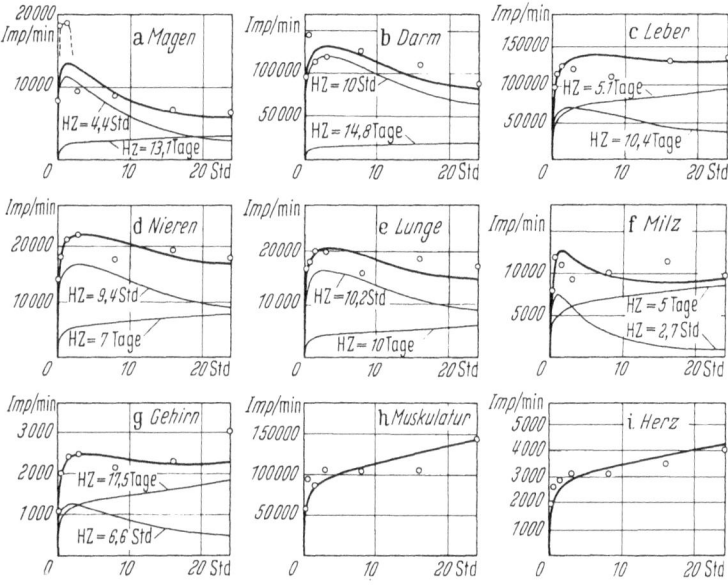

Abb. 15. Deutung des zeitlichen Verlaufes der S^{35}-Methionin-Organaktivität als Superposition von Verlaufskurven der verschiedenen Gewebe des Organs (nach[11]) (Ratten; S^{35}-Methionin i.v.; Kreise = gemessene S^{35}-Methionin-Aktivität des Organeiweißes; dünn ausgezogene Kurven = berechnete Verlaufskurven für Zellgruppen der Organe; die Kurve mit der kürzeren HZ bezieht sich auf: a) Hauptzellen, b) Lieberkühnsche Krypten, c) RES, d) Tubulus Epithelien, e) RES und Bronchial-Epithelien, f) RES, g) Ganglienzellen; die Kurven mit der größeren HZ beziehen sich auf das übrige Organgewebe)

bei TARVER u. a. m.[76-79]. Die in diesen Arbeiten gefundenen biologischen Halbwertszeiten sind obere Grenzwerte.

4. Eiweiß-Umsatz und RNS-Gehalt. Für alle Aminosäuren fanden sich bei allen Organen von Maus, Ratte und Kaninchen autoradiographische Bilder, welche den Färbe-Bildern bei Anfärbung der Schnitte mit basischen Kernfarbstoffen sehr ähnlich sehen. Das entspricht der Vorstellung von CASPERSSON und BRACHET über einen engen Zusammenhang zwischen dem Gehalt einer Zelle an RNS und der Größe ihres Eiweißstoffwechsels.

Tabelle 8. *Umsatzrate des eiweiß-gebundenen Methionins pro Gramm Gewebe und RNS-Gehalt.* (Spalte I nach 80—83, Spalte II nach 41, 58)

Organe (Ratte)	I	II	III	IV	V
	Absolute Werte		Relative Werte		
	RNS-Gehalt mg P/100 g Gewebe	A_0/g μgMeth./min g	RNS-Gehalt	A_0/g	$\dfrac{A_0/g}{RNS}$
Pankreas	189,4	2,96	=100	=100	=1,0
Leber	87,8	0,80	46,5	27,0	0,6
Niere	45,5	0,62	24,1	21,0	0,9
Darm	83,5	0,74	44,2	25,0	0,6
Gehirn	25,4	0,10	13,4	3,4	0,3
Herz	12,4	0,18	6,6	6,1	0,9
Muskulatur	6,7	0,08	3,5	2,7	0,8

Tab. 8 enthält einen Vergleich der Umsatzraten des eiweißgebundenen Methionins verschiedener Organe der Ratte mit dem RNS-Gehalt der Organe, wobei in Spalte III und IV der Wert für Pankreas = 100 gesetzt wurde. Wie Spalte V zeigt, liegt der

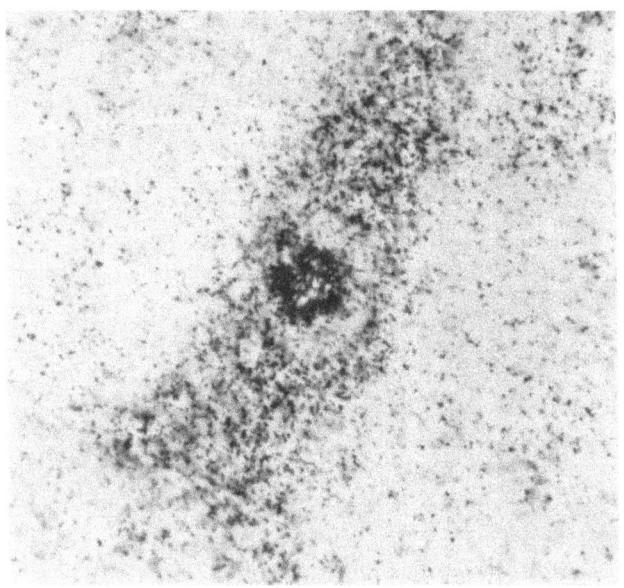

Abb. 16. Ungefärbtes Autoradiogramm einer Ganglienzelle aus der Formatio reticularis (Kaninchen) nach Gabe von S^{35}-Thio-Aminosäuren. Tötungszeit: 3 Std. nach Applikation. Schwärzung über der Umgebung des Nucleolus viel stärker als über dem Cytoplasma. Aufhellung über dem Nucleolus; geringe Silberkorndichte über dem Karyoplasma

Quotient der Werte von Spalte IV und III für alle Organe nahe bei 1. Dabei nimmt die Größe des spezifischen Umsatzes von Pankreas (Gesamtorgan) zum Muskel hin um den Faktor etwa 40 ab! Abb. 16 gibt ein stark vergrößertes Autoradiogramm (S^{32}-Thio-Aminosäuren) einer einzelnen Zelle aus der Formatio reticularis des Kaninchens und Abb. 17 eine Ganglienzelle der Ratte nach Gabe

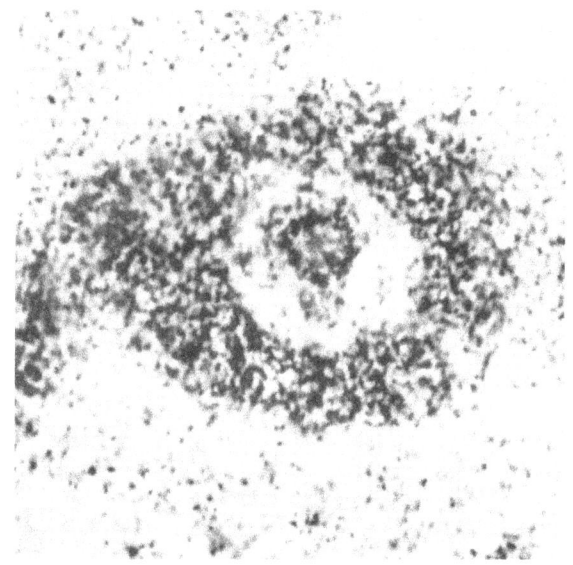

Abb. 17. Ungefärbtes Autoradiogramm einer Ganglienzelle aus dem Nucl. N.V. mot. (Ratte) nach Gabe von H^3-Leucin. Tötungszeit: 1,5 Std. nach Applikation. Bei besserer Auflösung praktisch die gleiche Verteilung der Silberkorndichte über der Zelle wie bei Abb. 16

von H^3-Leucin wieder. Gleiche Ganglienzell-Autoradiogramme ergaben sich auch mit C^{14}-Lysin. Eine Untersuchung der Ganglienzellen verschiedenster Kernareale zeigte, daß innerhalb des Cytoplasmas die lokale Inkorporation von Thio-Aminosäuren, Lysin und Leucin nach Größe und Verteilung der für die einzelnen Kernareale typischen Menge und Verteilung der Nisslschollen d. h. der RNS parallel geht. Innerhalb des Kerns liegen besondere Verhältnisse vor. Neben einer Inkorporation an der Stelle der Kernmembran fand sich ein starker Einbau in der Umgebung des Nucleolus, im wesentlichen offenbar an das dem Nucleolus zugeordnete Chromatin. Innerhalb des Nucleolus ist die Inkorporation sehr gering, wahrscheinlich gleich Null (SCHULTZE, OEHLERT, MAURER[63] 1958). Entsprechendes fand sich für H^3-Leucin auch für die übrigen Zellen des Organismus der Maus und Ratte[62]. Diese Ergebnisse stimmen mit den von CASPERSSON[84] (1947) zur Eiweißsynthese innerhalb einer Zelle entwickelten Vorstellungen überein.

Über gleiche Ergebnisse berichteten SIRLIN, WADDINGTON[85] 1956 (S^{35}-Thio-Aminosäuren: Zellen von Hühner-Embryonen), DROZ, VERNE 1958[69] (S^{35}-Thio-Aminosäuren: Ganglienzellen der Ratte) und CANEIRO, LEBLOND[86] 1959 (H^3-Leucin, H^3-Methionin, H^3-Glykokoll: verschiedene Zellen, Maus). Dagegen fand FICQ[87] (1955) bei Seestern-Oocyten einen starken Einbau von C^{14}-Phenylalanin in den Nucleolus und einen nur geringen Einbau im übrigen Bereich des Kerns.

Nach autoradiographischen Arbeiten einer Reihe von Autoren findet die Synthese der *Ribonucleinsäure* vorwiegend im Nucleolus statt. (FICQ[87] 1955 Seestern-Oocyten, C^{14}-Adenin; VINCENT[88] 1955, Seestern-Oocyten, P^{32}-Phosphat; STICH, HÄMMERLING[89] 1953 und HÄMMERLING, STICH[90] 1956 Acetabularia, P^{32}-Phosphat; HUGHES[91] 1958, Wurzel von Vicia faba, H^3-Cytidin, und OEHLERT, SCHULTZE, MAURER[91a] verschiedenste Zellen von Maus und Ratte, H^3-Cytidin.)

5. Beziehungen zwischen dem Eiweißstoffwechsel und anderen Stoffwechselgrößen. Zwischen der Größe des Eiweißstoffwechsels der einzelnen Zellen und Gewebe nach Tab. 6 und einigen anderen Stoffwechselgrößen bzw. Zelleigenschaften bestehen bemerkenswerte Parallelen. So ist bekanntlich der Sauerstoffverbrauch der Ganglienzellen einschließlich der Dendriten (OPITZ[92], SCHNEIDER[93]) viel größer als derjenige des umgebenden Hirngewebes. Die Ganglienzellen gehören zu den Zellen mit dem größten Sauerstoffverbrauch im Organismus. Das geht den Verhältnissen beim Eiweißstoffwechsel parallel.

Von BÜCHNER u. Mitarb.[94] u. a. m. wurden die bei Sauerstoffmangel im ZNS auftretenden Zellschädigungen beschrieben. Im Vergleich zu den übrigen Gewebselementen des ZNS zeigen die Ganglienzellen eine besonders große Sauerstoffmangel-Empfindlichkeit. Innerhalb der Ganglienzellen bestehen aber Unterschiede, und zwar lassen sich die einzelnen Kernareale in zwei Gruppen mit großer bzw. kleiner Empfindlichkeit einteilen. Genau die gleiche Gruppeneinteilung erhält man nach OEHLERT, SCHULTZE, MAURER[61] (1958), wenn man die einzelnen Kernareale nach der Größe ihres Eiweißstoffwechsels ordnet. Dieser ist bei motorischen, vegetativen u. a. Kernbezirken etwa viermal größer als bei sensorischen u. a. Kernarealen. Das Schädigungsmuster für Sauerstoffmangel bei Nagern deckt sich vollständig mit den Verhältnissen beim Eiweißstoffwechsel.

Es ist bekannt, daß die Pankreas-Epithelien, die Hauptzellen des Magens und die Darmmucosa relativ frühzeitig starke autolytische Veränderungen zeigen. Nach HÖPKER[95] (1954) gilt das auch für Ganglienzellen, wobei zwischen Nervenzellen mit größerer und kleinerer Autolyseneigung unterschieden wird. Insgesamt besteht auch hier weitgehende Übereinstimmung mit der jeweiligen Größe des Eiweißstoffwechsels. Darüber hinaus sind auch die von HÖPKER angegebenen Autolysezeiten aus der mittleren Lebensdauer des Ganglienzelleiweißes nach Tab. 6, Spalte III verständlich.

Nach einer Unterbrechung der Blutzufuhr zum Gehirn von 5 bis 10 min treten bekanntlich irreversible Schädigungen auf. Bei einem während dieser Zeit normalen Weiterlaufen der eiweiß-abbauenden Prozesse folgt aus der mittleren Lebensdauer des Ganglienzelleiweißes von etwa 9 Std., daß innerhalb von 5 min ($= 1/_{100}$ der ML) rund 1% des Ganglienzelleiweißes „abgebaut" werden. Ein so kleiner „akuter" Eiweißverlust" würde also bereits zu einer irreversiblen Schädigung führen. Verallgemeinert man das, so wäre wegen der gegenüber Ganglienzellen etwa 70mal größeren Lebensdauer des Muskeleiweißes eine Schädigung der Zellen des Muskelgewebes erst nach Stunden zu erwarten. Da aber Gefäß- und Capillarendothelien einen größeren Eiweißstoffwechsel als Muskelzellen haben — nach Tab. 6 gehören sie zur Gruppe 2 —, sollten bereits viel früher Schädigungen dieser Zellen eintreten.

Aus dem gleichen Grunde ist bei Niereninfarkt zuerst eine Schädigung der Epithelien der Hauptstücke zu erwarten, wie es auch der Fall ist, da diese Zellen innerhalb der Niere die kürzeste Eiweißlebensdauer haben.

Literatur

[1] SCHULTZE, B.: Biochem. Z. **329**, 144 (1957).
[2] MCFARLANE, A. S.: Progr. in Biophys. **7**, 115 (1957).
[3] MCFARLANE, A. S.: Biochem. J. **62**, 135 (1956).
[4] CAMPBELL, R. M., D. P. CUTHBERTSON, C. M. MATTHEWS and A. S. MCFARLANE: Int. J. Appl. Rad. Isot. **1**, 66 (1956).

[5] COHEN, S., R. C. HOLLOWAY, C. MATTHEWS and A. S. MCFARLANE: Biochem. J. **62**, 143 (1956).
[6] GOLDSWORTHY, P. D., and W. VOLWILER: Ann. N. Y. Acad. Sci. **70**, 26 (1957).
[7] GOLDSWORTHY, P. D., and W. VOLWILER: J. biol. Chem. **230**, 817 (1958).
[8] STEVENS, K. M., I. GAY and M. S. SCHWARTZ: Amer. J. Physiol. **175**, 147 (1953).
[9] HUMPHREY, J. H., and A. S. MCFARLANE: Biochem. J. **57**, 186 (1954).
[10] GERDES, K., u. W. MAURER: Biochem. Z. **328**, 522 (1957).
[11] VOLWILER, W., P. D. GOLDSWORTHY, M. P. MCMARTIN, P. A. WOOD, I. R. MACKAY and K. FREMONT-SMITH: J. clin. Invest. **34**, 1126 (1955).
[12] MARGEN, S., and H. TARVER: J. clin. Invest. **35**, 1161 (1956).
[13] MARGEN, S., and H. TARVER: Ann. N. Y. Acad. Sci. **70**, 49 (1957).
[14] MATTHEWS, C. M. E.: Phys. Med. Biol. **2**, 36 (1957).
[15] FREEMAN, T., u. C. M. E. MATTHEWS: Radioaktive Isotope in Klinik u. Forschung **3**, 283 (1958).
[16] PEARSON, J. D., N. VEALL u. H. VETTER: Radioaktive Isotope in Klinik u. Forschung **3**, 290 (1958).
[17] LEWALLEN, C. G., M. BERMAN and J. E. RALL: J. clin. Invest. **38**, 66 (1959).
[18] HEVESY, G. V.: Radioaktive Indikators, Interscience Publ. Inc. New York 1948.
[18a] NIKLAS, A., W. MAURER u. H. KRAUSE: Biochem. Z. **325**, 464 (1954).
[19] SPRINSON, D. B., and R. RITTENBERG: J. biol. Chem. **180**, 715 (1949); s. a. J. biol. Chem. **180**, 707 (1949); **184**, 405 (1950).
[20] WHITE, A. G. C., and W. PARSON: Arch. Biochem. **26**, 205 (1950).
[21] WU, H., and S. E. SNYDERMAN: J. gen. Physiol. **34**, 339 (1950).
[22] HOBERMAN, H. D.: Yale J. Biol. Med. **22**, 341 (1950).
[23] HOBERMAN, H. D.: J. biol. Chem. **188**, 797 (1951).
[24] BARTLETT, P. D., and O. H. GAEBLER: J. biol. Chem. **196**, 1 (1952).
[25] SAN PIETRO, A., and D. RITTENBERG: J. biol. Chem. **201**, 445 (1953).
[26] SAN PIETRO, A., and D. RITTENBERG: J. biol. Chem. **201**, 457 (1953a).
[27] RITTENBERG, D.: Cold Spr. Harb. Symp. quant. Biol. **13**, 173 (1948).
[28] RITTENBERG, D.: Ciba Foundation Conference on Isotopes in Biochemistry. S. 190 ff. Philadelphia: Blakiston Comp. 1951.
[29] APPEL, R., E. APPEL, M. DEIMEL u. W. MAURER: Unveröffentlicht.
[30] QUINCKE, E.: Biochem. Z. **327**, 383 (1956).
[31] HEVESY, G. V., u. C. F. JACOBSEN: Acta physiol. scand. **1**, 11 (1940).
[32] HAHN, L., u. G. V. HEVESY: Acta physiol. scand. **1**, 347 (1941).
[33] FLEXNER, L. B., A. GELLHORN and M. MERRELL: J. biol. Chem. **144**, 35 (1942).
[34] KROGH, A., u. H. H. USSING: Zit. nach HEVESY, Radioactive Indicators, S. 199, New York, London: Interscience Publ. Inc. 1948.
[35] BERING, E. A.: J. Neurosurg. **12**, 385 (1955).
[36] ANBAR, M., and Z. LEWITUS: Nature (Lond.) **181**, 344 (1958).
[37] MAURER, W.: Wien. Z. inn. Med. **38**, 393 (1957).
[38] MAURER, W.: Verh. dtsch. Ges. Kreisl.-Forsch. **21**, 107 (1955).

[39] MAURER, W., A. NIKLAS u. G. LEHNERT: Biochem. Z. **326**, 28 (1954).
[40] MAURER, W., u. A. NIKLAS: Radioaktive Isotope in Klinik und Forschung (Sonderbände zur Strahlentherapie) Bd. **33**, 202 (1955).
[41] NIKLAS, A., E. QUINCKE, W. MAURER u. H. NEYEN: Biochem. Z. **330**, 1 (1958).
[42] NIKLAS, A.: Hoppe-Seylers Z. physiol. Chem. **301**, 194 (1955).
[43] NIKLAS, A., E. QUINCKE u. W. MAURER: Unveröffentlicht.
[44] LAJTHA, A., S. FURST, A. GERSTEIN and H.WAELSCH: J. Neurochemistry **1**, 289 (1957).
[45] FURST, S., A. LAJTHA and H.WAELSCH: J. Neurochemistry **2**, 216 (1958).
[46] WAELSCH, H.: Metabolism of the nervous system. D. Richter, S. 431 ff. London 1957.
[47] VLADIMIROW, G. E.: Internat. Conf. on Radioisotopes in Scient. Res. Paris **1957**, Nr. 167 B.
[48] BORSOOK, H.: The Biosynthesis of Proteins and Peptides including Isotopic Tracer Studies in: L. Zechmeister, Fortschritte der Chemie organischer Naturstoffe. Wien 1952.
[49] LEE, N. D., and R. H. WILLIAMS: Endocrinology **51**, 451 (1952).
[50] ANDERSON, E. I., and W. A. MOSHER: J. biol. Chem. **188**, 717 (1951).
[51] LEE, N. D., J. T. ANDERSON, R. MILLER and R. H. WILLIAMS: J. biol. Chem. **192**, 733 (1951).
[52] GREENBERG, D. M., and TH. WINNICK: J. biol. Chem. **173**, 199 (1948).
[53] SANADI, D. R., and D. M. GREENBERG: Proc. Soc. exp. Biol. (N. Y.) **69**, 162 (1948).
[54] FRIEDBERG, F., H. TARVER and D. M. GREENBERG: J. biol. Chem. **173**, 355 (1948).
[55] WINNICK, TH., F. FRIEDBERG and D. M. GREENBERG: J. biol. Chem. **173**, 189 (1948).
[56] LEVINE, M., and H. TARVER: J. biol. Chem. **184**, 427 (1950).
[57] QUINCKE, E., u. W. MAURER: Biochem. Z. **329**, 392 (1957).
[58] NIKLAS, A., u. W. OEHLERT: Beitr. path. Anat. **116**, 91 (1956).
[59] OEHLERT, W., and B. SCHULTZE: International Conference on Radioisotopes in Scient. Res. Paris **1957**, Nr. 164 B.
[60] SCHULTZE, B., u. W. OEHLERT: Strahlenther. Sonderb. **3**, 68 (1958).
[61] OEHLERT, W., B. SCHULTZE u. W. MAURER: Beitr. path. Anat. **119**, 343 (1958).
[62] OEHLERT, W., B. SCHULTZE u. W. MAURER: Beitr. path. Anat. im Druck (1959).
[63] SCHULTZE, B., W. OEHLERT u. W. MAURER: Beitr. path. Anat. **120**, 58 (1959).
[64] OEHLERT, W.: Acta histochem. **6**, 315 (1959).
[65] GOSLAR, H. G., u. B. SCHULTZE: Z. mikrosk-anat. Forsch. **64**, 556 (1958).
[66] TISCHENDORF, F., u. A. LINNARTZ-NIKLAS: Experientia (Basel) **14**, 379 (1958).
[67] TISCHENDORF, F., u. A. LINNARTZ-NIKLAS: Anat. Anz. **105**, 400 (1958).
[67a] NOVER, A., u. B. SCHULTZE: Graefes Arch. (im Druck).
[67b] SCHULZE, B., u. A. NOVER: Anat. Anz. (im Druck).
[67c] KOBURG, E.: Unveröffentlicht.

[68] SCHNEIDER, W. C.: J. biol. Chem. **161**, 293 (1945).
[69] DROZ, B., u. J. VERNE: IV. Internat. Kongr. Biochem., Wien 1958.
[70] SIRLIN, J. L.: J. Histochem. **6**, 185 (1958).
[71] BÉLANGER, L. F.: Anat. Rec. **124**, 555 (1956).
[72] FICQ, A., and J. BRACHET: Exp. Cell Res. **11**, 135 (1956).
[73] LEBLOND, C. P., N. B. EVERETT and B. SIMMONS: Amer. J. Anat. **101**, 225 (1957).
[74] FISCHER, J., J. KOLOUŠEK and Z. LODIN: Nature (Lond.) **178**, 1122 (1956).
[75] KOLOUŠEK, J., Z. LODIN and J. FISCHER: II. Int. Conf. on the Peaceful Uses of Atomic Energy Genf 1958. A/Conf. 15/P/2119.
[76] SCHOENHEIMER, R., S. RATNER and D. RITTENBERG: J. biol. Chem. **127**, 333 (1939).
[77] SHEMIN, D., and D. RITTENBERG: J. biol. Chem. **153**, 401 (1944).
[78] FRIEDBERG, F., H. TARVER and D. M. GREENBERG: J. biol. Chem. **173**, 355 (1948).
[79] TARVER, H.: In D. M. GREENBERG, The amino acids and proteins. Springfield: Thomas Publ. Co. 1951.
[80] SCHMIDT, G., and S. J. TANNHAUSER: J. biol. Chem. **161**, 83 (1945).
[81] SCHNEIDER, W. C.: J. biol. Chem. **164**, 747 (1946).
[82] SCHNEIDER, W. C., and H. L. KLUG: Cancer Res. **6**, 691 (1946).
[83] COOPER, J. D.: J. biol. Chem. **200**, 155 (1953).
[84] CASPERSSON, T.: Symp. Soc. exp. Biol. **1**, 127 (1947); Cell growth and cell function. New York: W. W. Nortin & Co., 1950.
[85] SIRLIN, J. L., and C. H. WADDINGTON: Exp. Cell Res. **11**, 197 (1956).
[86] CARNEIRO, J., and C. P. LEBLOND: Science **129**, 391 (1959).
[87] FICQ, A.: Arch. Biol. (Liège) **66**, 509 (1955).
[88] VINCENT, W. S.: Biol. Bull. **109**, 353 (1955).
[89] STICH, H., u. J. HÄMMERLING: Z. Naturforsch. **8b**, 329 (1953).
[90] HÄMMERLING, J., u. H. STICH: Z. Naturforsch. **11b**, 162 (1956).
[91] HUGHES, W. L.: Second United Nations International Conf. on the peaceful use of atomic energy, Vortrag Nr. P/842, Genf 1958.
[91a] OEHLERT, W., B. SCHULTZE u. W. MAURER: Unveröffentlicht.
[92] OPITZ, E., u. D. LÜBBERS: Handbuch der Allgemeinen Pathologie, IV, 2, S. 395, 1957.
[93] SCHNEIDER, M.: Physiologie des Menschen. Heidelberg: Springer 1955.
[94] BÜCHNER, F.: Allgemeine Pathologie. München, Berlin: Urban & Schwarzenberg 1959.
[95] HÖPKER, W.: Die Wirkung des Glukosemangels auf das Gehirn. Leipzig: Georg Thieme 1954.

Diskussion

Diskussionsleiter: FELIX, *Frankfurt*

FELIX: Herr Prof. MAURER, ich danke Ihnen vielmals für Ihren schönen Vortrag. Ihre Bilder haben uns sehr beeindruckt und uns den Umfang der Eiweißsynthese anschaulich demonstriert. Ich eröffne nun die Diskussion.

MANDEL (Straßburg): Das Problem, welches Herr Prof. MAURER behandelt hat, ist für alle Biochemiker wichtig, die über die Synthese von

Die Größe des Umsatzes von Organ- und Plasmaeiweiß

Proteinen mit radioaktiven Aminosäuren arbeiten. Zur Erklärung der Versuchsergebnisse muß man aber wissen, ob die Aminosäure wirklich in neu synthetisierte Proteine eingebaut, oder ob neue Zellen produziert worden sind. Es gibt Organe, in welchen die Zellen ständig erneuert werden. Dazu gehören hauptsächlich Darm, Magen und sehr wahrscheinlich auch das Pankreas. In diesen Organen werden Aminosäuren lebhaft eingebaut. Die Zellen des Gehirns älterer Tiere teilen sich nicht mehr, erzeugen aber spezielle Substanzen wie Enzyme und Hormone, in welche Aminosäuren eingebaut werden können. Die schönen Bilder von Prof. MAURER zeigen uns, daß die Nervenzellen lebhaft Eiweiß produzieren.

MAURER: Hinsichtlich der Verhältnisse des Eiweißstoffwechsels im Gehirn möchte ich an den Vortrag erinnern, welchen HYDEN vor einigen Jahren hier gehalten hat. Nach ihm können die Purkinjeschen Zellen in 3 Gruppen eingeteilt werden, die sich durch den Gehalt an Eiweiß, Lipoiden und Nucleinsäuren unterscheiden. HYDEN hält es für möglich, daß es sich hierbei um Purkinjesche Zellen in verschiedenen Funktionszuständen handelt. Wir haben beim Kaninchen nach Unterschieden des Eiweißstoffwechsels der Zellen innerhalb eines Kernareals gesucht. Interessanterweise treten solche Unterschiede bei den Purkinjeschen Zellen auf. Während die Ganglienzellen aller anderen Kernareale innerhalb jeden Areals vergleichbare Schwärzung zeigen, liegen bei den Purkinjeschen Zellen Gruppen von Zellen mit großer Schwärzung neben solchen mit geringer Schwärzung.

HOCK (Berlin): Herr MAURER, Sie bestimmen in Ihren Versuchen die Umsatzraten im Nüchtern-Zustand. Das gilt doch nicht für die Rittenbergschen Versuche, da sich diese über mehrere Tage erstrecken, wobei die Nahrungsaufnahme weiterläuft. Nun beeinflußt die Nahrungsaufnahme doch die Harnstoffausscheidung. Beeinflußt das nicht die berechnete Stickstoff-Umsatzrate ?

MAURER: Da unsere Messungen nur wenige Stunden benötigen, sind die von uns gemessenen Umsatzraten Momentan-Werte, und zwar für Nüchtern-Zustand. Wir finden für die Methionin-Einbaurate in Körpereiweiß einen kleineren Wert als für die Methionin-Ausbaurate aus Körpereiweiß. Nach Nahrungsaufnahme dürften die umgekehrten Verhältnisse vorliegen.

Es ist richtig, daß sich die Messungen der ^{15}N-Harnstoff-Ausscheidung im Urin bei RITTENBERG über etwa 2 Tage erstrecken. In die Berechnung der Stickstoff-Umsatzrate geht aber wesentlich der Zeitpunkt des Maximums der spezifischen ^{15}N-Markierung des Harnstoffs im Harnstoff-pool ein. Dieses liegt bei 1—2 Std. Wenn ich das Rittenbergsche Verfahren richtig verstanden habe, so bedeutet das, daß die Ergebnisse eher charakteristisch sind für die Verhältnisse kurz nach Injektion der ^{15}N-Aminosäuren und nicht als Mittelwerte für die gesamte Versuchsdauer von 2 Tagen aufzufassen sind. Die Arbeit von SAN PIETRO und RITTENBERG enthält keine Angabe darüber, ob die Patienten zu Beginn der Untersuchung nüchtern waren.

BUTENANDT (München): Ich möchte Herrn MAURER bitten, doch noch einmal zu erläutern, wie sicher es ist, daß im Nervengewebe, speziell in der weißen Substanz, der Eiweißumsatz sehr gering ist. Mich interessiert diese

Frage im Zusammenhang mit dem Problem des biologischen Alterns. Ich habe einmal ausgeführt, ein Einzeller sei möglicherweise deshalb potentiell unsterblich, weil er seine gesamte Struktur fortgesetzt erneuern kann, d. h. daß er den dynamischen Stoffwechsel „vollständig" beherrscht. So sammeln sich bei ihm keine Strukturelemente an, welche den anorganischen Gesetzen der Alterung, besonders der Kolloidalterung, unterliegen. In dem Maße, wie der dynamische Stoffwechsel eingeschränkt ist, würden die Gesetze der anorganischen Alterung, der Kolloidalterung, wirksam werden. Wenn es z. B. richtig ist, daß im Gehirn Abbau und Neubildung der Eiweißstoffe besonders klein ist, so würde daraus folgen, daß sich hier zunächst Alterungserscheinungen zeigen müssen, was ja in sehr vielen Fällen tatsächlich beobachtet wird. Nun hat man aber gegen die Versuche mit radioaktiven Aminosäuren, aus denen auf einen geringen Eiweißumsatz im Gehirn geschlossen wurde, angeführt, sie seien nicht sicher wegen der Blut-Liquor-Schranke. Wenn man nämlich die Aminosäuren direkt in die große Zysterne injiziert, so findet man einen viel höheren Umsatz als nach intravenösen Applikationen. Kann man aus einem der Bilder, die Sie gezeigt haben, wo sich ^{35}S-Methionin im Serum und der Gewebsflüssigkeit gleichmäßig verteilt, schließen, daß die Liquorschranke für die Verteilung der Aminosäuren keine Rolle spielt, daß sie also wirklich für den Proteinumsatz im Gehirn zur Verfügung stehen? Dann würde der genannte Einwand fallen. Ich halte die Versuche, bei denen man die Aminosäuren direkt in die Cysterna magna injiziert, für recht unphysiologisch und glaube, daß sie nicht gegen die von Ihnen vorgetragenen Versuchsergebnisse sprechen.

MAURER: Wir schließen aus unseren Versuchen, daß der Eiweißstoffwechsel von Glia und Mark, ähnlich wie derjenige von Muskel-, Binde- und Stützgewebe sehr klein ist. Demgegenüber gehören die Ganglienzellen zu denjenigen Zellen im Organismus mit dem größten Eiweißstoffwechsel. Ihr Eiweißstoffwechsel ist vergleichbar mit demjenigen der Pankreas-Epithelien, der Hauptzellen des Magens usw. Das Größenverhältnis des Eiweißstoffwechsels zwischen Ganglienzellen auf der einen Seite und Glia und Mark auf der anderen Seite beträgt etwa 70.

In die Berechnung der Aminosäure-Umsatzraten geht die inkorporierte Aminosäure-*Aktivität* und die *mittlere spezifische Aktivität* der freien Aminosäuren während des Versuchsintervalls ein. Die Bestimmung der ersten Größe, der inkorporierten Aminosäure-Aktivität, enthält keine besonderen Schwierigkeiten. Dabei ist gleichgültig, ob der Nachweis der Aktivität bei chemischen Versuchen mit dem Zählrohr oder bei autoradiographischen Versuchen mit der Photo-Emulsion erfolgt. Das eigentliche *Problem* ist die Bestimmung der mittleren spezifischen Aktivität der freien Aminosäure während des Versuchsintervalls, und zwar innerhalb der eiweißbildenden Zellen.

Aus den von Herrn BUTENANDT erwähnten Messungen der Verteilung von freiem ^{35}S-Methionin im Serum und Hirngewebswasser (Abb. 3 des Vortragstextes) kann unter der *Voraussetzung*, daß sich das intra- und extracelluläre freie Methionin aller Zellen im Gehirn *gleich* verhält, geschlossen werden, daß nach Ablauf einer etwa 30 min dauernden Durchmischungsperiode die spezifische Aktivität des freien Methionins im Serum und im

Hirngewebswasser fortan gleich ist. Die angegebenen Umsatzraten für Ganglienzellen sowie Glia und Mark sind unter Benutzung dieser — in Abb. 3 wiedergegebenen — Kurve für den Verlauf der ^{35}S-Aktivität bzw. spezifischen Aktivität des freien Methionins berechnet worden.

Sollte die genannte Voraussetzung nicht gelten etwa in der Richtung, daß die spezifische Aktivität des intracellulären freien Methionins kleiner wäre als diejenige des extracellulären, so würden die wahren Umsatzraten *größer* sein als die im Vortrag angegebenen Werte. Die Ganglienzellen würden dann noch stärker an der Spitze aller Körperzellen stehen. Die Genauigkeit der angegebenen Umsatzraten hängt also von der Gültigkeit der genannten Voraussetzung ab.

Die Kurven der Abb. 3 sprechen dafür, daß keine sehr wirksame Blut-Hirn-Schranke gegen Aminosäuren existiert. Die Einstellung des Diffusionsgleichgewichtes verläuft für ^{35}S-Methionin nicht sehr viel langsamer als für schweres Wasser, wie die Versuche von HEVESY und anderen gezeigt haben.

FELIX (Frankfurt): Sie haben uns Autoradiogramme zur Eiweißsynthese in der Darmschleimhaut gezeigt. War da ein Unterschied bezüglich der Art der Zufuhr der Aminosäuren, ob intravenös oder verfüttert? 2. Frage: Sie betrifft die Autoradiogramme der Nucleolen. Sie haben bei der Messung des Nucleinsäure-Umsatzes gefunden, daß im Innern des Nucleolus der Umsatz sehr groß ist, während der Einbau von Aminosäuren in der Peripherie, Sie sagen am Rande des Nucleolus, am größten ist. Meist gehen Eiweiß- und Nucleinsäuresynthese parallel. Könnte der Unterschied im Falle des Nucleolus nicht dadurch zu erklären sein, daß hier zusätzlich die Pyridinnucleotide ständig neu synthetisiert werden müssen, weil sie ziemlich rasch verbraucht werden?

MAURER: Die Art der Injektion hat keinen deutlichen Einfluß auf das Schema der Inkorporation einer Aminosäure im Organismus. Auch das spricht dafür, daß die Durchmischung innerhalb des Aminosäure-pools im Vergleich zum Aminosäure-Einbau ein schneller Prozeß ist. Man kann dafür auch noch andere Argumente angeben. Zur 2. Frage: Wir vergleichen die Größe des Eiweißstoffwechsels mit der Menge der RNS, nicht dem Umsatz der RNS. Das entspricht auch den Vorstellungen von CASPERSSON. Natürlich wäre es interessant, etwas über die Größe des RNS-Umsatzes der verschiedenen Zellen im Organismus zu erfahren. Wir haben entsprechende Versuche mit ^{3}H-Cytidin in Angriff genommen.

BIELIG (Heidelberg): Ich hätte gerne noch eine Auskunft zur Frage der radioaktiven Abbauprodukte des Schwefels. Sie sprechen immer nur von ^{35}S-Methionin, aber nicht von den Oxydationsprodukten, die ja auch radioaktiv sind. Inwieweit ist das im Zusammenhang mit den Autoradiogrammen von Interesse?

MAURER: Bei der Präparation der Paraffinschnitte werden alle in Wasser, Säure und Alkohol löslichen Stoffe aus den Schnitten entfernt und aus ihnen die Oxydationsprodukte des Methionins. Wir könnten durch Kontrollversuche zeigen, daß die Aktivität der Schnitte nicht abnimmt, wenn man die fertigen Schnitte den üblichen Prozessen zur Isolierung der Eiweiß-Fraktion unterwirft. Die Aktivität nahm dabei nur um 0—3% ab.

BIELIG (Heidelberg): Bezieht sich das z. B. auch auf die Leber? Bei der Leber sollte man doch erwarten, daß der Abbau ziemlich lebhaft ist.

MAURER: Die genannten Kontrollen wurden an ^{35}S- und ^{14}C-markierten Leber- und Hirnschnitten durchgeführt.

HOLZER (Freiburg): Ich wollte Herrn MAURER nur kurz fragen, ob eine unspezifische Adsorption von Aminosäuren an gewisse Zellelemente beim Entstehen der Autoradiogramme ausgeschlossen werden kann?

MAURER: Bei der Präparation der Paraffinschnitte haben wir den Lösungen inaktive Aminosäuren und bei ^{35}S-Schnitten Sulfat zugesetzt mit dem Ziel, adsorbierte Aktivität durch Austausch zu entfernen. Ähnliche Versuche sind von anderen Autoren in einem verwandten Zusammenhang gemacht worden. Die durch Austausch entfernbare Adsorption kann einige Prozent der Gesamtaktivität ausmachen.

WERLE (München): Ich wollte Herrn MAURER fragen, ob die Umsatzrate vom Alter des Tieres abhängt und ob sie sich bei maligner Entartung eines Organs oder einer Zellgruppe ändert?

MAURER: Alle unsere Untersuchungen beziehen sich auf ausgewachsene, normale Organismen. Wir haben die Abhängigkeit vom Alter nicht untersucht.

KARTE (Göttingen): Als Kliniker interessiere ich mich besonders für Ihre Einteilung der Körpergewebe nach dem Umfang der Synthese. Demgegenüber gibt es eine Absterbeordnung der Zellen. Zuerst sterben die Ganglienzellen, zuletzt die Zellen der glatten Muskulatur ab, auch der Darm überlebt relativ lange. Stimmt diese Absterbeordnung mit der Syntheserate überein?

MAURER: Es ist bekannt, daß Autolyse besonders schnell und stark eintritt bei Pankreas, den Hauptzellen des Magens, den Zellen der Lieberkühnschen Krypten und auch bei den Ganglienzellen. Alle diese Zellen haben einen großen Eiweißstoffwechsel. Die Autolyse-Neigung der Muskelzellen ist damit verglichen viel geringer. Dem geht ein sehr kleiner Eiweißstoffwechsel parallel.

Nach BÜCHNER zeigen die Ganglienzellen der verschiedenen Kernareale des Kaninchen-Gehirns eine z. T. geringe Empfindlichkeit gegenüber Sauerstoffmangel. Ein Vergleich mit der Größe des Eiweißstoffwechsels ergab auch hier eine lückenlose Parallelität zwischen Sauerstoffmangel-Empfindlichkeit und Größe des Eiweißstoffwechsels. Siehe auch Abschnitt C, 5 des Vortragetextes.

PETUELY (Graz): Bei Ihrem Autoradiogramm der Bauchspeicheldrüse ist mir aufgefallen, daß die Langerhansschen Inseln danach eigentlich keinen Eiweißstoffwechsel haben dürften. Oder lag das an der photographischen Wiedergabe? Es wäre doch auffällig, daß gerade der Inselapparat einen niedrigen Umsatz haben sollte.

MAURER: Die Aminosäure-Inkorporation ist innerhalb der Langerhansschen Inseln etwa 10mal kleiner als über den Epithelien. Wegen der Eigenschaften der photographischen Platte kommt dieser Unterschied nicht richtig heraus. Bei den geringen Hormonmengen ist der geringe Eiweißstoffwechsel durchaus verständlich.

FECKEL (Nürnberg): Die Whipplesche Schule hat die Ansicht vertreten, daß die zugeführten Aminosäuren erst in der Leber verarbeitet werden müßten und die Gewebe das Albumin verwerten. Es ist therapeutisch sehr wichtig, wenn Sie heute demonstrieren, daß die Gewebe unmittelbar die Aminosäuren verwerten können und daß das Albumin keine notwendige Zwischenstufe ist. Gerade in letzter Zeit wurde von klinischer Seite viel darüber diskutiert, ob für die Ernährungstherapie Aminosäuren oder Plasmaalbumine vorzuziehen seien.

Biosynthese der Proteine und ihr enzymatischer Aspekt

Von

V. V. KONINGSBERGER

Utrecht/Holland

Mit 3 Textabbildungen

I. Einleitung

Es wäre schwierig, ein biochemisches Problem zu finden, das während des letzten Dezenniums die Aufmerksamkeit vieler Forscher mehr beschäftigt hätte als die Biosynthese der Proteine. Wenn wir unsere — immer noch beschränkte — jetzige Kenntnis über diesen so komplizierten Prozeß mit dem vergleichen, was darüber ungefähr 1950 bekannt war, so ist es klar, daß in verhältnismäßig kurzer Zeit durch den Fortschritt experimenteller Angriffsmethoden und Technik ein bedeutender Gewinn an Kenntnis und Einsicht erzielt wurde.

Selbstverständlich ruhen unsere Untersuchungen auf der Arbeit früherer Forscher wie der FISCHERs[1] über die Basisstruktur und der viel späteren Arbeit SANGERs[2] über das, was man als „Feinstruktur" der Proteine bezeichnen könnte. Daneben hat jedoch z. B. die Verwendung von (radioaktiven) Isotopen eine bedeutende Erweiterung der experimentellen Möglichkeiten bei der Untersuchung ergeben und ihren Erfolg gesichert.

Es ist unmöglich, in einem einzigen Vortrag auch nur eine Übersicht über sämtliche Methoden und die mit ihnen erzielten experimentellen Ergebnisse zu geben; mit Recht ist eines der interessantesten Probleme in der Biosynthese der Proteine die „adaptative Enzymbildung", die in diesem Symposium separat behandelt wird. Dieser Vortrag wird sich auf die Besprechung der Untersuchungen beschränken, welche unsere Einsicht in den *chemischen Mechanismus* des Prozesses vertieft haben oder noch vertiefen können. Dabei halten wir uns an die chronologische Reihenfolge der Ereignisse in der Zelle und widmen besondere Aufmerksamkeit

Biosynthese der Proteine und ihr enzymatischer Aspekt

den neuesten experimentellen Ergebnissen, welche den allgemein vertretenen, aber vielleicht mit Unrecht zu sehr generalisierten Auffassungen über diesen Mechanismus zu widersprechen scheinen.

II. Die enzymatische Aktivierung der Aminosäuren

Wie schon längst bekannt[3-6], ändert sich mit der Bildung der Peptidbindung die freie Energie in positivem Sinne; daß Adenosintriphosphorsäure (ATP) an der in vitro-Synthese kleiner Modellpeptide[6-9] teilnimmt, wurde längst vor der Entdeckung der enzymatischen Aktivierung der Aminosäuren festgestellt. Schon 1941 hat LIPMANN[9] vorausgesetzt, daß die Biosynthese der Peptidbindung mit einer Aktivierung der Carboxylgruppe der Aminosäuren anfange. Wie richtig war diese Voraussage!

Angeregt durch die Arbeit der Forschergruppe, zu der er gehörte (ZAMECNIK u. a.[10, 11]) hat HOAGLAND[12] 1955 als erster die Reaktionen beschrieben, die durch Aminosäuren aktivierende Enzyme katalysiert werden, und zwar:

a) Der Austausch des Pyrophosphorsäure-Teiles aus ATP gegen radioaktiv markierte Pyrophosphorsäure, gemäß:

$$ATP + PP^{32} \rightleftarrows ATP^{32} + PP$$
$$+ \text{Enzym}.$$

Diese Reaktion, aus der also keine endgültige chemische Umsetzung resultiert, vollzieht sich nur in Anwesenheit katalytischer Mengen von Aminosäuren.

b) Die Reaktion zwischen einem Molekül ATP und der Carboxylgruppe einer Aminosäure, aus der neben anorganischem Pyrophosphat (PP) ein an das Enzym gebundenes Aminosäure-Adenylsäure-anhydrid (Aminoacyl-AMP-anhydrid) resultiert:

$$R-C{\stackrel{NH_2}{\underset{H}{<}}}COOH + ATP + \text{Enzym} \rightleftarrows \text{Enzym} -AMP-CO-C{\stackrel{NH_2}{\underset{H}{<}}}R.$$
$$+ PP$$

Von vornherein wird also angenommen, daß in erster Instanz ein enzym-gebundenes energiereiches Aminosäure-Adenylsäureanhydrid entsteht. Obgleich eine solche Verbindung noch nie in freier Form isoliert werden konnte, wird ihr primäres Entstehen bei der enzymatischen Carboxylgruppen-Aktivierung der Aminosäuren aus den nachfolgenden Gründen doch für sehr wahrscheinlich gehalten:

1. weil nach der Inkubation mit den Enzymen aus dem Reaktionsgemisch Aminosäure-Hydroxamate isoliert werden können, was darauf deutet, daß die Carboxylgruppe der Aminosäuren aktiviert worden ist.

2. weil synthetische Aminosäure-Adenylsäure-anhydride sich biochemisch wie Zwischenprodukte bei der Aktivierungsreaktion verhalten. NOVELLI u. a.[13] haben z. B. gezeigt, daß die Aktivierungsreaktion umgekehrt wird, wenn man Leucin-aktivierendes Enzym mit Leucyl-AMP und PP^{32} inkubiert:

$$\text{Leuc—AMP} + PP^{32} \rightarrow \text{leuc} + ATP^{32} + \text{Enzym}.$$

Die Menge gebildeter an der Carboxylgruppe aktivierter Aminosäuren kann also durch Inkubation mit NH_2OH als Hydroxamat bestimmt werden und als Maßstab für die enzymatische Aktivität dienen. Die Messung des Austausches radioaktiven Pyrophosphats ist, obgleich etwas komplizierter, sicherlich physiologischer und deshalb eleganter. Eine Übersicht der enzymatischen Aktivierungsreaktion ist in Abb. 1 dargestellt worden.

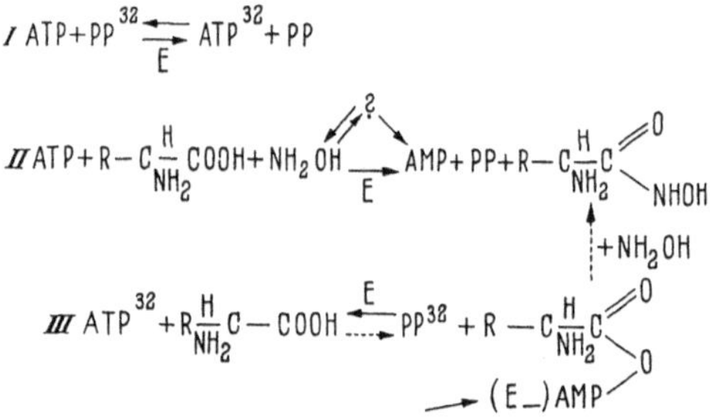

$$I \quad ATP + PP^{32} \underset{E}{\rightleftarrows} ATP^{32} + PP$$

$$II \quad ATP + R - C\underset{NH_2}{\overset{H}{|}}COOH + NH_2OH \xrightarrow{E} AMP + PP + R - C\underset{NH_2}{\overset{H}{|}}C\underset{NHOH}{\overset{\diagup O}{\diagdown}}$$

$$\uparrow +NH_2OH$$

$$III \quad ATP^{32} + R\underset{NH_2}{\overset{H}{|}}C - COOH \underset{E}{\rightleftarrows} PP^{32} + R - C\underset{NH_2}{\overset{H}{|}}C\underset{O}{\overset{\diagup O}{\diagdown}}$$

$$\rightarrow (E_-)AMP$$

Abb. 1. Schema der enzymatischen Aktivierung der Aminosäuren. I Der Austausch zwischen ATP und radioaktivem Pyrophosphat. II Die Bildung von Amino-Hydroxamsäure. III Die nicht unmittelbar erfaßbare eigentliche Aktivierung der Aminosäure. Experimentell nicht bewiesene Reaktionen sind mit ------> angegeben worden; die unter III mit einem Pfeil angedeutete Intermediärverbindung (aktivierte Aminosäure) gehört also wahrscheinlich an den Platz des Fragezeichens in Reaktion II

Abgesehen von einer großen Zahl von Fraktionierungen, welche seit 1955 mit vielerlei tierischem, pflanzlichem und mikrobiologischem Material ausgeführt sind, sind bis jetzt vier aminosäurenaktivierende Enzyme in ziemlich weit gereinigtem Zustande isoliert worden[14-19].

Abgesehen von einer in wenigen Fällen beobachteten Aktivierung von Strukturanalogen[14,19] sind diese Enzyme spezifisch auf die

Aktivierung von nur einer einzigen Aminosäure eingestellt: man könnte sich also fragen, ob jede Aminosäure ein spezifisches aktivierendes Enzym habe.

Oberflächlich urteilend, könnte man den Schluß ziehen, daß die erste Phase der Biosynthese der Proteine ziemlich ausführlich untersucht und im Prinzip bekannt sei; die Carboxylgruppe der Aminosäuren wird unter Katalyse spezifischer Enzyme aktiviert, wobei ein enzym-gebundenes Aminosäure-Adenylsäure-anhydrid entsteht. Die folgenden Daten und unbeantworteten Fragen lassen eine solche Schlußfolgerung jedoch voreilig erscheinen:

1. Neuerdings haben NOVELLI u. a.[21] eine neue Art von Aktivierungsreaktion für Glycin beschrieben, die durch ein Enzym aus Photobacterium Fischeri katalysiert wird:

$$\text{Enzym} + \text{ATP} \rightleftharpoons \text{Enzym—ADP} + \text{Phosphat}$$
$$\text{E—ADP} + \text{Glycin} \rightleftharpoons \text{Enzym—Glycin} + \text{ADP}$$
$$\text{oder: E(nzym)} + \text{ATP} + \text{Glycin} \rightleftharpoons \text{E—Glycylphosphat} + \text{ADP}.$$

Inwiefern diese neue Art von Aktivierungsreaktion allgemein ist, wird sich noch zeigen.

2. Es ist bekannt, daß man bei der Untersuchung der Aktivierung der Aminosäuren durch ein bestimmtes Gewebe oder einen Mikroorganismus meistens findet, daß einige Aminosäuren besonders, andere weniger schnell und wieder andere überhaupt nicht aktiviert werden. Dies gilt nicht nur für die nicht-physiologische Synthese von Aminosäurehydroxamaten, sondern auch für die ATP-PP^{32}-Austauschreaktion[22, 23]. An sich bedeutet der Umstand, daß ein Enzym nicht nachzuweisen ist, nicht, daß es nicht besteht. Vorläufig kann man diese nicht nachzuweisende Aktivierung jedoch nur damit erklären, daß man einen noch nicht bekannten Aktivierungsmechanismus (siehe: 1) oder einen Austausch von Aminosäuren in einer folgenden Phase der Synthese der Proteine annimmt. Ein solcher Austausch ist zwar nicht undenkbar, aber noch nicht beschrieben.

3. Von OCHOA u. a.[24, 25] ist der Einbau von etwa zehn Aminosäuren durch ein einziges Enzym in „kleinen Teilen" von Alkaligenes faecalis beschrieben worden; in diesem System war keine Spur von aminosäuren-aktivierenden Enzymen nachzuweisen. Die Deutung dieser Daten für die Synthese der Proteine erscheint jedoch noch nicht klar.

4. Ein Aminosäure-Adenylsäure-anhydrid ist noch niemals als Produkt einer Aktivierungsreaktion isoliert worden; wohl isolierten LIPMANN u. a.[26] aus der enzymatisch katalysierten Reaktion zwischen radioaktivem Tryptophan und ATP eine aktivierte Tryptophan-AMP-Verbindung, die sich aber vielmehr als ein Ester statt als ein Acylphosphat deuten ließ. Dieses Ergebnis entspricht nunmehr recht gut den experimentellen Daten, welche im folgenden Paragraphen besprochen werden: ziemlich sicher wird das erst gebildete Aminosäure-Adenylsäure-anhydrid umgesetzt in eine Aminosäure, verestert an der 2'- oder 3'-Ribose-OH des AMP. Über diese Umsetzung ist jedoch bisher nichts bekannt.

III. Die Diffusion aktivierter Aminosäureverbindungen: die Funktion löslicher Ribonucleinsäure

Die enzymatische Aktivierung der Aminosäuren wurde bei Untersuchungen über den Einbau radioaktiver Aminosäuren in mit Trichloressigsäure fällbares Material entdeckt (KELLER u. ZAMECNIK[10], LITTLEFIELD u. KELLER[27] u. andere Autoren). Diese Experimente (siehe die folgenden Paragraphen) haben zu der Erkenntnis geführt, daß die Protein-,,Bausteine" im Cytoplasma hauptsächlich in den Ribonucleoproteid-(RNP-)teilchen der Mikrosomen des Cytoplasmas endgültig zu Proteinen kondensiert werden.

Nach dem, was man jetzt über die Anfangs- und die Endphase der Proteinsynthese im Cytoplasma weiß, drängt sich folgende Frage auf:

Deuten die nicht nachzuweisenden freien Aminoacyl-AMP-anhydride darauf hin, daß diese Verbindungen an die aktivierenden Enzyme gebunden bleiben und in dieser Form nach den Mikrosomen diffundieren? Ist dies nicht der Fall, dann müßte man fragen, *welche* Verbindung(en) als natürliche(r) (im Gegensatz zu Hydroxylamin) Acceptor(en) fungiert (bzw. fungieren). Nur auf Grund theoretischer Erwägungen erscheint eine niedermolekulare Verbindung bei der Diffusion aktiver Aminosäureverbindungen wahrscheinlicher als der ganze aktivierende Enzymprotein-Aminosäure-Komplex.

Es sieht so aus, als ob die von HOAGLAND u. a.[28] beschriebene lösliche Ribonucleinsäure (L-RNS) die obenerwähnte Frage beantworten könnte. Im wasserlöslichen Teil des Cytoplasmas kommt nämlich eine niedermolekulare Ribonucleinsäure (RNS) vor, welche aktivierte, radioaktive Aminosäuren einbaut und ihren weiteren Einbau in die Mikrosomen veranlaßt. Die Bedeutung dieses Befundes von ZAMECNIKs Mitarbeiter wird deutlich durch die Zahl von Mitteilungen über die L-RNS auf dem IV. Internationalen Kongreß für Biochemie[29] illustriert. Eines der wichtigsten Ergebnisse auf diesem Gebiet wurde von SCHWEET u. a.[29] berichtet. Diese Forscher behaupten, die L-RNS aus Murmeltierleber fraktioniert zu haben; nach dieser Reinigung soll es verschiedene Acceptor-L-RNS für Leucin, Tyrosin und Threonin geben. Eine andere Untersuchung über die von HOAGLAND beschriebene Acceptor-L-RNS wurde neulich von LIPMANN u. a.[30] veröffentlicht; aus Abbauprodukten löslicher Rattenleber-RNS, die sie durch Einwirkung von Ribonuclease erhielten, isolierten sie Aminosäure-Adenosin-Ester.

Die Auffindung von Aminosäure-Adenosin-Estern — und nicht von Aminosäure-Adenylsäure-anhydriden — ist vollkommen im Einklang mit dem von denselben Forschern beschriebenen stabilen Verhalten einer durch enzymatische Aktivierung erhaltenen Tryptophan-AMP-Verbindung[26] und mit den noch näher zu besprechenden Untersuchungen über die aus Hefe isolierten aktivierten Peptid-Nucleotid-(Ester-)Verbindungen. Auf den ersten Blick scheint somit auch die zweite „Phase" der Biosynthese von Proteinen in großen Zügen bekannt zu sein und beschrieben werden zu können:

Nachdem die Aminosäuren in der ersten Phase der cytoplasmatischen Proteinsynthese durch lösliche Enzymproteine zu Aminosäure-Adenylsäure-anhydriden umgesetzt worden sind, werden sie in der zweiten Phase dieser Synthese in aktivierter Form an lösliche Acceptor-Ribonucleinsäure übertragen, also

1. Phase: $E + Aminosäure + ATP \rightleftarrows E-AMP \sim Aminosäure + PP$
$E-AMP \sim Aminosäure \underset{???}{\rightleftarrows} E-Aminosäure \sim AMP,$

2. Phase: $E-Aminosäure \sim AMP + L\text{-}RNS \rightleftarrows L\text{-}RNS\text{-}Aminosäure + AMP + E,$

wobei E = Aminosäure aktivierendes Enzym,
L-RNS = lösliche Ribonucleinsäure,
$AMP \sim Aminosäure$ = Aminosäure-Adenylsäure-anhydrid

und $Aminosäure \sim AMP$ = Aminosäure-AMP-Ester ist.

Die Frage, während welcher Phase und wie evtl. das Aminosäure-Adenylsäure-anhydrid zu Aminosäure-AMP-ester umgelagert wird, bleibt noch unbeantwortet. Wir werden sehen, daß dies nicht die einzige fundamentelle Frage ist, die übrig bleibt anläßlich der zweiten Phase der Synthese der Proteine im Cytoplasma.

Vor etwa $1^1/_2$ Jahren zeigten KONINGSBERGER u. a.[31,32], daß sich in Extrakten aus gefrorener, frischer Hefe dialysierbare, carboxylgruppen-aktivierte und an Nucleotide gebundene Peptide befanden. Die Zusammensetzung dieser Peptide[31–35] entspricht teilweise wohl dem, was über die L-RNS-Aminosäureverbindungen veröffentlicht wurde; ihre Herkunft steht jedoch ziemlich im Widerspruch zu dem, was man über die Biosynthese der Proteine zu wissen glaubt.

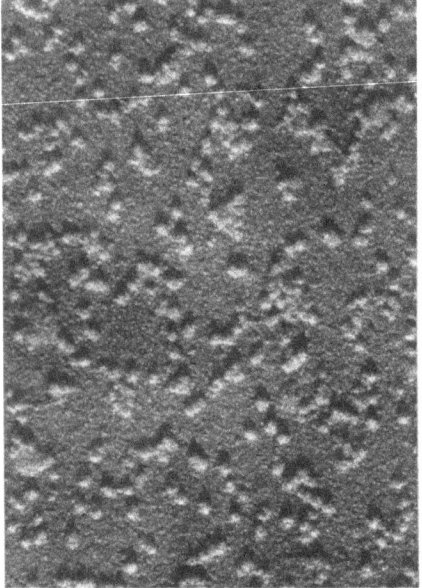

Abb. 2. Elektronenmikroskopisches Bild von Mikrosomen aus Bäckereihefe

Das Vorkommen aktivierter Peptide in frischer Hefe wurde durch die Anwesenheit dialysierbaren hydroxamatbildenden Materials in den Extrakten[31] entdeckt.

Mittels Fraktionierung, Adsorption an Kohle, Papierchromatographie und Papierelektrophorese konnten über diese Peptide aus Bäckereihefe die nachfolgenden Daten erhalten werden:

1. Das Vorkommen carboxylgruppen-aktivierter Peptide konnte nachgewiesen werden sowohl im wasserlöslichen Teil der Zelle als in sehr homogenen — nach FU-CHUAN CHAO u. SCHACHMAN[35] — isolierten Mikrosomen-Präparaten (siehe Abb. 2)[32]. Die Peptid-Konzentration in der Hefezelle wird in roher Annäherung 10^{-4} Mol betragen.

2. Das Zusammentreffen einer hohen, für Nucleotide spezifischen UV-Absorption an der Stelle, wo sich während der Papierelektro-

phorese das aktivierte Peptid-Material anhäufte, deutet auf Peptid-Nucleotid-Verbindungen. Dies wurde dadurch bestätigt, daß 60—80% des aktivierten Peptid-Materials an Kohle adsorbiert wird[32].

3. Bei der Papierchromatographie der gereinigten Fraktionen konnte nach Reaktion mit Hydroxylamin ausschließlich Adenylsäure (AMP) identifiziert werden[33].

4. Aus semi-quantitativen Extinktionsmessungen wurde berechnet, daß pro aktiviertes Peptid ein einziges Mol AMP gebunden ist[33].

5. Durch Perjodsäure-Titration vor und nach der Reaktion mit Hydroxylamin konnte festgestellt werden[34], daß das Peptid an AMP nicht als Acylphosphat (Anhydrid), sondern als Ester gebunden ist. Dies stimmt mit dem überein, was LIPMANN u. a. über die aktivierte L-RNS-Aminosäure-Verbindungen aus Pankreasdrüsen veröffentlicht haben[30].

6. Die Aminosäurenzusammensetzung einiger aktiver Peptide wurde nach Umsetzung zu den entsprechenden Hydroxamaten qualitativ ermittelt. Die Resultate enthält Tab. 1:

Tabelle 1. *Zusammensetzung von Peptid-Hydroxamat aus wasserlöslichen Zell-Fraktionen und Mikrosomen von Bäckereihefe*[33]

Peptide aus:	Wasserlöslichen Fraktionen			Mikrosomen
Rf von Hydroxamsäure (Butanol-Essigsäure-Wasser)	0,25	0,47	0,75	0,97
Aminosäuren				
Asp	±	+ +	+ +	+ +
Glu	±	±	±	+ +
Pro	+ +	+ +	+ +	+ +
Ala	±	+ +	+ +	+ +
Lys	±	+ +	+ +	+ +
Val	+	+ +	+	+ +
Ser	±	±	±	±
Leu	+ +	+ +	—	±
Ileu	+	+ +	—	±
Phe	+	+ +	—	—
Tyr	+	—	—	—
Threo	—	—	—	+

+ + = anwesend in hoher Konzentration
+ = anwesend in niedriger Konzentration
± = Anwesenheit nicht sicher

7. Versuche zur Beweisführung, daß die in der löslichen Zellfraktion anwesenden aktivierten Peptide aus den Mikrosomen stammen, sind gescheitert[32]. Wohl hat es sich herausgestellt, daß die Struktur der Mikrosomen von großem Einfluß war auf die Bildungsgeschwindigkeit der Peptid-Hydroxamate bei der Inkubation mit Hydroxylamin[33]. In Abb. 3 ist diese Bildungsgeschwindigkeit dargestellt für ganze Mikrosomen und für während Dialyse gegen 0.002 Mol Citratpuffer (p_H 7) erhaltene desintegrierte Mikrosomenteile.

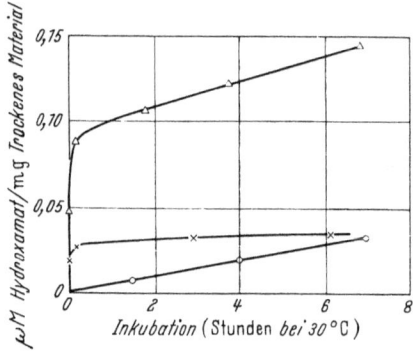

Abb. 3. Bildungsgeschwindigkeit der Hydroxamate durch ganze Mikrosomen und durch desintegrierte Mikrosomenteile. ○————○ ganze Mikrosomen, ×————× Dialysat in 0.002 Mol Citratpuffer, p_H 7, △————△ nicht dialysierbarer Teil in Citratpuffer p_H 7

Es ist wahrscheinlich, daß der AMP-Teil der aktivierten Peptide an L-RNS gebunden war und vor oder während der Isolierung durch RNase freigesetzt worden war.

Inzwischen wurde das Vorkommen von Peptid-Nucleotid-Verbindungen auch von anderen Autoren in verschiedenen Geweben nachgewiesen. WEIL[36] u. a. bestätigten die Resultate von KONINGSBERGER u. a. und wiesen Peptid-Nucleotide in tierischen Geweben, Pilzen und Bakterien nach.

BROWN[37] gelang der Nachweis von Adenyl-Peptiden in S. faecalis. HARRIS u. a.[38] u. GILBERT u. a.[39] beschrieben aus verschiedenen Hefesorten isoliertes, mit Uridin verbundenes Peptid-Material.

BERGKVIST[40] isolierte Cytidyl-Peptide aus Pilzen. Es ist noch nicht eindeutig bewiesen, daß diese Peptid-Nucleotid-Verbindungen bei der Biosynthese der Proteine eine Rolle spielen. Weiter sind solche Verbindungen z. B. in der Zellwand von Bakterien angetroffen worden. Die Tatsache jedoch, daß die von KONINGSBERGER u. a. isolierten Verbindungen aus *carboxyl-aktivierten*, mit *AMP veresterten Peptiden* bestehen, schließt Teilnahme jener an der Proteinsynthese sicherlich nicht aus.

Die jetzigen Auffassungen über eine *totale* cytoplasmatische Proteinsynthese in den Mikrosomen nach einem Matrizen-Mechanismus („Templatemechanism") müßten revidiert werden, wenn sich herausstellen sollte, daß diese freien Peptid-Nucleotid-Verbindungen aus den *löslichen* Fraktionen der Zelle tatsächlich intermediäre Produkte bei der Biosynthese der Proteine sind.

IV. Einbau von Aminosäuren in Proteine: die Rolle der Mikrosomen

Ebenso wie die ersten zwei Phasen — die enzymatische Aktivierung der Aminosäuren und die Übertragung aktivierter Aminosäuren auf lösliche Acceptor-L-RNS — wird die biochemische

Tabelle 2. *Zusammenstellung, Sedimentationskonstante und Durchmesser von Mikrosomen verschiedener Herkunft*

Herkunft	% Ribonuclein-säure	% Protein	Durchmesser in Å	Sedimentations-Konstante (Svedberg-Einheiten)	Molekular-gewicht
Pseudomonas fluorescens	48	52	100—150	32, 48	10^6
Hefe	42	58	210	80	$4,1 \times 10^6$
E. Coli	40	60	100—150	29, 45	10^6
Erbsenkeime	30—37	55	280 (deformiert)	74	$4,5 \times 10^6$
Weizenkorn	30	70	100	—	—
Rattenleber	45—50	50—55	240 (deformiert)	47	—
Rattenleber	33—55	45—67	100—150	—	—
Rattenleber	45	55	—	27, 38, 49	—
Rattenmilz	—	—	—	72, 90, 107	—
Mäuse-Asci-testumor	54	46	240 (deformiert)	50, 54, 57	—

Schlußphase der cytoplasmatischen Proteinsynthese auf diesem Colloquium besonders behandelt, so daß ich mich darüber kurzfassen kann.

Die Teilnahme der Mikrosomen an der Proteinsynthese im Cytoplasma ist schon 1950 von BORSOOK u. a.[41] und von anderen Autoren beschrieben worden: merkwürdig ist, daß über den Mechanismus dieser Teilnahme noch so wenig bekannt ist. Wir kennen diese Mikrosomen jetzt als eine Art kugelförmiger Teilchen (Abb. 2) mit großer Elektronendichte, welche in vielen verschiedenen Geweben (siehe Tab. 2) angetroffen werden: sie bestehen aus ungefähr gleichen Teilen Protein und Ribonucleinsäure, haben ein ,,Molekulargewicht'' von $1-4 \times 10^6$ und einen Durchmesser von etwa 100—200 Å.

Zahlreiche Untersuchungen haben erwiesen, daß die endgültige Bildung der Proteine im Cytoplasma hauptsächlich in den Mikrosomen stattfindet: über den Mechanismus dieser Bildung, über die Struktur und die Rolle der in den Mikrosomen anwesenden Ribonucleoproteide, über die genetische Information bei der Festlegung der Aminosäure-Sequenz im neu zu bildenden Protein und über die Ausscheidung der gebildeten Proteine ist faktisch nur wenig oder nichts bekannt.

Nachdem gezeigt worden war, daß mit C^{14} markierte Aminosäuren am schnellsten im Ribonucleoproteid der Mikrosomen eingebaut werden[10, 41], gelang es ZAMECNIK u. a., durch Behandlung mit Desoxycholsäure-[42] oder NaCl-[27]Lösungen Ribonucleoproteid-(RNP-)Teilchen zu isolieren, welche frei von Lipoproteid-Bestandteilen waren. Da Aminosäuren auch in diese Bestandteile schnell inkorporiert werden, nahm man an, daß sie bei der Ausscheidung neu gebildeter Proteine eine Rolle spielen.

Die von ZAMECNIK u. a. isolierten RNP-Teilchen aus Rattenleber waren nicht homogen. Die wichtigste Fraktion aus Rattenlebermikrosom-Präparaten hatte eine Sedimentationskonstante von 47 S, war aber wahrscheinlich selbst Bestandteil eines größeren Teilchens der sogenannten ,,B-Komponente'' mit einer Sedimentationskonstante von etwa 77 S[44, 45]. Aus Mäuse-Ehrlich-Ascites-Tumor isolierten LITTLEFIELD u. KELLER Teilchen von 21, 26, 43, 50, 54 und 57 S[27]. Guanosintriphosphat (GTP) oder -diphosphat (GDP) erwiesen sich beim Einbau in tierisches Gewebe als ein unentbehrlicher Faktor[20, 27]; über die Rolle, welche dieser Faktor wahrscheinlich bei der Übertragung der Aminosäuren spielt, ist noch nichts mit Sicherheit bekannt.

Auch der Mechanismus des Einbaus selbst ist noch ganz ungeklärt. WEBSTER u. JOHNSON[48] bewiesen, daß der Einbau von ^{14}C-Glutaminsäure in Mikrosomen von Erbsenkeimen durch abgebaute Ribonucleinsäuren und sogar durch Purine und Pyrimidine stimuliert wird. Besonders interessant ist auch der durch GALE u. FOLKES[61] beschriebene Einfluß der Ribonucleinsäure, Desoxyribonucleinsäure und Nucleotide auf die Synthese verschiedener Enzyme durch zertrümmerte Zellen von Staphylococcus aureus.

BORSOOK[47] berechnete, daß pro Mikrosom aus Kaninchen-reticulocyten ein einziges Haemoglobinpeptid gebildet wird. KONINGSBERGER u. a. bewiesen das Vorkommen an der Carboxylgruppe aktivierter Peptide in Mikrosomen aus Hefe[32, 33], aber diese zerstreuten Daten haben den chemischen Verlauf des Einbaus noch nicht geklärt.

Fest steht, daß die physikalisch-chemische Charakterisierung von Mikrosomen und Mikrosom-Fraktionen zu dieser Klärung beitragen wird. Es ist darum erfreulich, daß es z. B. PETERMANN u. a. gelungen ist, aus Rattenleber definierbare Mikrosomen-Fraktionen zu isolieren[43-46], trotz der Labilität, die die Isolierung erschwert.

V. Schlußbetrachtung

Von etwa 1940 bis heute wurde eine große Zahl verschiedener, und mehr oder weniger detaillierter Hypothesen über die Biosynthese der Proteine veröffentlicht[49-57]. Ihr Verdienst, die experimentelle Erforschung dieser Synthese angeregt zu haben, bleibt bestehen, obwohl sich nachträglich keine einzige Hypothese als ganz richtig erwiesen hat.

Merkwürdigerweise besteht nach den jüngsten Befunden kein Bedarf nach einer neuen oder ergänzenden Hypothese. Statt uns an Voraussagen zu wagen, wollen wir lieber unsere Kenntnisse noch einmal in großen Zügen zusammenfassen und ungelöste Teilprobleme ausmerzen. Dabei müssen wir uns wieder auf die Synthese der Proteine im Cytoplasma beschränken; die Synthese im Zellkern und — vielleicht — in den Mitochondrien werden wir außer Betracht lassen, wie wichtig und interessant sie auch sein mögen. Das gleiche gilt für die physikalisch-chemischen und chemischen Aspekte, das Entstehen der sekundären Struktur im Proteinmolekül nach der Synthese der gestreckten Peptidketten: eine Besprechung dieser übrigens sehr wichtigen Ereignisse würde ohne Zweifel zu weit führen.

Die Biosynthese der Proteine im Cytoplasma könnte chronologisch also in folgende drei Phasen eingeteilt werden: die enzymatische Aktivierung der Aminosäuren, die Übertragung aktivierter Aminosäuren auf Acceptor-L-RNS und die Kondensation aktivierter Protein-Bausteine zu Protein in den mikrosomalen RNP-Teilchen.

Zur enzymatischen Aktivierung der Aminosäuren wäre dann Folgendes zu bemerken:

Auf Grund der jetzt verfügbaren Daten ist für die Aktivierung des größeren Teiles der Aminosäuren der nachfolgende Chemismus als der wahrscheinlichste anzunehmen:

Enzym + ATP + Aminosäure ⇌ Enzym-Aminosäure-Adenylsäure-anhydrid + Pyrophosphorsäure. Es ist jedoch nicht sicher, ob dies der einzige Aktivierungsmechanismus ist, nach dem u. a. noch weitere Aktivierungsreaktionen für Glycin[21] durch Photobacterium Fischeri und den Einbau einer ziemlich großen Zahl von Aminosäuren durch Teilchen aus Alkaligenes faecalis[24, 25] existieren.

Daß einige Aminosäuren nicht meßbar aktiviert werden, kann auch durch die Annahme eventueller Transpeptidierungsreaktionen erklärt werden. Übrigens ist noch wenig bekannt darüber, wo in der Zelle die sogenannten ,,löslichen Proteine" lokalisiert sind; es ist nicht unmöglich, sogar sehr wahrscheinlich, daß die aminosäurenaktivierenden Enzymproteine in der Zelle assoziiert sind mit der Zellwand oder mit den Mikrosomen, und daß sie bei der Fraktionierung des Zellinhaltes mit den unlöslichen Zellfraktionen entfernt werden. Und schließlich haben wir gesehen, daß wohl Aminosäure-AMP-Ester, jedoch *nie* Aminosäure-Adenylsäure-anhydride isoliert worden sind, so daß wir fragen können, ob, wie und während welcher Phase die Umlagerung Aminosäure-Adenylsäure-anhydrid ⇌ Aminosäure-AMP-Ester stattfindet, und ob diese Reaktion spontan oder enzymatisch-katalytisch verläuft. Diese letzte Frage gilt auch für die folgenden Phasen, die *Übertragung aktivierter Aminosäuren auf Acceptor-L-RNS*, und die Diffusion dieses Komplexes in die Mikrosomen:

Es gibt (noch) keine Hinweise dafür, daß Enzyme hierbei eine Rolle spielen. Es erscheint sogar höchst unwahrscheinlich, weil diese Übertragungsreaktion schon zwischen einem enzym-aktivierten Aminosäure-Komplex und der Acceptor-L-RNS stattfindet.

Wir wissen nicht, ob zu jeder Aminosäure eine einzige, spezifische Acceptor-L-RNS gehört, wie man aus den Daten von Schweet u. a.[29] schließen könnte: hierzu ist zu bemerken, daß die Entropie-Änderung bei der Bildung eines Proteinmoleküls von 200—300, an eine gleich große Zahl von L-RNS-Molekülen gebundene Aminosäuren einen zu hohen und dadurch unwahrscheinlichen Wert bekommt.

Wenn dagegen auf ein Acceptor-L-RNS-Molekül mehrere aktivierte Aminosäuren übertragen werden, ist schwer zu verstehen, warum dann die Kondensation zu aktivierten Peptiden ausbleiben sollte. Es ist nicht undenkbar, daß die nucleotidgebundenen, an der Carboxylgruppe aktivierten Peptide aus Hefe[31-35] Produkte einer solchen „prae-mikrosomalen" Kondensation sind.

Über den Übertragungs-Chemismus von aktivierten Aminosäuren ist wenig bekannt; die Untersuchungen LIPMANNs u. a.[30] über L-RNS-Aminosäure-Verbindungen aus Pankreasdrüse deuten auf eine chemische Bindung der Nucleinsäure mit dem Adenosin des Aminosäure-AMP-Esters, dem vielleicht der Einbau zweier endständigen Cytidylsäure-Reste[57] in die L-RNS vorangegangen ist. Ein solcher Vorgang könnte die vielbesprochene Frage beantworten, ob die Proteinsynthese obligatorisch mit der Nucleinsäure-Synthese verknüpft ist.

Auch über den Mechanismus des endgültigen *Einbaus aktivierter Protein-Bausteine in das Protein der Mikrosomen* ist wenig Zuverlässiges bekannt. Wahrscheinlich handelt es sich hier um nucleophile Reaktionen zwischen der Aminogruppe der einen Aminosäure und der aktivierten Carboxylgruppe einer anderen: das von KONINGSBERGER u. a.[32, 33] beschriebene Vorkommen carboxyl-aktivierter Peptide in Mikrosomen ist hiermit im Einklang.

Die Weise, wie die genetisch bestimmte Aminosäure-Reihenfolge in Polypeptidketten festgelegt wird, bildet ein beliebtes Objekt für Informationstheoretiker. Vielleicht wird diese Information durch eine Wechselwirkung zwischen den Basen (WATSON und CRICK[58-60]) der Acceptor-L-RNS einerseits und der RNS aus den Mikrosomen andererseits übertragen; jüngste experimentelle Daten von PETERMANN u. a.[46] deuten darauf hin, daß die RNS aus den Mikrosomen bei dem Einbau von Aminosäuren *chemisch* eine „passive" Rolle spielt. Die Aufklärung dieser Rolle gehört zweifelsohne zu den interessantesten biochemisch-genetischen Problemen.

Es ist in den Naturwissenschaften ein bekanntes Phänomen, daß das Verschwinden eines Fragezeichens das Entstehen mehrerer neuer Fragezeichen hervorruft.

Dies gilt auch für das Problem der Biosynthese der Proteine. Sollten wir diesen Aspekt des Problems in diesem Vortrag vielleicht zu viel betont haben, so wäre es angebracht, jetzt auch das Umgekehrte zu bedenken: jedes der besprochenen neuen Fragezeichen kommt schließlich hervor aus einer Vermehrung unserer Kenntnisse über einen Prozeß, der zu Recht mit den Grundlagen des Lebens identifiziert wird.

Literatur

[1] Fischer, E.: Untersuchungen über Aminosäuren, Polypeptide u. Proteine (1899—1906). Berlin: Julius Springer 1906.
[2] Sanger, F., and H. Tuppy: Biochem. J. **49**, 463 u. 481 (1951).
[3] Borsook, H., and J. W. Dubnoff: J. biol. Chem. **132**, 307 (1940).
[4] Borsook, H.: Advanc. Protein Chem. 8, 127 (1953).
[5] Chantrenne, H.: Pubbl. Staz. Zool. Napoli **23**, Suppl. 70 (1951).
[6] Lipmann, F.: J. biol. Chem. **160**, 173 (1945).
[7] Cohen, P. P., and R. W. McGilvery: J. biol. Chem. **169**, 119 (1947).
[8] Cohen, P. P., and R. W. McGilvery: J. biol. Chem. **171**, 121 (1947).
[9] Lipmann, F.: Advanc. in Enzymol. 1, 99 (1941).
[10] Zamecnik, P. C., and E. B. Keller: J. biol. Chem. **209**, 337 (1954).
[11] Zamecnik, P. C., E. B. Keller, J. W. Littlefield, M. B. Hoagland and R. B. Loftfield: J. cell. comp. Physiol. **47**, Suppl. 1, 81 (1956).
[12] Hoagland, M. B.: Biochim. biophys. Acta **16**, 288 (1955).
[13] Moss, J. A. de, S. M. Genuth and G. D. Novelli: Proc. nat. Acad. Sci. (Wash.) **42**, 325 (1956).
[14] Davie, E. W., V. V. Koningsberger and F. Lipmann: Arch. Biochem. Biophys. **65**, 21 (1956).
[15] Berg, P.: J. biol. Chem. **222**, 1025 (1956).
[16] Koningsberger, V. V., A. M. v. d. Ven en J. Th. Overbeek: Proc. Kon. Ned. Akad. Wet. B **60**, 141 (1957).
[17] Ven, A. M. v. d., V. V. Koningsberger and J. Th. G. Overbeek: Biochim. biophys. Acta **28**, 134 (1958).
[18] Schweet, R. S., and E. H. Allen: J. biol. Chem. **233**, 1104 (1958).
[19] Sharon, N., and F. Lipmann: Arch. Biochem. Biophys. **69**, 219 (1957).
[20] Keller, E. B., and P. C. Zamecnik: J. biol. Chem. **221**, 45 (1956).
[21] Cormier, M. J., and G. D. Novelli: Biochim. biophys. Acta **30**, 135 (1958).
[22] Wendell Davis, J., A. N. Best and G. D. Novelli: Fed. Proc. **16**, 170 (1958).
[23] De Moss, J. A., and G. D. Novelli: Biochim. biophys. Acta **18**, 592 (1958).
[24] Beljanski, M., u. S. Ochoa: IV. Int. Kongr. f. Biochemie, Zusammenfassungen (1958), 49.
[25] Beljanski, M., and S. Ochoa: Proc. nat. Acad. Sci. (Wash.) **44**, 494 (1958).
[26] Weiss, S. B., G. Acs and F. Lipmann: Fed. Proc. **17**, 333 (1958).
[27] Littlefield, J. W., and E. B. Keller: J. biol. Chem. **224**, 13 (1957).
[28] Hoagland, M. B., P. C. Zamecnik and M. L. Stephenson: Biochim. biophys. Acta **24**, 215 (1957).

[29] IV. Int. Kongress für Biochemie, Zusammenfassungen (1958): P. Cohn, S. 75; R. Schweet, E. Glassman, E. Allen, S. 75; W. Zillig, D. J. McCorquodale, S. 76; H. Gutfreund, M. J. Fraser, H. Schimizu, S. 79.
[30] Zachau, H. G., G. Acs and F. Lipmann: Proc. nat. Acad. Sci. (Wash.) **44**, 885 (1958).
[31] Koningsberger, V. V., Chr. O. v. d. Grinten en J. Th. G. Overbeek: Kon. Ned. Akad. Wet., Proc. B **60**, 144 (1957).
[32] Koningsberger, V. V., Chr. O. v. d. Grinten en J. Th. G. Overbeek: Biochim. biophys. Acta **26**, 483 (1957).
[33] Grinten, Chr. O. v. d., A. H. W. M. Schuurs u. V. V. Koningsberger: VI. Int. Kongress f. Biochemie, Zusammenfassungen, 30 (1958).
[34] Grinten, Chr. O. v. d.: Persönliche Mitteilung (wird publiziert werden).
[35] Fu-Chuan Chao, and H. K. Schachman: Arch. Biochem. Biophys. **61**, 220 (1956).
[36] Weil, J. H., G. Dirheimer u. J. P. Ebel: IV. Int. Kongress f. Biochemie, Zusammenfassungen, 21 (1958).
[37] Brown, A. D.: Biochim. biophys. Acta **30**, 447 (1958).
[38] Harris, G., J. W. Davies and R. Parsons: Nature (Lond.) **182**, 1565 (1958).
[39] Gilbert, P. A., and E. W. Yemm: Nature (Lond.) **182**, 1745 (1958).
[40] Bergkvist, R.: Acta chem. scand. **12**, 364 (1958).
[41] Borsook, H., C. L. Deasy, A. J. Haagen-Smit, G. Keighley and P. H. Lowij: J. biol. Chem. **187**, 839 (1950).
[42] Littlefield, J. W., E. B. Keller, J. Gros and P. C. Zamecnik: J. biol. Chem. **217**, 111 (1955).
[43] Petermann, M. L., M. G. Hamilton and N. A. Mitzen: Cancer Res. **14**, 360 (1954).
[44] Petermann, M. L., and M. G. Hamilton: J. biol. Chem. **224**, 725 (1957).
[45] Petermann, M. L., u. M. G Hamilton: IV. Int. Kongress f. Biochemie, Zusammenfassungen 34 (1958).
[46] Balis, M. E., K. D. Samarth, M. G. Hamilton and M. L. Petermann: J. biol. Chem. **233**, 1152 (1958).
[47] Borsook, H. u. H. M. Dintzis: IV. Int. Kongress f. Biochemie, Zusammenfassungen, 74 (1958).
[48] Webster, G. C., and M. P. Johnson: J. biol. Chem. **217**, 641 (1955).
[49] Janssen, L. W.: Protoplasma **33**, 410 (1939).
[50] Friedrich-Freska, H.: Naturwissenschaften **28**, 376 (1940).
[51] Haurowitz, F.: Quart. Rev. Biol. **24**, 93 (1949).
[52] Dounce, A.: Enzymologia **15**, 251 (1952).
[53] Koningsberger, V. V., en J. Th. G. Overbeek: Proc. Kon. Ned. Ak. Wet. B **56**, 248 (1953).
[54] Lipmann, F.: Mechanism of Enzyme Action. p. 601. Baltimore Md.: John Hopkins Press 1954.
[55] Steinberg, D., M. Vaughan and C. B. Anfinsen: Science **124**, 389 (1956).
[56] Loftfield, R. B.: Progress in Biophysics and Biochemistry. London: Pergamon Press 1957.

[57] HECHT, L. T., M. L. STEPHENSON and P. C. ZAMECNIK: Fed. Proc. 17, 239 (1958).
[58] WATSON, J. D., and F. H. C. CRICK: Nature (Lond.) 171, 737 (1953).
[59] WATSON, J. D., and F. H. C. CRICK: Nature (Lond.) 171, 964 (1953).
[60] CRICK, F. H. C., and J. D. WATSON: Proc. roy. Soc. A 223, 80 (1954).
[61] GALE, E. F., and J. P. FOLKES: Biochem. J. 59, 661, 675 (1955).

Diskussion

Diskussionsleiter: KLENK, *Köln*

KLENK: Ich danke Ihnen für diesen sehr interessanten Vortrag und bitte um Wortmeldungen.

HANSON (Halle): Es würde mich interessieren, wie man heute zu den Befunden von HANES und ISHERWOOD steht, über die Mitwirkung des Glutathions bei der Eiweißsynthese, die Transpeptidierung und die Bildung von γ-Glutaminsäuren. Die neueren Befunde über die Möglichkeiten der Esterbildung der Adenylsäure mit Aminosäuren sowie über die Verwertung freier Aminosäureester zum Aufbau von Peptiden sind im Zusammenhang mit den Versuchen von BRENNER von Interesse. Er hat Methioninpropylester mit Pankreas-Extrakten inkubiert und ein Dimethionin gewonnen. Wir selbst haben Glykokollester mit Leberhomogenat inkubiert und als Acceptor Anilin hinzugesetzt. Es bildete sich eindeutig Glycylanilid. Die Niere spaltet Glycylanilid, während die Leber es zu synthetisieren vermag. Es erhebt sich die Frage, ob diese freien Aminosäureester direkt reagieren können, oder ob sie erst auf Adenylsäure übertragen werden müssen. Das Glykokoll nimmt bei diesen Versuchen eine Sonderstellung ein; denn es gelang uns nicht, die Bildung von Aniliden mit anderen Aminosäureestern nachzuweisen. Ich möchte also Herrn KONINGSBERGER fragen, ob ein besonderes Enzymsystem notwendig ist, oder ob die freien Aminosäureester durch Umesterung an die Adenylsäure angelagert werden.

KONINGSBERGER: Die Frage über das Glutathion: Ich glaube sicher, daß Glutathion im Eiweißstoffwechsel eine Rolle spielen kann, aber ich glaube, daß wir scharf unterscheiden müssen zwischen einer Synthese von Peptiden, wie sie z. B. BERGMANN beschrieben hat, und einer Denovosynthese von Proteinen. Was die Ester angeht: Ich weiß, daß Ester unter physiologischen Umständen auch nichtenzymatisch schon Peptide bilden können. Ich weiß aber nicht, ob diese Ester in der Leber ihre Aminosäureacylreste auf die Ribose des AMP übertragen können und ob ein Enzym dafür nötig ist.

WIELAND (Frankfurt): Gerade die Frage, ob aus Estern von Aminosäuren die Peptidbindung leichter zu bilden ist, ist in dem Zusammenhang mit den Adenylestern sehr interessant. Die Bildung von Peptiden aus Aminosäureestern, die BRENNER beschrieben hat, ist mit proteolytischen Enzymen durchgeführt worden. Herr KONINGSBERGER, Sie haben vergessen zu sagen, daß auch die Bergmannschen Versuche ja einfach Umkehrungen der Proteolyse sind, und ich glaube, daß die Frage, die Herr HANSON gestellt hat, einfach so zu beantworten ist, daß Bildung von Peptidbindungen aus Aminosäureestern gewöhnlicher aliphatischer Alkohole wie Methyl- oder Äthylalkohol einfach eine Umkehrung einer Peptidasereaktion ist. Denn man weiß ja, daß das Chymotrypsin, eine ausgesprochene Protease, auch gleichzeitig eine Esterase ist. Esterase- und Protease-Wirkung hängen ja eng zusammen. Und vielleicht noch eine Bemerkung zu dem interessanten Unterschied in der Spaltbarkeit eines Methyl- oder Äthylesters, verglichen mit der eines Riboseesters. Wir haben bei der Ribose einen sekundären mehrwertigen Alkohol. Es gibt viele Daten aus der Literatur, wo die Verseifungsgeschwindigkeit von aliphatischen Estern verschiedener Alkohole miteinander verglichen sind, und daraus geht hervor, daß z. B. der Glykolester der Essigsäure nur etwa 1,5 mal leichter verseift wird als der Methylester. Es ist immerhin interessant, daß die Ester, die bei der Proteinsynthese anscheinend eine Rolle als energiereiche Zwischenprodukte spielen, in ihrem Energiegehalt mit den Anhydriden vergleichbar sind. Ich glaube, daß man da durch Modellversuche noch weiter kommen müßte, um zu erklären, warum das tatsächlich der Fall ist. Herr KONINGSBERGER, haben Sie eine Erklärung, warum ein Ester eines sekundären Alkohols, dem allerdings noch eine OH-Gruppe benachbart ist, so viel leichter gespalten wird, als ein gewöhnlicher aliphatischer Ester?

KONINGSBERGER: Ich bin kein Theoretiker, ich habe keine Antwort darauf.

ZACHAU (München): Die Frage von Herrn Professor WIELAND kann auch ich noch nicht beantworten, aber wir haben seit einiger Zeit Versuche mit Modellsubstanzen laufen, die die Frage des Energiereichtums der Aminoacylnucleosidester klären sollen.

Ihrer Darstellung der Stufen des Aminosäureeinbaues in Proteine möchte ich drei Befunde anfügen, Herr KONINGSBERGER. Die Aminoacyl-AMP-Anhydride der ersten Stufe sind nicht nur durch Pyrophosphataustausch und Hydroxamsäurebildung wahrscheinlich gemacht, sondern im Fall des Tryptophans auch direkt nachgewiesen worden. In drei Arbeitsgruppen, von A. MEISTER, E. DAVIE und von uns in Dr. LIPMANNS Gruppe, ist das durch Inkubation mit Tryptophan-aktivierendem Enzym (TAE) enzymatisch gebildete Try-AMP-Anhydrid isoliert und eindeutig identifiziert worden. — Den Tryptophanyl-ATP-Ester, den Sie erwähnen, haben wir aus den gleichen Inkubationsansätzen isoliert, doch halten wir es für nicht(!) sehr wahrscheinlich, daß er eine Rolle im Hauptweg des Aminosäureeinbaues spielt. Es erscheint als weitgehend gesichert, daß im zweiten Schritt die Aminosäuren aus den Anhydriden direkt auf die lösliche Ribonucleinsäure (RNS) übertragen werden, und zwar durch die aktivierenden Enzyme selbst. Die Aminosäuren sind esterartig an die 2- oder 3-Hydroxylgruppe eines terminalen Adenosins der RNS gebunden, aber die Aminoacyl-AMP-Endgruppe stammt höchst wahrscheinlich nicht aus einem Aminoacyl-ATP-Ester als Vorstufe. Der Try-ATP-Ester entsteht vielmehr, indem das aktivierende Enzym in einer „Ersatzreaktion" ATP anstelle der RNS acyliert.

Im Zusammenhang mit Ihren Vorstellungen über die Rolle von Peptiden als mögliche Zwischenstufen im Aminosäureeinbau soll die folgende Beobachtung erwähnt werden: Wie Sie sagten, haben wir nach Spaltung der

Aminoacyl-RNS mit Ribonuclease die Endgruppe, den Aminoacyl- adenosinester isoliert. In Zusammenarbeit mit Dr. MOORE und Dr. GUNDLACH haben wir nun eine quantitative Analyse der Aminosäuren in dieser Endgruppe durchgeführt und gefunden, daß alle Aminosäuren bis auf drei darin enthalten sind und außerdem zwei Ninhydrin-positive Substanzen, die nicht Aminosäuren sind. Danach wird sehr wahrscheinlich, daß alle Aminosäuren in gleicher Weise, und zwar über verschiedene Ribonucleinsäuren mit gleicher Endgruppe übertragen werden. Bei den beiden noch nicht identifizierten Ninhydrin-positiven Substanzen kann es sich sehr wohl um Peptide handeln. Peptide in der physiologisch aktiven RNS wären ja für Ihre Vorstellungen von großem Interesse. Diese Frage wird wohl in nächster Zeit geklärt werden.

KONINGSBERGER: Nachdem der Tryptophanyl-ATP-Ester nicht im Hauptweg steht, gibt es also in dem Schema ein Fragezeichen weniger als ich gedacht habe.

ZILLIG (München): Ein weiterer Beweis für die intermediäre Existenz des gemischten Anhydrids ist ein Befund von LIPMANN, ZAMECNIK, BOYER et al. Wenn sie anstelle der löslichen RNS im enzymatischen System Hydroxylamin verwendeten, wurde O_{18} aus der Carboxylgruppe des Tryptophans gegen den Sauerstoff der Phosphorgruppe des AMP ausgetauscht. Das kann nur durch die Annahme erklärt werden, daß zwischen der Carboxylgruppe von Aminosäuren und der Phosphatgruppe von AMP ein Anhydrid gebildet wird. Außerdem möchte ich zur Frage des Vorkommens von Aminosäureaktivierenden Enzymen noch sagen, daß NOVELLI und DE MOSS im Überstand von durch Ultraschall gewonnenen Bakterienhomogenaten nur eine Gruppe von 8 oder 10 Aminosäure-aktivierenden Enzymen nachweisen konnten, daß aber BERG später gezeigt hat, daß in Protoplastenlysaten von E. coli im Sediment sämtliche 20 Aminosäure-aktivierenden Enzyme vorhanden sind. Auch wir konnten zeigen, daß im 20-min-20000 g-Sediment von durch Vibration mit Glasperlen erzeugten Homogenaten, nachgewiesen durch PP^{32}-ATP-Austausch, sämtliche 20 Aminosäure-aktivierenden Enzyme vorkommen, so daß es möglicherweise gar nicht notwendig ist, einen Transaktivierungsmechanismus oder andere Aktivierungsmechanismen anzunehmen. Dann wollte ich noch kurz etwas sagen zur Frage der Heterogenität der RNS, ob es so viele RNS-Moleküle gibt wie Aminosäuren. Ganz klar bewiesen ist es doch wohl, daß es so viele verschiedene Bindungsorte gibt wie Aminosäuren. Wenn man mit einzelnen Aminosäuren LRNS-Präparationen inkubiert, so bekommt man ein bestimmtes Ausmaß an Einbau, und wenn man mit mehreren Aminosäuren gleichzeitig inkubiert, bekommt man genau die Summe des Einbaus, den man sich errechnen kann aus dem Einbau der einzelnen Aminosäuren. Wir haben HNO_2 auf LRNS-Präparationen einwirken lassen, in ähnlicher Weise wie SCHUSTER und SCHRAMM das bei der hochmolekularen RNS aus TMV getan haben, und dabei festgestellt, daß die enzymatische Aminoacylierbarkeit durch verschiedene Aminosäuren in sehr verschiedener Weise absinkt, z. B. nimmt die für Leucin sehr steil exponentiell ab, während diejenige für Lysin zunächst einmal sogar durch ein Maximum geht, das ist mehrfach reproduziert, und dann nur langsam abfällt, um dann über einen langen Zeitraum nahezu konstant zu bleiben. Es sind also einwandfreie Unterschiede in der Empfindlichkeit der Bindungsorte für die einzelnen Aminosäuren in der LRNS gegenüber diesem chemischen Eingriff nachgewiesen. — Die Versuche von SCHWEET weisen darauf hin, daß es für jede Aminosäure eine spezifische lösliche RNS gibt.

Er hat durch Chromatographie von löslichem RNS an Austauschsäulen eine teilweise Trennung der Aktivitäten für die einzelnen Aminosäuren erzielen können. Die Trennung ist noch sehr unvollkommen, aber sie bedeutet einen Hinweis, der mit den Ergebnissen anderer Arbeitsgruppen in Einklang steht.

KONINGSBERGER: Ich möchte sagen, daß es unmöglich ist, in $^3/_4$ Std. alle Literatur anzuführen. Das Experiment mit O_{18} von LIPMANN hat erwiesen, und das ist das einzige, was es erwiesen hat, daß ein Anhydrid als Zwischenprodukt auftritt, woran ich nie gezweifelt habe. Zu der zweiten Frage: Ich habe auch als möglich angenommen, daß die Enzyme an der Zellwand oder die Mikrosomen gebunden sind, und daß wir diese Proteine mit unserer normalen Fraktionierungsmethode als „unlösliche Fraktionen" nicht weiter behandelten.

WIELAND (Frankfurt): Ich wollte noch etwas zu der Frage von Herrn KONINGSBERGER sagen, warum bei der vollständigen Besetzung der löslichen RNS mit Aminosäuren am richtigen Platz spontan noch keine Peptidbildung eintreten muß. Man könnte sich zweierlei vorstellen: entweder sitzen die Aminosäuren immer getrennt durch eine Lücke, so daß sie räumlich nicht nahe genug sind, um miteinander reagieren zu können, und sobald zwischen diese beiden eine neue Aminosäure hereinkommt, kann die Reaktion ablaufen. Oder es könnte so sein, daß die Form des Moleküls der RNS eine Rolle spielt, daß die Aminosäuren nicht reagieren können, solange die RNS gestreckt ist, und wenn sie sich windet, dann kommen die eventuell gebundenen Aminosäuren in nahe Nachbarschaft, und dann könnte eine Polypeptidsynthese ablaufen. Ich glaube schon, daß es durchaus Beachtung verdient, eine Theorie im Auge zu behalten, wonach an einer RNS mehrere Aminosäuren sitzen. Denn nach einer Überlegung, daß für eine Aminosäure ein Vehikel von Molekulargewicht 35000 notwendig ist, und daß all diese so unbeweglichen Aminosäuren zu einer Zahl von über 100 zusammenkommen müssen, an der Matrize, und dann erst ein neues Eiweiß bilden, das würde ja bedeuten, daß eine Masse von 100 mal 35000 sich an dieser Matrize aufhalten müßte.

KONINGSBERGER: Das habe ich auch gesagt, ich glaube dasselbe wie Sie. Ich kann es auch nicht sehen, wie 200 oder 300 Moleküle mit einem Molekulargewicht von 90000 zusammenkommen müssen, um 200—300 Aminosäuren zusammenzuführen.

ZACHAU (München): HOAGLAND hat wahrscheinlich gemacht, daß außer den Aminosäuren zumindest Teile der löslichen RNS in die Mikrosomen eingebaut werden, und CRICK hat die Hypothese geäußert, daß sich in den Mikrosomen aus der löslichen RNS stammende Aminoacyl-oligonucleotide zur "template"-RNS zusammenlagern. Eine solche oder andere denkbare Hypothese würde die Ansammlung sehr großer Mengen RNS am Ort der Aminosäuren-Aufreihung vermeiden. — Außerdem haben wir die RNS chemisch mit Aminosäuren beladen können, und zwar durch Reaktion mit Dicyclohexyl-carbodiimid, doch sind wir über den Wert dieser Modellreaktion sehr im Zweifel.

EBEL (Straßburg): Ich möchte ganz kurz über einige Versuche mit Carboxyl-aktivierten Peptiden aus unserem Laboratorium berichten. Wir haben untersucht, ob solche aktivierte Peptide außer in der Hefe noch in anderen Materialien zu finden sind. In einer ersten Stufe haben wir die Carboxyl-aktivierten Peptide in der Form ihrer Hydroxamate gesucht. Wir verwandten Bac. proteus und Bac. mesentericus, verschiedene Pilze, sowie auch tierische Gewebe (Leber und Muskeln aus Kaninchen). In all diesen Materialien fanden wir Hydroxamate von Peptiden durch chromatographische und elektrophoretische Methoden. Es waren kleine Peptide aus 5—8 Aminosäuren. In einer zweiten Stufe haben wir dann versucht zu demonstrieren, daß diese Hydroxamat-bildenden Peptide durch Nucleotide aktiviert waren. Bis jetzt haben wir nur mit Hefe gearbeitet wie Herr KONINGSBERGER. Zuerst konnten wir wie er beweisen, daß es wahrscheinlich Ester sind. Wir haben die Kinetik der Hydroxylaminreaktion verglichen mit der eines AMP-Aminosäureanhydrids und eines AMP-Aminosäureesters. Diese Produkte verdanken wir Herrn Prof. WIELAND. Die Kinetik war ungefähr dieselbe wie die des Esters, nicht wie die des Anhydrids. Deshalb sind es wahrscheinlich Esterverbindungen. Im Falle der Hefe konnten wir auch nachweisen, daß das Peptid an AMP gebunden ist. Aber ich bin noch nicht ganz sicher, daß es nur an AMP gebunden ist; denn wir fanden noch weitere Flecken, vielleicht in weniger großen Mengen, die von anderen Nucleotiden stammen könnten. Die Arbeiten sind noch nicht abgeschlossen. Sie zeigen im Einklang mit denjenigen von Herrn KONINGSBERGER, daß vielleicht solche Peptid-AMP-Komplexe allgemein im Eiweißmetabolismus auftreten.

WEBER (Heidelberg): Ich möchte vier ganz kurze Fragen stellen, die wahrscheinlich viele beantworten können. 1. Glaube ich verstanden zu haben, daß bei der Eiweißsynthese freies Guanidintriphosphat eine Rolle spielt oder unentbehrlich ist, aber ich habe schon wieder vergessen an welcher Stelle man es zufügen muß und ob man das genau weiß. 2. Weiß man, wie groß die mittlere Standardenergie von Peptidbindungen ist? 3. Wenn man hier annimmt, daß nach dem Anhydrid in der aktivierten Aminosäure sich eventuell ein AMP-Ester bildet, hat man eine Vorstellung, wie hoch der Energiegehalt dieser Esterbildung sein müßte? Daß man also von dem Anhydrid jeden Energiebedarf bei der Peptidbildung befriedigen kann, ist klar. Bei den Estern weiß ich es nicht genau. Es müßte da noch ein Ester sein, der ungewöhnlich energiereich ist, verglichen mit den normalen Estern, sonst kommt man thermodynamisch in Verlegenheit. Meine letzte Frage ist die: Sie haben im löslichen Extrakt aktivierte Peptide gefunden. Steht fest, wo die gebildet werden? Ob sie auch wirklich rein in den löslichen Fraktionen gebildet werden oder ob sie nur in die löslichen Fraktionen beim Zerstören der Partikel hineinkommen?

KONINGSBERGER: ZAMECNIK hat als erster gezeigt, und nach ihm noch viele andere Autoren, daß GTP eine Rolle spielt. Ich glaube, daß es ziemlich sicher ist, daß GTP die Übertragung der Aminosäuren von RNS in die

Biosynthese der Proteine und ihr enzymatischer Aspekt 71

Mikrosomen katalysiert. Die zweite Frage: Man findet Daten, die auseinanderlaufen von 100—300—3000 Calorien. Aber ich glaube, daß etwa 300—500 Calorien eine gute Schätzung ist. Die dritte Frage: LIPMANN hat vorausgesetzt, daß diese Ester eine ziemlich hohe freie Energie der Hydrolyse haben. Ich glaube, es war etwa 6000. Zu Ihrer letzten Frage: Wir haben diese Peptide erstmals gefunden in der löslichen Fraktion. Wir dachten natürlich zuerst, daß sie aus den Mikrosomen kamen, und haben uns intensiv bemüht, das zu beweisen. Wir haben z. B. die Mikrosomen abgetrennt und genauso gefroren wie die Hefe, Versuche mit Ribonuclease gemacht und schließlich die lösliche Fraktion und die Mikrosomen auf andere Weise dargestellt und mit der Ultrazentrifuge getrennt. Die Versuche fielen alle negativ aus, es ist uns also bis jetzt nicht gelungen zu beweisen, daß sie in den Überstand aus den Mikrosomen kommen. Wir versuchen nun zu beweisen, daß sie durch die löslichen Bestandteile gebildet werden können.

MANDEL (Straßburg): Wir haben Adenylpeptide aus dem Überstand von Rattenleber, mit der Technik von KONINGSBERGER, isoliert, mit dem Pherograph von WIELAND und PFLEIDERER weiter gereinigt und nachher in 10 verschiedenen Lösungsmittelsystemen chromatographiert. Wir haben dabei immer Adeninribose und hydroxylamin-positive Peptide erhalten und nach der Hydrolyse Adenin gefunden, aber keine anderen Basen. Erstaunlicherweise fanden wir solche Adenylpolypeptide in der Linse des Auges viel leichter als in der Leber. Das war merkwürdig, denn die Leber synthetisiert doch Proteine viel lebhafter als die Linse. Wenn man annimmt, daß die Adenylpolypeptide ein intermediäres Stadium in der Synthese der Proteine sind, so müßte man sie mehr in der Leber finden als in der Linse. Aber man hat in der letzten Zeit gerade in der Linse mehrere Polypeptide gefunden. Ich glaube also, daß die Adenylpeptide hauptsächlich der Weg zu spezifischen Peptiden verschiedener Organe oder verschiedener Bakterien sind, und nicht ein allgemeiner Weg zur Synthese der Proteine.

Bemerkungen über die physiologischen Voraussetzungen der Eiweißsynthese in isolierten Blättern

Von

K. Mothes

Halle a. d. Saale

Mit 7 Textabbildungen

Was wir in den beiden vorausgegangenen Vorträgen gehört haben, möchte ich vom Standpunkt des Pflanzenphysiologen aus durch einige Bemerkungen ergänzen. Was ich hier zu sagen habe, ist im wesentlichen eine Bemerkung über gewisse physiologische Voraussetzungen von Prozessen, über die wir heute gesprochen haben. Ich darf mir zunächst erlauben, Ihnen das Objekt vorzustellen, über das hier zu reden ist. Es dürfte Ihnen allen bekannt sein, daß vor allen Dingen bei einjährigen Pflanzen in dem Augenblick, wo sie zum Blühen oder zur Fruchtreife kommen, die unteren Blätter vergilben und allmählich vertrocknen. Dieser Prozeß beruht auf einem Abbau von Eiweiß, wobei in ziemlich weiten Grenzen das Verhältnis von grünem Blattfarbstoff zum Eiweiß konstant bleibt. Man hat geglaubt, daß ein Blatt in einem solchen Zustand, in dem der Chlorophyllgehalt und der Eiweißgehalt auf ein bestimmtes Maß herabgesunken ist, dem „Altern" nicht mehr entgehen kann und dem Tode verfallen ist, weil eine Regeneration nicht mehr möglich sei. Die neuen Untersuchungen haben aber gezeigt, daß diese Vorstellungen falsch sind. Wir wissen heute, daß eine solche Pflanze in erster Linie dadurch in ihrem Stoffwechsel charakterisiert ist, daß die Wurzel nicht mehr die Stickstoffbilanz der gesamten Pflanze aufrecht zu halten vermag. Wenn man z. B. ein einzelnes vergilbendes Blatt an der Pflanze mit assimilierbaren Stickstoffverbindungen über die Blattfläche ernährt, so kann es innerhalb weniger Tage normal ergrünen. Es ist also durchaus die Fähigkeit vorhanden, Eiweiß und Chlorophyll zu synthetisieren. Das kann man sehr extrem gestalten. Selbst Blätter, die in ähnlicher Weise völlig des Chlorophylls beraubt waren und deren Eiweißgehalt auf ein Minimum herabgesunken war, konnten innerhalb kurzer Zeit zu einer völligen Regeneration ihres Eiweißbestandes und ihres Chlorophylls kommen, wenn durch Abschneiden aller übrigen Blätter und der Vegetationspunkte die Konkurrenz der jungen Organe völlig beseitigt wurde. Diese Regeneration des Eiweißbestandes ist aber merkwürdigerweise immer mit Wachstum verbunden, also mindestens mit einer Vergrößerung der Zellen. Nachdem hier herausgearbeitet ist, daß eine gewisse Konkurrenz der verschiedenen Teile der Pflanze für den Eiweißstoffwechsel des einzelnen älteren Organs von größter negativer Bedeutung ist, könnte man annehmen, daß die völlige Beseitigung dieser Konkurrenz durch eine totale Isolation eines Blattes dessen Leben wesentlich verlängern ließe. Ein solches isoliertes Blatt, namentlich wenn es nicht zu jung ist, vergilbt aber schneller, als wenn es sich an der Pflanze befindet. Es scheint also für die Balancierung des Eiweißstoffwechsels ein Faktor notwendig zu sein, der nur in der intakten Pflanze gegenwärtig ist. Wenn wir ein solches Blatt durch eine Auxinbehandlung zur Bewurzelung bringen, die Wurzeln aber in feuchte Watte hüllen und mit Stanniolpapier umgeben, während die Ernährung des Blattes nur über die Blattfläche erfolgt, beobachten wir, daß ein solches bewurzeltes Blatt nicht nur länger grün bleibt (das hat schon CHIBNALL beschrieben), sondern es wächst und synthetisiert intensiv Eiweiß. Es erscheint verjüngt (Abb. 1). Damit ist also dargelegt, daß die Wurzel für den Prozeß der Eiweißsynthese im Blatt von großer Bedeutung ist.

Die weiteren Untersuchungen sind dann mit solchen Blättern angestellt worden, die ein aktives Wurzelsystem besitzen. Es ist durch eine Reihe von Untersuchungen, auch aus den Laboratorien von JAMES BONNER und WENT in Amerika und SABININ in Moskau vermutet worden, daß dieser Wurzelfaktor, der in die Eiweißsynthese des Blattes eingreift, ein Produkt der Nucleinsäuren sei. Man hat jedenfalls einen gewissen positiven Effekt von adeninähnlichen Purinverbindungen bekommen, aber man hat niemals die Wurzel in der Intensität der Wirkung durch irgendeinen chemischen Faktor ersetzen können. Dieser Prozeß der Verjüngung, des erneuten Wachsens eines schon vergilbten ausgewachsenen Blattes unter der Einwirkung eines aktiven Wurzelsystems kann durch eine außerordentlich lange Zeit (100 bis 300 Tage) anhalten.

Dabei nehmen das Frischgewicht und das Trockengewicht fast linear zu, und diesem Ansteigen des Gewichtes entspricht ein völlig proportionales Ansteigen des Eiweißes; aber nicht nur des Eiweißes: wir haben gefunden, daß der Purinstickstoff völlig proportional zum

Abb. 1. Isolierte gleich alte Blätter von Nicotiana rustica, links bewurzelt. Trotz der Ernährung über die Spreite ungleiches Verhalten. Das bewurzelte Blatt bleibt grün, synthetisiert Eiweiß und wächst, das unbewurzelte vergilbt schnell [nach MOTHES u. ENGELBRECHT: Flora 143, 428 (1956)]

Eiweiß zunimmt. Der Purinstickstoff verteilt sich im wesentlichen auf die RNS und DNS (Abb. 2 und 3).

Die Untersuchungen meiner Mitarbeiterin Frl. Dr. BÖTTGER und Herrn WOLLGIEHNs haben nun bemerkenswerterweise ergeben, daß in diesen isolierten bewurzelten Blättern über sehr lange Zeit hin das Verhältnis von RNS zu Protein völlig konstant bleibt. Aber nicht nur das von RNS zu Protein — das würde vielleicht auf Grund der Untersuchungen an tierischen Objekten und an Einzellern nicht so sehr verwundern — sondern es ist auch das Verhältnis der DNS zu Protein absolut konstant. RNS und DNS nehmen also in demselben Maße zu wie das Protein, und zwar ist im Zeitraum von 100 Tagen eine Zunahme des Proteins auf das 10—20fache im Blatt zu beobachten und dementsprechend auch der Nucleinsäurefraktion.

Physiologische Vorauss. der Eiweißsynthese in isolierten Blättern 75

Dieser Zunahme der Nucleinsäuren gehen nun anatomisch nicht etwa Zellteilungen parallel, sondern diese Blätter wachsen nur durch eine Vergrößerung ihrer Zellen. Es finden weder Kernteilungen statt, noch wesentliche Kernvergrößerungen. Es ist also nicht beobachtet worden, daß versteckte Kernmassen oder Chromosomenvermehrungen im Sinne einer Endomitose ablaufen. Jedoch werden die Chloroplasten und die Mikrosomen vermehrt. Es ist eine nicht völlig entschiedene Frage, ob die DNS außerhalb des Kernes noch in anderen Teilen der Blattzellen in größeren Mengen vorkommen, also z. B. in den Chloroplasten, worüber verschiedentlich publiziert worden ist. Aber alle diese Untersuchungen über Chloroplastenisolationen aus Blatthomogenaten sind nach unseren Erfahrungen

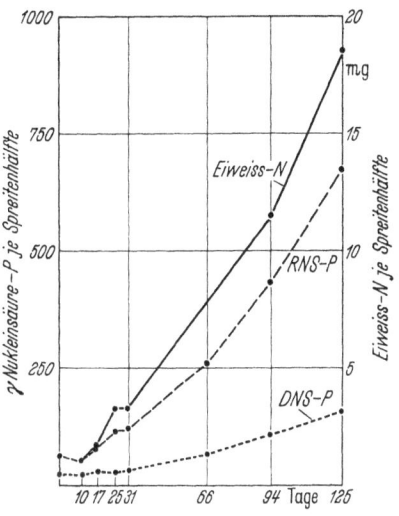

Abb. 2. Isolierte bewurzelte Blätter von Nicotiana rustica bei gedämpftem Tageslicht. Fast linearer Anstieg der Kurven für die absoluten Gehalte an Protein, RNS und DNS [aus BÖTTGER u. WOLLGIEHN: Flora 146, 302 (1958)]

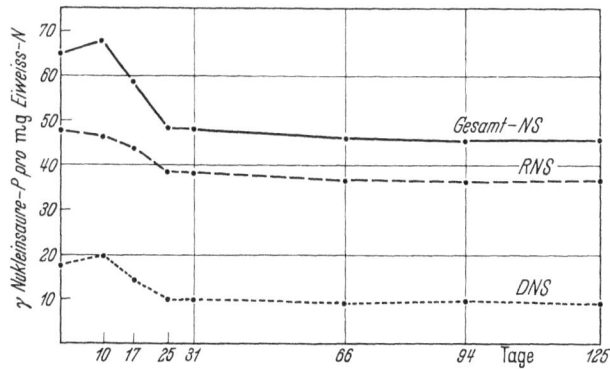

Abb. 3. Wie Abb. 2. Die Menge der Nucleinsäuren wird auf die des Eiweißes bezogen [aus BÖTTGER u. WOLLGIEHN: Flora 146, 302 (1958)]

doch recht ungenau, weil es noch nicht gelingt, bei einem Blatthomogenat zertrümmerte Kernteile von den Chloroplasten wirklich sauber zu trennen. Wenn man das Material häufig und vorsichtig wäscht, tritt wahrscheinlich aus den Chloroplasten Nucleinsäure durch irgendeine Dissoziation von Nucleoproteiden wieder aus.

Aber dieses Problem soll jetzt nicht weiter behandelt werden. Wir sahen, daß unter dem Einfluß der Wurzeln eine intensive Synthese von beiden Nucleinsäuretypen und von Eiweiß stattfindet, und es war also die Frage, was für ein Wurzelfaktor wirkt bei dieser Verjüngung und bei dieser Eiweißsynthese. Vor ein paar Jahren erhielten einige Amerikaner (MILLER, SKOOG, SALTZA und STRONG) durch chemischen Abbau von Nucleinsäuren das Kinetin, ein 6-Furfuryl-amino-purin, das in Pflanzen bisher nicht gefunden und das als ein Zellteilungsstoff deklariert worden ist. Es liegt eine ganze Reihe von Untersuchungen vor, wonach dieser Stoff in vielen Fällen, insbesondere bei Gewebekulturen, in sehr geringen Konzentrationen die Zellteilung stimulieren und damit zusammenhängend auch eine Vermehrung der RNS, der DNS und des Proteins auslösen kann. Es bestand zunächst für uns die Hoffnung, in dem Kinetin vielleicht einen Stoff zu haben, der veranlassen könnte, daß diese stark wachsenden Blätter nun auch zu einer wirklichen Zellteilung gebracht werden können. Zu diesem Zwecke besprühten wir die Blätter partiell, also z. B. nur eine Blattseite, mit Kinetin und ließen dann die Blätter im isolierten Zustand liegen und beobachteten dabei, daß die nicht mit Kinetin besprühte Hälfte wie üblich mit der Zeit ausbleicht, während die mit Kinetin besprühte Hälfte dunkelgrün bleibt. Es fiel auf, daß diese Hälften in den ersten Tagen sogar noch grüner wurden, was wahrscheinlich machte, daß unter dem Einfluß des Kinetins eine Netto-Eiweißsynthese und eine Vermehrung des Chlorophylls zustande kommen könnte. Das ließ sich auch nachweisen.

In diesem Zusammenhang interessiert eine Mitteilung von RICHMOND und LANG, die festgestellt haben, daß die Vergilbung eines isolierten Blattes von Xanthium, das über den Stiel mit Kinetin ernährt wird, verlangsamt werden kann. Zum Verständnis dieser Erscheinungen müssen wir die Vorgänge in einem isolierten, unbewurzelten Blatt noch etwas genauer behandeln. Ich demonstriere zunächst an Bohnen- und Tabakblättern ein bereits von

Physiologische Vorauss. der Eiweißsynthese in isolierten Blättern 77

MICHAEL bei Tropaeolum beschriebenes Phänomen. Die in einem isolierten Blatt schnell anfallenden Eiweißabbauprodukte verbleiben nicht in den Parenchymzellen, sondern sie wandern in die stärkeren Rippen und vor allem in den Stiel ab. Der Stiel, der zunächst sehr wenig löslichen Stickstoff besitzt, reichert den löslichen Stickstoff an (Abb. 4). Das ist bei jungen Blättern bei weitem nicht so stark wie bei alten Blättern der Fall. Es ist also im jungen Blatt

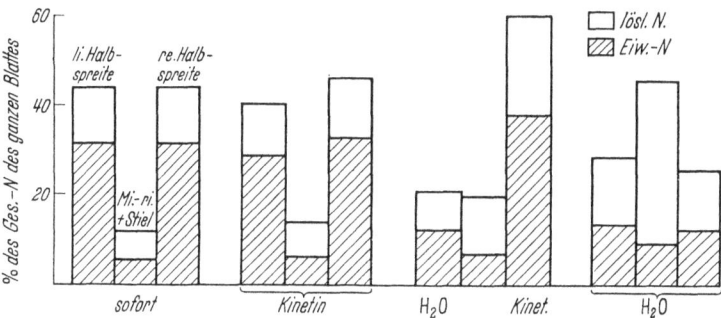

Abb. 4. Isolierte bewurzelte Blätter von Nicotiana rustica. Rechts: wird die Blattspreite mit Wasser besprüht, so erfolgt ein starker Abbau von Eiweiß in der Spreite und eine Abwanderung von löslichem N in den Stiel. Mitte links: wird die Spreite mit Kinetin-Lösung besprüht, erfolgen keine wesentlichen Änderungen. Mitte rechts: erfolgt die Kinetin-Behandlung nur auf einer Spreitenhälfte, büßt die andere Eiweiß-N und löslichen N ein, die Kinetin-Hälfte erhöht beide Fraktionen [Flora 147, 445 (1959)]

ein Faktor vorhanden, der zumindest dieses Abströmen des löslichen Stickstoffs in den Stiel verhindert, während es bei alten Blättern wenig gehemmt ist. Diesem Abströmen der löslichen Spaltprodukte des Eiweißes, die zum Teil sekundär in Asparagin und Glutamin umgewandelt werden, hat man wenig Aufmerksamkeit gewidmet. Die normale Abwanderung der Eiweißabbauprodukte aus den vergilbenden, alternden Blättern in junge Blätter oder in Blüten und Früchte hat man als eine Diffusion zu einem Syntheseort in der Richtung eines Konzentrationsgefälles betrachtet. In Wirklichkeit handelt es sich in allen diesen Fällen um eine Wanderung gegen ein Konzentrationsgefälle. Der Stiel hat viel höhere Konzentrationen an Aminosäuren als die Spreite und die jungen Blätter eine höhere als die alten.

Junge Organe einer wachsenden intakten Pflanze wirken auf die alten Blätter wie Attraktionszentren. Sie „saugen" die alten Blätter förmlich aus. Bei einem isolierten Blatt wirkt im gleichen Sinne der Stiel. Entfernung des Stiels bedeutet also, daß in der Spreite die

Produkte des stetig ablaufenden Eiweißzerfalls zurückbleiben und damit erneut zur Regeneration der Eiweiße dienen können. Man kann nicht sagen, daß der Blattstiel ein bevorzugter Ort der Eiweißsynthese ist und daß deshalb die Eiweißbausteine dorthin wandern. Oft akkumuliert der Stiel enorme Mengen an löslichem N, ohne daß eine Netto-Eiweißsynthese feststellbar ist. Die Attraktionsmechanismen können also nicht auf einem ständigen Verbrauch der Bausteine zu Synthesen beruhen. Auch ist unklar, ob junge Blätter soviel stärker Eiweiß synthetisieren als alte. Inkorporationsversuche mit markierten Verbindungen haben noch keine genügende Klarheit gebracht. Und die sehr interessanten Ergebnisse von RACUSEN und ARONOFF, wonach ältere Blätter vielleicht die Fähigkeit verlieren, alle Aminosäuren selbständig zu bilden, bedürfen der Bestätigung und gestatten noch andere Deutung.

Selbst dann, wenn der Blattstiel und das junge Blatt durch ganz spezifische synthetische Fähigkeiten dem alten überlegen sein sollten, bedarf es einer Erklärung, warum die Massensynthese von Eiweiß in solchen Attraktionszentren durch einen Zustrom von Bausteinen gegen ein Konzentrationsgefälle unterstützt wird.

Damit kommen wir auf die Kinetinversuche zurück. Sprühen wir bei einem isolierten, unbewurzelten Blatt auf einen beschränkten Bezirk der Spreite Kinetinlösung (etwa 0,2 γ je cm²), so wandern die löslichen N-Verbindungen nicht mehr in den Stiel, sondern zum Kinetin-Ort. Kinetin schafft ein neues Attraktionszentrum. In diesem Kinetinbezirk ist meist auch eine Netto-Synthese von Eiweiß festzustellen. Sie kann aber auch unterbleiben. Trotzdem findet eine bedeutende Akkumulation von löslichem N statt (Abb. 4). Daß, dem Bilanzversuch verborgen, doch bemerkenswerte Synthesen ablaufen, hat mein Mitarbeiter WOLLGIEHN wahrscheinlich gemacht, indem er feststellte, daß am Kinetin-Ort ^{14}C-Glycin in Eiweiß und in Nukleinsäuren eingebaut wurde. Das bedarf noch sorgfältiger Untersuchung.

Diese Umwandlung eines „alten", nicht mehr konkurrenzfähigen Spreitengewebes in ein junges, Stoffe akkumulierendes, dadurch zur Synthese bereites und ohne Zellteilung wieder wachsendes Gewebe mit Hilfe von Kinetin, erinnert natürlich an die Wirkung des unbekannten Wurzelfaktors CHIBNALLS.

Zunächst haben wir diesen Prozeß der lokalen Akkumulation von Aminosäuren und von ^{15}N-markiertem Ammoniak eingehender

Physiologische Vorauss. der Eiweißsynthese in isolierten Blättern 79

untersucht. Besprüht man eine Hälfte eines isolierten Blattes von *Nicotiana rustica* mit Kinetin und füttert über den Stiel ($^{15}NH_4)_2$ SO_4, so ist schon nach einem Tag eine Disproportionierung des ^{15}N im Verhältnis 41:17 zugunsten der Kinetinhälfte eingetreten, nach 8 Tagen im Verhältnis 53:6. Jedoch findet in beiden Spreitenhälften ein Einbau von ^{15}N ins Eiweiß statt. Und diese Inkorporation folgt etwa der Konzentration an ^{15}N (Abb. 5). Sprüht man $^{15}NH_3$ auf die linke Hälfte eines isolierten Blattes und auf die rechte Kinetin, so ist der größte Teil des schweren N nach wenigen Tagen in die Kinetin-Hälfte gewandert (Abb. 6).

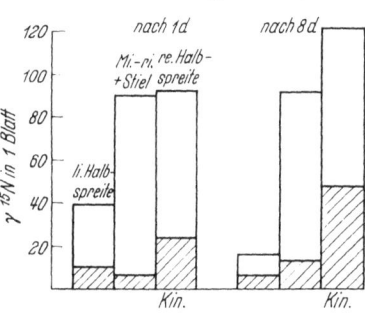

Abb. 5. Blätter wie bei Abb. 4. Rechts mit Kinetin besprüht und über den Stiel mit $^{15}NH_4$ ernährt. Ungleiche Verteilung des ^{15}N zugunsten der Kinetin-Hälfte [Flora 147, 445 (1959)]

Noch schneller und gerichteter wandert Glycin. Wird radioaktives Glycin über den Stiel verabreicht, so ist schon nach 24 Std. in der Kinetin-Hälfte der Spreite 8—14mal so viel wie in der Nichtkinetin-Hälfte. Wird

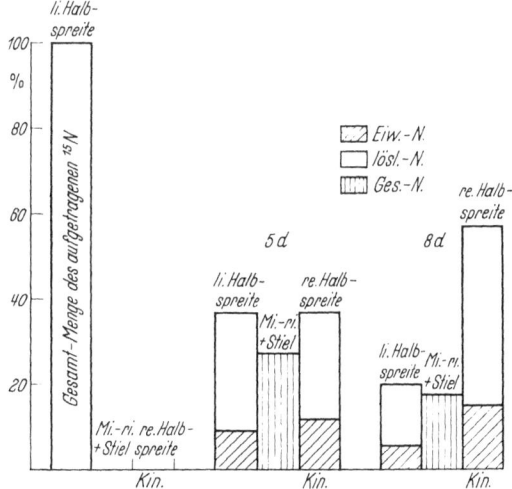

Abb. 6. Blätter wie bei Abb. 5. Kinetin-Applikation auf der rechten Spreitenhälfte, $^{15}NH_3$-Applikation auf der linken (wie Abb. 5)

aktives Glycin bei einem isolierten Blatt in einem kreisförmigen Bezirk von 1 cm Durchmesser rechts unten aufgetragen, links oben aber Kinetin, so wandert ein großer Teil der aufgenommenen Aktivität schnell zum Kinetin-Ort (Abb. 7). Junge Blätter sind gegenüber Kinetin weniger empfindlich als alte; vielleicht besitzen sie bereits „Kinetine".

Aus diesen im wesentlichen mit Frl. Dr. ENGELBRECHT durch geführten Untersuchungen wollen wir ohne Festlegung auf irgend

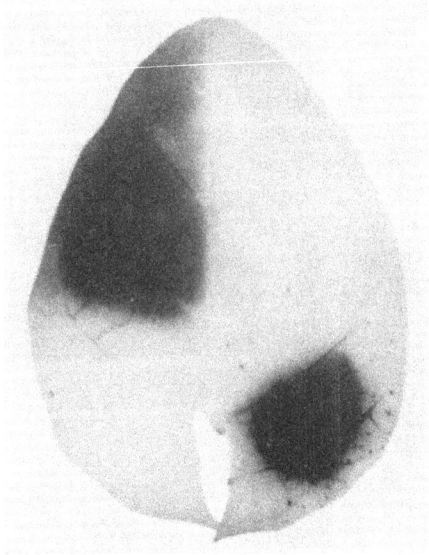

Abb. 7. Radioautogramm eines Blattes von Nicotiana rustica. Rechts unten mit Glycin [—¹⁴COOH] besprüht, links oben mit Kinetin. Die Aktivität ist nach 4 Tagen großenteils zum Kinetin-Ort verlagert (wie Abb. 5)

einen Mechanismus schließen, daß Kinetin einem „alten" Gewebebezirk wieder eine attraktive Fähigkeit verleihen kann und daß die nun gegen ein Konzentrationsgefälle in Masse zuwandernden Aminosäuren und Amide auch die Ursache einer Massen-Synthese von Eiweiß werden können.

Eine ausführliche Mitteilung der Ergebnisse erfolgt von K. MOTHES, L. ENGELBRECHT und O. KULAJEWA in Flora 147, 445 (1959) und in den Monatsberichten der Deutschen Akademie der Wissenschaften 1959, S. 367.

Physiologische Vorauss. der Eiweißsynthese in isolierten Blättern 81

Diskussion

Diskussionsleiter: KLENK, *Köln*

WACKER (Berlin): Im Zusammenhang mit den Ausführungen von Herrn Prof. MOTHES über das Kinetin und die Aminosäuren möchte ich auf einen interessanten Stoff aufmerksam machen, nämlich auf das Antibioticum Puromycin. Puromycin ist eine Kombination zwischen einem substituierten Adenin, in Hinblick auf das Kinetin, und einer N-Acylverbindung im Hinblick auf die O-Acylverbindung, die bei der Peptid-Synthese eine Rolle spielen.

Puromycin   Kinetin

Untersuchungen
über die Rolle der Acceptor-RNS für Aminosäuren bei der Proteinsynthese von Escherichia coli

Von

FRANÇOIS GROS

Paris

Mit 7 Textabbildungen

Die Untersuchungen über die Biosynthese der Proteine ging jahrelang von der Vorstellung aus, daß diese sehr schnell umgesetzt werden und sich gleichsam in einem Zustand dauernden Gleichgewichts mit ihren peptidischen Vorstufen befinden.

Die Erfahrungen, die HOGNESS, COHN u. MONOD[1] sowie KOCH u. LEVY[2] mit der Biosynthese von Bakterienproteinen gemacht haben, führten dazu, daß man diese Vorstellung des „dynamischen Zustandes" der Proteine — wenn nicht ganz revidieren — so doch wenigstens seine Anwendung auf einige definierte Systeme beschränken mußte. Diese Autoren haben gezeigt, daß die Proteine einer homogenen Zellproduktion sich in einem stabilen Zustand befinden. Aus ihren Versuchen geht ferner hervor, daß Peptide, wenn sie überhaupt Vorstufen der Proteine sind, nur in ganz geringen Mengen auftreten, da man sie mit der Isotopentechnik bei den Bakterien nicht nachweisen konnte. Nichtsdestoweniger wußte man bis 1957 nichts von dem Mechanismus der Proteinsynthese direkt aus den Aminosäuren.

Die Entdeckung der Aktivierungsprozesse der Aminosäuren durch HOAGLAND, ZAMECNIK u. Mitarb.[3, 4] hat diesem Problem neue Impulse gegeben. Sie führt zu einem annehmbaren biochemischen Modell der Reaktionen, nach denen wahrscheinlich Aminosäuren in eine Peptidkette eingebaut werden.

Schematisch dargestellt, verläuft die Aktivierung über zwei Hauptstufen:

1. In der ersten Stufe werden die freien Aminosäuren (AS) aktiviert.
AS + Aktivierungsenzym + ATP ⇌ Enzym-Adenyl ∼ AS + PP
2. In der zweiten Stufe werden die aktivierten Aminosäuren auf einen Empfänger von Nucleotid-Struktur übertragen, der „lösliche RNS" oder „l-RNS" genannt wird, weil er im Cytoplasma gelöst vorliegt.

Enzym-Adenyl ∼ AS + l-RNS ⇌ l-RNS ∼ AS + Enzym + AMP

Darüber, wie die Aminosäuren aus der „an RNS gebundenen" Form in die „peptidische" übergehen, ist nichts Präzises bekannt. HOAGLAND hat einige Anhaltspunkte dafür[4], daß ein solcher Übergang in Gegenwart von Lebermikrosomen, GTP und einer multienzymatischen Fraktion, die zur Vereinfachung „pH 5-Enzym" genannt wird, *in vitro* stattfindet.

Jedoch stellen die gesamten Beobachtungen von HOAGLAND und seinen Mitarbeitern nur ein mögliches Modell für den Mechanismus der Biosynthese in der Zelle dar, da sie nur aus in vitro-Versuchen gewonnen worden sind. A priori könnten diese Aktivierungsmechanismen im Stoffwechsel nur Reaktionen von sekundärer Bedeutung sein, die dem wirklichen Verhalten der Zelle während der Proteinsynthese fremd sind. Deshalb haben wir uns in unseren Untersuchungen den Aktivierungsmechanismen *in vivo* zugewandt. Insbesondere haben wir untersucht, ob die Komplexe „RNS-Aminosäuren" sich im Stoffwechsel so verhalten, daß man sie als tatsächliche Zwischenprodukte in der Proteinsynthese ansehen darf.

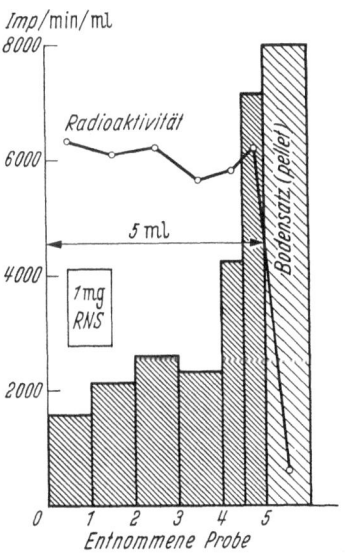

Abb. 1. Verteilung der „RNS-gebundenen" Radioaktivität nach Ultrazentrifugation eines Extraktes aus E. coli K 12 (mit S^{35} markiert)

Für diese Untersuchungen haben wir als biologisches Material wachsende Populationen von *Escherichia coli* verwandt, weil sie sich bisher für das Studium der Biosynthese als besonders geeignet erwiesen hatten.

Vorkommen eines Pools von mit RNS verbundenen Aminosäuren bei E. coli

Durch Einbau einer radioaktiven Aminosäure in eine Kultur von E. coli kann man die Existenz eines Pools von Aminosäuren, die an RNS gebunden sind, nachweisen (Abb. 1). Das Prinzip der Extraktion aus diesem Pool ist in Tabelle 1 beschrieben.

Tabelle 1. *Extraktion des „RNS-Aminosäure-Pools" von Escherichia coli nach Einbau einer radioaktiven Aminosäure*

Versuch Nr. 1	Versuch Nr. 2
Ansäuern der Kultur auf p_H 1,5, um den Aminosäureneinbau zu unterbrechen	*Auf 0° abkühlen*, um den Einbau des "tracers" zu unterbrechen
Entfernen des freien "Pools" wiederholtes Waschen mit 5% TCE (kalt)	*Auswaschen der Bakterien* in Tris m/500, p_H 7,5 + $MgCl_2$ ($5 \cdot 10^{-3}$ m)
Entfernen der Lipoide waschen mit Alkohol-Säure-Gemisch und Trocknen mit Alkohol und Äther	*Zerstörung der Bakterien* In einen Raytheon beschallen (20 min bei 0° C) in verdünntem Tris-Puffer. DNS-Zerstörung mit DNase
Extraktion der Nucleinsäuren 2 aufeinanderfolgende Extraktionen in 2 m NaCl bei 100° C. 30 min. Die Extrakte vereinigen und abkühlen	*Enteiweißung* Den rohen Extrakt mit 50% Phenol (1 Std.) schütteln und die wäßrige Phase nach Zentrifugieren abheben. Entfernen des Phenols durch Ausschütteln mit Äther
Alkoholische Fällung der RNS Alkohol hinzufügen (60 Vol.-%) bei —10° C; den Niederschlag nach 30 min zentrifugieren. In 0,2 m NaCl lösen. Nochmals mit Alkohol fällen	*Dialyse der RNS-Lösung* 4 Std. bei 0° C
	Fällung des K-ribonucleats mit Alkohol in Gegenwart von K-acetat
Auflösen von Na-*ribonucleat* in dest. H_2O. RNS-Gehalt (Mejbaum) und Radioaktivität [Gasdurchströmungszähler (glasflow counter)] messen	*RNS- und Radioaktivitäts-Bestimmung*

Eigenschaften des mit Nucleinsäuren extrahierten radioaktiven Pools

Nach seinen chemischen und physikalisch-chemischen Eigenschaften entspricht dieser radioaktive Pool einem definierten Komplex aus RNS (oder einer Fraktion dieser RNS) und Aminosäuren, der mit dem zuerst von HOAGLAND beschriebenen identisch ist.

Die aus dem Einbau einer Aminosäure stammende radioaktive Substanz findet sich in der Nucleinsäurefraktion und hat folgende Eigenschaften:

1. Sie ist nicht dialysierbar.
2. Sie fällt mit Trichloressigsäure bei gewöhnlicher Temperatur, löst sich aber bei 100° C in ihr. Mit 60%igem Alkohol fällt sie entsprechend ihrer Darstellung aus.
3. Nach Behandlung mit Ribonuclease wird sie dialysierbar.
4. Sie hat die gleiche elektrophoretische Wanderungsgeschwindigkeit wie RNS.
5. Sie kann aus ihrer Verbindung mit RNS durch ganz kurze Behandlung mit verdünntem Alkali gelöst werden.
6. Die radioaktive Substanz, die sich von RNS im schwach alkalischen Milieu ablösen läßt, verhält sich chromatographisch wie eine definierte Aminosäure, die derjenigen entspricht, die der Kultur zugesetzt worden ist.

Zusammenfassend kann man sagen, daß der radioaktive Pool, den man aus den Bakterien zusammen mit den Nucleinsäuren extrahieren kann, einem Komplex aus RNS mit freien Aminosäuren entspricht.

Man könnte fragen, ob die *gesamte* RNS der Bakterien oder nur eine Fraktion aus dem Komplex mit den Aminosäuren beteiligt ist.

Zusammensetzung des Aminosäurepools und seine relativen Dimensionen

Das folgende Schema (Tab. 2) zeigt die Zusammensetzung des Pools im Gleichgewicht mit sieben Aminosäuren, von denen man weiß, daß sie im Stoffwechsel nicht ineinander umgewandelt werden (mit Ausnahme des Valins). Es fällt der besondere Reichtum an Prolin auf. Wenn man den mittleren Gehalt an den sechs verschiedenen Aminosäuren (mit

Tabelle 2. *Zusammensetzung des RNS-Aminosäurenpools bei Sättigung*

Aminosäuren	Millimikromole pro mg RNS
Prolin	0,8
Arginin	0,18
Phenylalanin . . .	0,12
Methionin	0,15
Valin	0,20
Isoleucin	0,27
Leucin	0,19

Ausnahme des Prolins) nimmt, so kommt man zu einem Wert von 0,02 Millimikromol pro mg RNS. Das entspricht ungefähr einem Molekül einer bestimmten Aminosäure auf 10000 Nucleotide oder einem Molekül einer beliebigen Aminosäure auf 500 Nucleotide. Wenn man annimmt, daß die Acceptor-RNS für Aminosäuren (oder lösliche RNS) 10% der gesamten RNS ausmacht, so kommt man zu dem Mittelwert von einer Aminosäure auf 50 Moleküle Acceptor-RNS, d. h. einem Aminosäuremolekül pro Molekül Acceptor-RNS mit einem Molekulargewicht von ungefähr 20000. Von den gesamten freien Aminosäuren des Pools ist gewichtsmäßig also nur $1/20$ an RNS gebunden, gemessen an dem Einbau exogener Aminosäuren.

Kinetik der Bildung und der Verwendung des Pools der „RNS-Aminosäuren"

Die Kinetik der Bildung und Verwendung des Komplexes RNS-Aminosäuren wurde in Kulturen von E. coli im exponentiellen

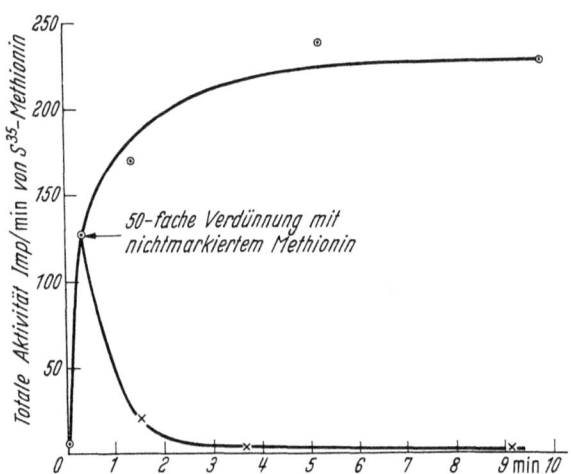

Abb. 2. Einbau von S^{35}-Methionin in die RNS und Verdünnung mit nichtmarkiertem Methionin

Wachstum bei Temperaturen von 20° C bestimmt. Abb. 2 zeigt, daß z. B. im Falle des Methionins der an RNS gebundene Pool in 4—5 min bei 20° gesättigt ist, während nach diesem Zeitraum der Pool an „freiem" Methionin erst $1/3$ seines Gleichgewichtswertes erreicht. Die Sättigung der Acceptor-RNS durch eine Aminosäure verläuft also sehr rasch.

Wenn man einer RNS, die bereits durch eine radioaktive Aminosäure gesättigt ist, die gleiche nicht radioaktive Aminosäure in großem Überschuß hinzufügt, dann wird die an die RNS gebundene radioaktive Aminosäure in wenigen Minuten quantitativ verdrängt (Abb. 2).

Die Aminosäuren sind also nicht irreversibel an die RNS gebunden, sondern im wesentlichen austauschbar. Dieser Austausch könnte unter anderem auf zwei Mechanismen beruhen:

1. Einem Austausch zwischen aktivierten und an RNS gebundenen Aminosäuren (Reaktion a und b):

$$AS \to \to \to Adenyl \sim AS + l\text{-RNS} \underset{b}{\overset{a}{\rightleftharpoons}} l\text{-RNS} \sim AS + AMP + AS.$$

Das setzt voraus, daß die Bindung an RNS reversibel ist.

2. Einer Verwendung der an RNS gebundenen Aminosäuren für die Proteinsynthese (Reaktion c):

$$Adenyl \sim AS + l\text{-RNS} \underset{b}{\overset{a}{\rightleftharpoons}} l\text{-RNS} \sim AS + AMP \to \to Proteine + l\text{-RNS}.$$

Die Erfahrung zeigt, daß beide Mechanismen (Reaktion b und c) die Erneuerung des Aminosäure-Pools sichern, daß aber die Reaktion c den Hauptanteil daran hat.

Tatsächlich verlangsamt Zusatz von Chloromycetin — das auf die Geschwindigkeit, mit der der Pool der freien Aminosäuren gebildet wird, keinen Einfluß hat — deutlich die Anfangsgeschwindigkeit des Einbaus der radioaktiven Aminosäuren in die Acceptor-RNS, ohne jedoch den Gleichgewichtszustand zu verändern.

Das Chloromycetin vermindert die Proteinsynthese um 90 bis 95% (Reaktion c), und wir werden sehen, daß es die direkte Fixierung der Aminosäuren an die l-RNS (Reaktion a) nicht beeinflußt.

Durch die Proteinsynthese ist es möglich, einen großen Teil (80%) des RNS-Aminosäure-Pools zu erneuern.

Der restliche Einbau in die RNS in Gegenwart von Chloromycetin ist aller Wahrscheinlichkeit nach an die Reaktion b geknüpft.

Diese Tatsachen lassen vermuten, daß während des Wachstums einer Bakterienpopulation alle „Plätze", die von Acceptor-RNS besetzt werden können, mit Aminosäuren „endogenen Ursprungs"

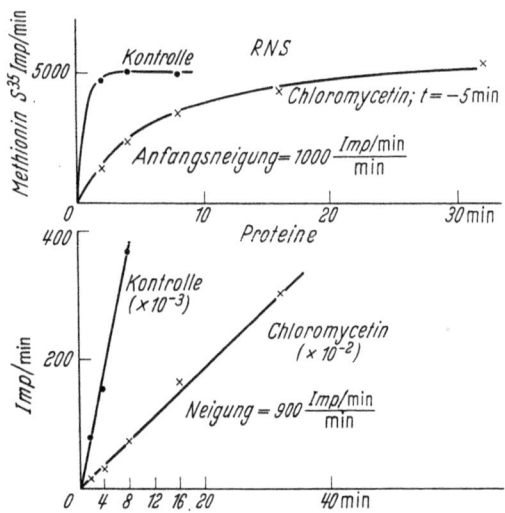

Abb. 3. Wirkung von Chloromycetin auf den Einbau von S^{35}-Methionin in RNS und Protein von E. coji ML-30

besetzt sind. Diese Plätze werden erst durch die Proteinsynthese für die „exogenen" Aminosäuren frei. Die Gleichung 2 veranschaulicht diese Situation.

Direkte Fixierung der Aminosäuren an freie Plätze der RNS. Spezifität der Plätze

Im Gegensatz zu normal wachsenden Bakterien, bei denen alle Plätze der RNS besetzt sind, kann man nun die untersuchen, die an einer oder mehreren Aminosäuren Mangel leiden.

Ein auxotrophes Bacterium, das AA_1 für sein Wachstum braucht, verarmt an seiner essentiellen Aminosäure. Alle Plätze seiner RNS werden mit Aminosäuren besetzt sein, mit Ausnahme des für AA_1 spezifischen. Mit Hilfe dieses Systems kann man untersuchen, auf welche Weise eine Aminosäure an ihren „freien" Platz gebunden wird.

Dieses Experiment wurde mit einem Auxotroph verwirklicht, der zwei verschiedene Aminosäuren zum Wachstum braucht, und der vorher auf Mangel an diesen beiden Aminosäuren gesetzt worden war.

Tabelle 3. *Auxophorer Stamm, der die Aminosäure „AA_1" benötigt*

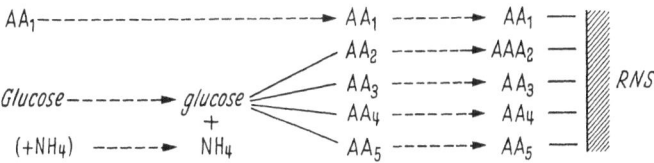

Auxophorer Stamm, der „AA_1" benötigt und an dieser wesentlichen Aminosäure verarmt ist

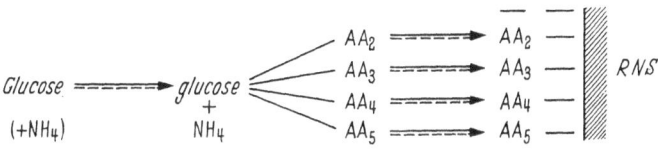

Die Mutante 204 B-III braucht Methionin und Histidin für ihr Wachstum. Man läßt sie an diesen beiden Aminosäuren verarmen und untersucht die Kinetik der Fixation des S^{35}-Methionin in Gegenwart und in Abwesenheit von Histidin. Zur Kontrolle prüft man, wie ^{14}C-Valin in Gegenwart und in Abwesenheit des Paares Phenylalanin und Tyrosin eingebaut wird. Folgendes hat sich ergeben:

1. Die Geschwindigkeit, mit der S^{35} Methionin an RNS fixiert wird, ist unabhängig von der Gegenwart oder Abwesenheit von Histidin, d. h. sie hängt nicht von dem Umfang der Proteinsynthese ab.

2. Die Fixierung von S^{35}-Methionin an RNS in Gegenwart von Histidin wird von Chloramphenicol nicht gehemmt.

3. Der Pool „RNS∼Methionin" ist in Gegenwart und in Abwesenheit von Histidin gleich groß.

Dieser Befund zeigt, daß:

1. Mangel an einer essentiellen Aminosäure den Platz an der Acceptor-RNS für diese Aminosäure frei macht;

90 François Gros:

2. jede Aminosäure sich unabhängig an ihrem spezifischen Platz einbaut;

3. eine freie Aminosäure an ihren Platz in der RNS unabhängig von der Proteinsynthese eingebaut wird (Reaktion a), der Ersatz einer bereits eingebauten durch eine exogene Aminosäure dagegen von ihr abhängt.

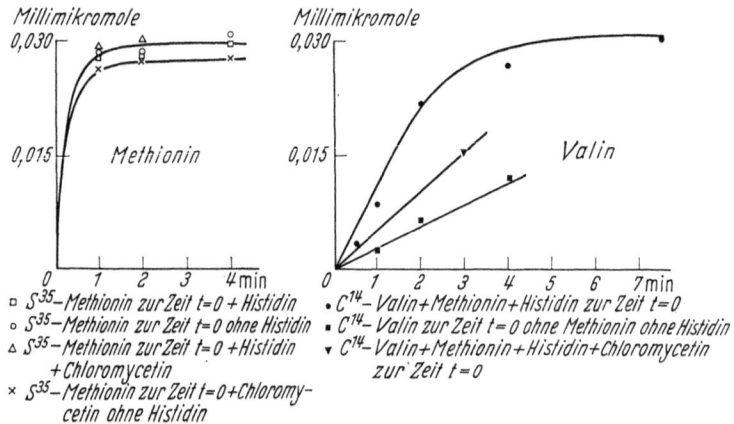

Abb. 4. Vergleich zwischen der Bildung von RNS-Methionin- und RNS-Valin-"Pools" in einem Stamm, der Methionin und Histidin benötigt und gleichzeitig an diesen Aminosäuren verarmt ist

Übertragung von Aminosäuren aus dem RNS-Aminosäurekomplex auf Proteine

Nach den Erfahrungen mit dem Auxotroph, der auf Phenylalanin und Tyrosin angewiesen ist, kann man die RNS mit einer Aminosäure markieren, ohne gleichzeitig die Proteine nennenswert zu markieren, wenn Mangel an beiden Aminosäuren besteht. Dazu genügt es, das Methionin in Abwesenheit von Histidin einzubauen. Wenn man nach der Fixierung von S^{35}-Methionin an RNS einen Überschuß von S^{32}-Methionin sowie von Histidin zufügt, dann kann man prüfen, ob der Ersatz des S^{35}-Methionin an der RNS von einem äquivalenten Anwachsen der Radioaktivität in den Proteinen begleitet ist.

Abb. 4 und Tabelle 4 zeigen, daß eine befriedigende quantitative Beziehung zwischen dem Verlust an Radioaktivität aus dem Pool und ihrer Zunahme in den Proteinen besteht. Dieses

Resultat ist mit der Hypothese vereinbar, daß die Aminosäuren, die an die lösliche RNS gebunden sind, direkt in Peptidbindung übergehen können.

Tabelle 4. *Übertragung einer radioaktiven Aminosäure vom ,,RNS-Aminosäure-Pool" auf die Proteinfraktion*
Eine Kultur des auxotrophen *E. coli* M-191 (Methionin-Histidin) bleibt 4 Std. bei 32° ohne Nahrung stehen. Dann fügt man S^{35}-Methionin (2×10^{-5} m) hinzu und läßt es, in Abwesenheit von Histidin, 5 min zur Markierung des ,,RNS-Pools" einwirken. Nach dieser Zeit wird ein großer Überschuß von nicht-radioaktivem Methionin ($4 \cdot 10^{-3}$ m) der Kultur hinzugefügt. Die totale Radioaktivität des ,,RNS-Pools" und der Proteine wird zur Zeit der Addition der nicht-markierten Aminosäure und 8 min später gemessen

		Verlust der Radioaktivität im ,,RNS-Pool" (in 8 min) in Imp/min	Anwachsen der Radioaktivität der Proteine (in 8 min) in Imp/min
Experiment 1 . . .	Kontrolle	2,700	2,400
	Chloromycetin	1,600	1,000
Experiment 2 . . .		2,140	1,500
Experiment 3 . . .		3,100	2,100

Wirkung einer spezifischen Verschiebung in der Zusammensetzung des RNS-Aminosäurepools auf die Aminosäurezusammensetzung der Proteine

Nach den erwähnten Tatsachen ist der RNS-Aminosäure-Komplex vermutlich ein Zwischenprodukt bei der Proteinsynthese *in vivo*. Weitere Ergebnisse, die wir nun mitteilen, legen sogar den Schluß nahe, daß es sich um ein *obligatorisches* Zwischenprodukt handelt.

Verschiedene Autoren haben beobachtet, daß E. coli eine analoge Base, 5-Fluoruracil, in seine Ribonucleinsäure einbauen kann (CHARGAFF[5], PARDEE[6], HEIDELBERGER[7]).

Wenn man diese Fluorbase einer exponentiell wachsenden Kultur von Escherichia coli (Abb. 5) zufügt, dann wird das Wachstum sofort linear. Ebenso verhält sich das Anwachsen der Gesamtproteine. PARDEE einerseits und CHARGAFF andererseits haben beobachtet, daß vom Zusatz der Fluorbase die Synthese von verschiedenen Enzymen wie z. B. der β-Galactosidase, total gehemmt wurde. Die Proteine, die *in Gegenwart* des Fluorderivats gebildet werden (d. h. während des linearen Wachstums) haben also verschiedene spezifische Veränderungen erlitten, die dazu führen, daß gewisse Enzyme nicht mehr funktionieren. Wir haben nun untersucht, ob diese Veränderungen der Proteine nicht die Folge einer

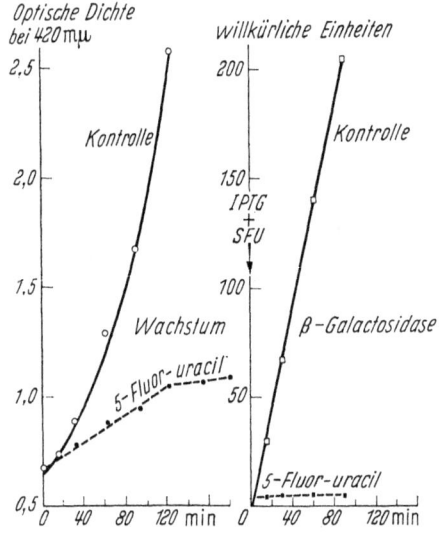

Abb. 5. Wirkung von 5-Fluoruracil auf Wachstum und Synthese von β-Galactosidase in E. coli ML-30

Veränderung in der Spezifität der löslichen RNS, des Acceptors für die Aminosäuren, ist.

Die folgenden Resultate sind zum größten Teil Dr. SHIRO-NAONO von der Universität Osaka zu verdanken.

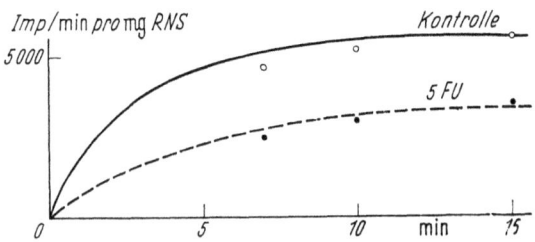

Abb. 6. Wirkung von 5-Fluoruracil auf die Synthese von „RNS-Prolin" bei ML-308

Abb. 6 und 7 zeigen, daß in Gegenwart von 5-Fluoruracil der Pool der an RNS gebundenen Aminosäuren spezifisch verändert ist: unter fünf untersuchten Aminosäuren (Valin, Phenylalanin,

Methionin, Arginin, Prolin) zeigt nur der Pool des RNS-Prolin eine Veränderung. In Gegenwart der Fluorbase ist dieser Pool bei Sättigung um 30—40% geringer als bei den Testbakterien. Die Menge

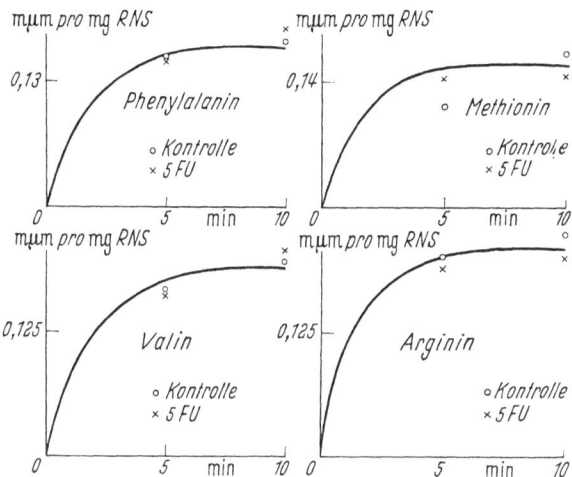

Abb. 7. Wirkung von 5-Fluoruracil auf die Bildung von Komplexen zwischen RNS und Phenylalanin, Methionin, Valin oder Arginin

„freien Prolins" (löslich in kalter Trichloressigsäure) ist dagegen in Gegenwart von 5-Fluoruracil nicht geändert. Der Umfang des Pools der anderen Aminosäuren ist dagegen unverändert. Alles spielt sich so ab, als ob mittels eines sehr schnellen Umsatzes der löslichen RNS das 5-Fluoruracil die chemische Zusammensetzung dieser RNS so veränderte, daß sie nicht mehr fähig sei, das Prolin zu fixieren (ebenso vielleicht einige weitere Aminosäuren), aber diese Fähigkeit anderen Aminosäuren gegenüber behalte.

Tabelle 5. *Einfluß von 5-Fluoruracil auf den Einbau verschiedener Aminosäuren in Proteine* (E. coli ML-308)

Aminosäuren	Beobachtete Veränderungen	Zahl der Bestimmungen
Prolin . . .	−25,0	3
Phenylalanin .	0	2
Methionin . .	+1,3	3
Valin	+3,0	3
Arginin . . .	+6,0	3
Glykokoll . .	0	1
Threonin . .	0	1
Leucin . . .	0	1
Isoleucin . .	0	1

Es existiert eine bemerkenswerte Beziehung zwischen den beobachteten Veränderungen in dem Pool „RNS-Prolin" und dem Gehalt der in Gegenwart der Fluorbase gebildeten Proteine an dieser Aminosäure. Wenn man die relativen Mengen des Einbaus von neun verschiedenen Aminosäuren in die Proteine von E. coli, in Gegenwart und in Abwesenheit von 5-Fluoruracil vergleicht, scheint es, daß für alle diese Aminosäuren die eingebauten Mengen in Gegenwart und in Abwesenheit von 5-Fluoruracil gleich groß sind, mit Ausnahme des Prolins. Die in die Proteine eingebaute Menge an Prolin ist in Gegenwart der Fluorbase um 35% geringer als diejenige der Kontrolle.

Den in Gegenwart von 5-Fluoruracil synthetisierten Proteinen mangelt es also an Prolin (ebenso wie vielleicht auch an der einen oder anderen besonderen Aminosäure). Aus diesen Untersuchungen geht hervor, daß einer sehr spezifischen Veränderung des Pools der an RNS gebundenen Aminosäuren eine entsprechende spezifische Veränderung der Aminosäurezusammensetzung der Proteine folgt[8].

Schlußfolgerung

Die Resultate der vorliegenden Arbeit beweisen, daß in E. coli eine kleine Fraktion aller Aminosäuren existiert, die covalent an lösliche RNS gebunden sind. Die Aminosäuren dieses „Pools" werden mit großer Geschwindigkeit erneuert, und diese Erneuerung hängt direkt von der Proteinsynthese ab. Der Pool „l-RNS-AS" verhält sich also wie ein direktes Zwischenprodukt bei der Proteinsynthese aus freien Aminosäuren.

Eine spezifische Modifikation der Zusammensetzung des Pools der an RNS gebundenen Aminosäuren ist begleitet von einer äquivalenten Modifikation der Aminosäure-Zusammensetzung der Proteine. Die Fixierung an die lösliche RNS scheint also eine obligatorische Stufe beim Einbau der Aminosäuren in die Proteine zu sein.

Literatur

[1] HOGNESS, D. S., M. COHN and J. MONOD: Biochim. biophys. Acta **16**, 99 (1955).
[2] KOCH, A. L., and H. R. LEVY: J. biol. Chem. **217**, 931 (1955).
[3] HOAGLAND, M. B.: Biochim. biophys. Acta **16**, 288 (1955).
[4] HOAGLAND, M. B., P. C. ZAMECNIK and M. L. STEPHENSON: Biochim. biophys. Acta **24**, 215 (1957).

[5] HOROWITZ, J., J. J. SANKKONEN and E. CHARGAFF: Biochim. biophys. Acta **29**, (1) 223 (1958).
[6] PARDEE, A. L.: Personal communication.
[7] HEIDELBERGER, C.: Cancer Res. 18, 335 (1958).
[8] Diese Arbeit wurde unterstützt von der „National Science Foundation", vom „Jane Coffin Childs Memorial Funds" und vom „Commissariat à l'Energie Atomique".

Diskussion

Diskussionsleiter: WEBER, Heidelberg

KONINGSBERGER: Dr. GROS, I am most impressed by your magnificent speech. I think, you are the first, who proved that SRNA has something to do with protein synthesis. Now I still stumbled about the "one RNA-one amino acid"-hypothesis. If you need one SRNA-molecule to built one amino acid into a protein and you assume a molecular weight of 100 for the amino acid, you need a molecular weight of 20000 SRNA to get it on the right place. Take this for a protein molecule of a molecular weight of 100000. This would mean that one needs for its synthesis a molecular equivalent of 20000000 SRNA. That is about five times as much as the biggest microsome containes. So I think there are still some difficulties in this hypothesis. Another thing in this respect is that if you suppose that it is not an entity of 20000 but of 1000. This would fit in the hypothesis of CRICK who originally proposed that 3 nucleotides might take care of the right placing of one amino acid. Then you still need for a protein molecule a guardian angel of about one million that is probably what we need at least.

Another argument which is against this "one amino acid-one RNA" hypothesis is the extremely strong influence of 5-fluoro-uracil on the incorporation of one single amino acid. Now if it were true that all amino acids have all different SRNA, then one has to suggest that only one of all these SRNA incorporates 5-fluoro-uracil in such a way that the amino acid can not be placed on it any longer. I think this is a fact that pleads for more amino acids on one SRNA.

GROS: I think that your remarks are extremely pertinent.

Concerning your question about the size of the amino acid adaption, I cannot give you more informations than CRICK's own opinion. His assumption is that, presumably, the last triplet of nucleotides in the SRNA chain, which is proximal of the cytidyl-cytidyl-adenyl-residue, is the one which functions as an adapter for the amino acid bound to this "C-C-A" residue. It places this amino acid at the right locus of the template. It would be indeed difficult to conceive how a molecule of 100 or 200 residues much as the whole SRNA, could find its place at the surface of a microsome whereas one can visualize how this can be done by a trinucleotide.

As far as your second remark is concerned, I do not see that your resuming about the very specific effect of 5-fluoro-uracil (5FU) at the level of only 2 amino acids, speaks against the "one amino-acid, one SRNA" hypothesis.

First of all, this hypothesis has been verified in few cases: people in different laboratories have succeeded in purifying SRNA molecules which can attack only one single amino acid and not more.

Now, in regard to the mechanism of action of 5 FU, one has to consider two possibilities: Either the triplet or nucleotide sequence, which determines the specificity of attachment to the SRNA, is also the same triplet which functions as a specific "adapter" for the amino acid considered. Either the SRNA contains, for a given amino acid, a place which "codes" its attachment, and another one which "codes" its placing at the right site of the microsomal template. Whatever it is, we have seen that 5 FU inhibits the binding of proline and very probably also of tyrosine to SRNA, and one may wonder about such an extremely selective action. The question is why general substitution of uracil by the analogue in SRNA chain, effects the attachment of only two amino acids and not of many more.

I can see two possible explanations of this fact. 1. A sequence of nucleotides bigger than a triplet may be responsible of the coding of one single amino acid. The SRNA contains, in addition to the natural bases, many atypical purines or pyrimidines which may be involved in the coding of the amino acid attachment. If one amino is coded, let say by a sequence of 6 nucleotides, one may visualize that the replacement of uracil by 5 FU is incompatible with the attachment of an amino acid attachment, only if uracil occupies a certain position in the sequence. 2. More generally speaking, if a sequence A, G, C, 5 FU is incompatible with the attachment of an amino acid "a" which is normally coded by A, G, C, U, it is not a priori evident that the sequence A, 5 FU, C, C, for instance, would be incompatible with the attachment of an amino acid "b" normally coded by the sequence A, U, C, C.

In other words, uracil substitution by its analogue would not always give rise to an incompatibility of amino acids binding. I want to make another comment: since the effects of 5 FU on proline binding by the SRNA are immediate, it means that the SRNA preexisting to the addition of 5 FU must have undergone some modifications by incorporating the analogue. We are thus inclined to postulate a very fast turnover of SRNA.

KONINGSBERGER: May I explain just, what I ment about this idea of more amino acids. If you have a long chain of SRNA and on one end you have three nucleotides and if this is common for all amino acids or for quite a few amino acids, then in these is no specificity. If you exchange in one part of your chain 5-fluoro-uracil for uracil I cannot see how this concerns only one single amino acid f. e. proline or tyrosine, except if you assume that the amino acid can be bound to any part or several parts of the SRNA and not only to the end f. e. to a place in the middle.

GROS: CRICK admits that the specificity for attachment is contained in a specific triplet, which — as I said — may not be located necessarily at the end of the chain but possibly somewhere in the middle. You may assume that this specific triplet determines the attachment of a specific activating enzyme which carries, with it, a specific amino acid. This amino acid bound to the SRNA by the intermediary of the activating enzyme would then be transferred to the C-C-A residue after elimination of an AMP molecule from the enzyme-adenyl-aminoacid complex. If you accept this scheme you see that a change in the middle of the SRNA prevents attachment of an amino acid at the end of the chain.

KONINGSBERGER: That is right. This concerns the incorporation of the amino acid into the SRNA but not into the protein. If you assume that only one piece of the SRNA gives the information for the incorporation of the amino acid then only the piece at the end of the SRNA where the amino acid is bound, can give this information and not the middle.

GROS: You can explain how the replacement of uracil by the fluoro-analogue can affect — at the same time — the binding of a particular amino acid to the SRNA and its incorporation in the polypeptide chain. You have to assume for that: 1. that the piece in the SRNA which "codes" the attachment of this amino acid, is the same as the one which "adapts" it, afterward, to its specific place on the microsome; 2. that another amino acid is attached to the SRNA, at the place of the first one, and will therefore replace it in the protein chain.

ZILLIG (München): Dr. GROS' Resultate zeigen in überzeugender Weise, daß die an zellfreien Systemen erzielten Befunde auch in vivo Bedeutung haben. Ich möchte erwähnen, daß wir an einem zellfreien System aus E. coli die am Lebersystem erarbeiteten Ergebnisse bestätigen konnten. Für den Einbau markierter Aminosäuren im Protein sind auch hier aktivierende Enzyme, lösliche Ribonucleinsäuren und Ribonucleoproteidpartikel notwendig. Dabei sind der erste Schritt, die Beladung der l-RNS mit Aminosäuren und der zweite unter Beteiligung von RNP-Partikeln ablaufende Schritt, der Transfer des Aminoacylrests von der l-RNS ins Protein auch getrennt durchführbar. Für den Transfervorgang ist im Gegensatz zum Lebersystem Guanintriphosphat nicht notwendig. Chloromycetin beeinflußt weder die Aminoacylierung der l-RNS noch den Transferschritt. Ich möchte fragen, wie Sie den Befund erklären, daß Chloromycetin in vivo wirksam, in vitro unwirksam ist?

GROS: I see few possible explanations. The first one is that chloromycetin is inactive "per se" but undergoes in the micro organisms some chemical transformations which converts it to an acitve inhibitor toward protein synthesis. Such a molecular rearrangement may not occur in your "in vitro" system.

The other possibility is that in your system, where you transfer only a rather small fraction of the amino acid bound to SRNA, you get selection of the kind of transfer which is insensitive to chloromycetin. Perhaps, if you could get a one hundred per cent transfer you would see a chloromycetin effect.

In addition, I did not say that chloromycetin inhibits protein synthesis at the step of the attachment of SRNA. I just said that the overall protein synthesis is inhibited by chloromycetin (by one way or another) and that consequently the renewal of the RNA bound amino acids becomes much slowlier. This renewal is also slower in an amino acid requiring strain bacterium, deprived of its essential amino acid.

ZILLIG (München): Eine Bemerkung zur Änderung der Aktivität der Prolin-l-RNS durch 5-Fluoruracil: Wir haben l-RNS mit HNO_2 behandelt. Die Bindungsorte verschiedener Aminosäuren in der l-RNS wurden dadurch in sehr verschiedener Weise betroffen.

WACKER: Zu den Versuchen mit Fluoruracil wollte ich Sie folgendes fragen: Bietet man Bact. coli Uracil an, dann wird dieses Uracil in Cytosin umgewandelt. Bei Fluoruracil ist es nicht so, daß es die Stelle von Uracil besetzt, sondern es könnte so sein, daß es etwas mit dem Cytosin zu tun hat, und also diese Hemmwirkung nicht in der Nucleinsäure selbst, sondern auch am Ende der Kette gesucht werden könnte. Wenn Sie nun außerdem finden, daß der Einbau von Prolin um 25% vermindert wird, wie verhalten sich die Purinantagonisten? Wenn man z. B. Mercaptopurin anstelle von Adenin oder Azoguanin anbietet, wirkt das spezifisch auf den Einbau der Aminosäure?

GROS: It is true, that in Escherichia coli, uracil is partly converted to cytosine, since UTP is converted to CTP by the reaction of LIEBERMAN and KORNBERG. But "in vivo" 5FU seems to be incorporated exclusively as 5-fluoro-uridylic acid (which is presumably not converted to 5-fluorocytidylic acid).

When one grows E. coli in a medium containing radioactive fructose as a sole carbone source plus non radioactive 5FU, all the bases of the RNA are labeled, but uracil much less than when 5FU was omitted. We found about 40% replacement of uracil by the analogue, in the newly synthesized RNA. Little replacement was observed for cytosine.

I would like to add that if the analogue was converted to 5-fluorocytidylic acid and if this compound was substituting the terminal cytidyl residues of the SRNA, this would render impossible the attachment of all the amino acids. As far as the second question is concerned, I can say that if we find the same results with azoguanine as with 5FU in regard to proline incorporation in SRNA and in the protein, we will be forced to conclude to an unspecific impairment of the SRNA by all the base analogues.

In the other alternative, that is if azoguanine modifies the binding of some other amino acids, this will show that inhibition of amino acid binding results from a specific alteration of the nucleotide sequence in the SRNA. Work on this problem is now in progress with Bact. megatherium which is sensitive to both azoguanine and 5FU.

WACKER: Wir haben kürzlich ebenfalls Experimente mit 5-Fluoruracil durchgeführt und festgestellt, daß nur Thymin in der Lage ist, die Hemmung durch 5-Fluoruracil competitiv aufzuheben. Wir müssen also damit rechnen, daß 5-Fluoruracil nicht nur in die Bildung der l-RNS eingreift, sondern auch irreversibel die DNS beeinflußt.

GROS: 5FU does not only replace uracil in the RNA but, as Heidelberger demonstrated it few years ago, this analogue also inhibits thymine incorporation in DNA and more generally speaking, prevents DNA synthesis.

Recently S. S. COHEN has shown that 5FU is converted by E. coli to the corresponding 5-desoxyribotide which inhibits (or competes with) the enzyme which phosphorylates thymidylic acid to thymidine-triphosphate. This may be the mechanism by which DNA synthesis is inhibited.

Experimentally, if one adds 5 FU to a growing culture of E. coli, not only does RNA incorporate the analogue, but DNA synthesis is prevented. It is unlikely that such an inhibition is responsible for the effects on proline incorporation, and on β-galactosidase synthesis: on the one hand, inhibition of DNA synthesis can be achieved by many other means which do not lead to inhibition of β-galactosidase formation; on the other hand, we have shown recently that thymidine reverses the effects of 5 FU on DNA synthesis without restoring β-galactosidase synthesis or exponential growth nor reversing the inhibition of proline incorporation into protein.

DECKER (Hannover): Ich möchte fragen, ob die verschiedenen Ribonucleinsäuremoleküle spezifisch an der Bildung einzelner Enzyme beteiligt sind und somit gewissermaßen die Matrizenfunktion darstellen, daß also nur ganz bestimmte Ribonucleinsäuremoleküle für definierte Enzyme auftreten.

GROS: I do not see very easily how a small molecule such as the SRNA can act as template for the synthesis of very large molecules of protein.

As far as the possibility for the SRNA to be a template for small peptide chains, it seems to be included by the observation from several laboratories that one molecule of SRNA does not actually bind more than one single molecule of amino acid.

WALLENFELS: If you grow your strain of E. coli ML-308 in the presence of 5 FU β-galactosidase synthesis is suppressed. Do you get in this case synthesis of an altered protein antigenetically related to Gz as has been observed by MONOD with galactosidase negative mutants?

GROS: The bacteria studied do not seem to synthezize any protein related to β-galactosidase (Gz). BUSSARD, PARDEE and MONOD, at PASTEUR, have studied this problem and they have for the moment little evidence that a protein cross reacting antigenetically with Gz is formed. Moreover, Dr. NAONO and myself, we have not been able until now to find any protein having the same solubility or physical property as Gz, for instance after column fractionation on cellulose, or by electrophoresis on agar.

This is not a definite proof that nothing exists corresponding to the enzyme but it seems unlikely that a protein like galactosidase, biologically inactive is found. Work on this problem is still in progress.

I want to make another comment. Our results with 5 FU have to be rapproched to some of the previous results obtained with 8-azoguanine, by other workers, in regard to its inhibitory action on enzyme synthesis. People like SPIEGELMAN have interpreted their results with azoguanine as indicative that synthesis of new specific RNA molecules is required for the synthesis of a specific protein. This assumption was derived from the fact that in his first observations, azoguanine and thiouracil seemed to inhibit the synthesis of *inducible* enzymes, as soon as added to the culture, and in a more pronounced way than synthesis of *constitutive* enzymes or than growth itself. I think that one does not need now such a hypothesis if one considers that the effect of 5 FU is immediate, even on the synthesis of constitutive enzymes (such as β-galactosidase in the mutants utilized here) and that this effect concerns primarily the capacity of the SRNA to attach certain amino acids.

WALLENFELS: This immediate effect remembers me on the effects when the inducer is omitted. This is also an immediate effect, and only the specific and enzymatic activity is not any more synthesized. This makes me believe that not the synthesis of the whole protein is suppressed but only that part of the protein that is concerned with the inducer itself.

GROS: 5 FU does not only prevent the formation of the inducible β-galactosidase but it also inhibits its synthesis in strains which manufacture the enzyme constitutively. So, at least, it does not interfer with the penetration of the inducer or the metabolism of the inducer inside the cell, in as much as with the new theories on enzyme repression, constitutive mutants do not seem to produce any internal inducer.

HOFFMANN-BERLING (Heidelberg): I want to ask something about chloromycetin experiments. You must probably know the work of PARDEE and collaborators and of NEIDHARDT and GROS. These authors demonstrated that the SRNA which is synthesized in the presence of chloromycetin is in some way different from normal SRNA. It is degraded very easily and vanishes from the cells when you remove the chloromycetin. So one may ask how the methionine-SRNA-complex which under chloromycetin is synthesized in a diminished rate compares with untreated cells. Do these data suggest that there is only a diminuition of a normal process in the cells or would you suggest that there is an entire new methionine-RNA-entity? I think your experiments could answer these questions in determining the nature of the methionine-RNA-complex which is built in the presence of chloromycetin. Is this methionine-RNA-complex handled over to the microsomes as soon as you remove the chloromycetin or does it vanish from the cells?

GROS: I think it is best to answer by asking the following question: Is the "chloromycetin-RNA" that is the RNA synthesized in the presence of chloromycetin, composed entirely of SRNA able to attach activated amino acids?

We performed an experiment which answers by the negative. If you grow E. coli cells in the presence of chloromycetin, in such a way that they will double their RNA content, the total amino acid RNA pool (measured in the I described before) only increases about 80 per cent. Since SRNA represents only 10 per cent of the total RNA in the bacterium, one should expect a raise in the pool of about 5 times if all the chloromycetin-RNA was SRNA. This result demonstrates that the ratio of SRNA to total RNA is kept the same after chloromycetin treatment. In addition, recent work of NOMURA and WATSON shows that the "chloromycetin RNA" is composed of two entities, one which is not sedimentable and free as the SRNA and the second which is particulate, and which breaks down when the chloromycetin is released.

I do not think that diminution in the rate of methionine fixation on the SRNA in the presence of chloromycetin has something to do with the formation of an altered SRNA.

Firstly this inhibitory effect of chloromycetin is immediate and cells practically do not increase their SRNA content during the very short period of the experiment. In addition you get the same effect as with chloromycetin if you study the rate of amino acid incorporation in the RNA of a strain starved for its essential amino acid. Under this last condition there is no synthesis of SRNA at all.

MANDEL (Straßburg): Ich glaube, daß man bei diesen Versuchen auch die Struktur der Zelle berücksichtigen muß. Die von uns aufgearbeiteten Mikrosomen entsprechen nicht den Strukturen, die man in vivo in den Zellen sieht.

Ich bin auch der Meinung, daß die RNS etwas mit der Proteinsynthese zu tun hat. Andererseits haben wir in unserem Laboratorium auch beobachtet, daß die Proteine selbst für die Biosynthese der RNS notwendig sind. Im einzelnen haben wir den Überstand von Rattenleberhomogenaten untersucht. Wenn die Tiere proteinfrei ernährt wurden, nahm die Proteinsynthese und gleichzeitig die RNS-Synthese ab. Beides steht in gutem Einklang mit unseren heutigen Anschauungen. Aber wir haben darüber hinaus eine Anhäufung von Nucleotidtriphosphaten beobachtet wie ATP, GTP und UTP. Die Ergebnisse mit Cytosintriphosphat waren nicht sicher. Nach Fütterung der Ratten mit Aminosäuren verschwanden diese angehäuften Triphosphonucleotide sofort und die Synthese von Proteinen und RNS kam wieder in Gang. Ähnliches haben wir auch bei Leberschnitten von proteinfrei ernährten Ratten beobachtet. Wenn man die Schnitte in Gegenwart von Aminosäuren mit radioaktivem Phosphor suspendierte, wurde das radioaktive Phosphat in sehr viel größerem Umfang in die RNS eingebaut als bei Schnitten normal ernährter Kontrolltiere. Darüber hinaus haben wir beobachtet, daß der Einbau von radioaktivem Phosphor nicht zunimmt, wenn man dem Aminosäuregemisch Ethionin zugibt. Zusammenfassend kann man sagen, daß bei proteinfreier Ernährung die RNS-Synthese gehemmt ist und die Ribonucleotidtriphosphate sich anhäufen.

Proteinsynthese in Lebermikrosomen

Von

P. W. Jungblut und F. Turba

Würzburg

Mit 6 Textabbildungen

Aus den vorangegangenen Referaten dieses Colloquiums ist zu entnehmen, daß der Weg der Synthese der Zellplasmaproteine mit der Aktivierung der Aminosäuren zu Aminoacyl-Adenylsäureverbindungen beginnt, die zunächst auf ein Polyribonucleotid niedrigen Molgewichts übertragen und dann in die Ribonucleoproteidfraktion der Mikrosomen eingebaut werden, und zwar durch einen Vorgang, der durch Guanosintriphosphat (GTP) eingeleitet wird[11]. Dieser Ablauf, der zuerst für Leberzellen erkannt wurde, scheint als „Grundmechanismus" auch für andere tierische Zellen, sowie für Pflanzen- und Bakterien-Zellen zuzutreffen[30, 22, 29, 3, 28].

Die darauffolgenden Schritte sind noch weitgehend ungeklärt. Sie betreffen:

A. *Das Ablösen des Polypeptidfadens von der Prägungsstätte*, an welcher die Aminosäurereste in richtiger Reihenfolge kondensiert werden.

B. *Das Falten der Peptidkette* zum dreidimensionalen Makromolekül.

C. *Die Freisetzung (ev. Sekretion)* des fertigen Proteins.

A. Das Ablösen des Polypeptidfadens von der Prägungsstätte

Die zur Synthese eines spezifischen Peptidfadens mit charakteristischer Aminosäurefolge notwendigen „Informationen" in Gestalt eines „*Code*"*-Systems* verlegen fast alle Autoren in eine „*Matrix*", die allerdings auch heute noch hypothetischen Charakter hat, weil Experimente zu ihrer chemischem Charakterisierung und ihrer Funktionsaufklärung zu nicht eindeutigen Resultaten geführt haben. Dennoch darf hier in Übereinklang mit den meisten Meinungen zunächst von einer Matrix im Sinn einer Oberflächenstruktur der Zelle die Rede sein, welche für die Arbeitshypothese die Eigenschaft annimmt, daß sie die ,,Kenntnis" bestimmter Sequenzen speichern und diese weiterreichen kann. Viele Gründe weisen dabei auf *die Ribonucleinsäuren (RNS)* als Trägerinnen dieser Eigenschaften hin. Insbesondere CRICK u. Mitarb.[5, 6] haben sich neuerdings mit Überlegungen beschäftigt, wie die Sequenzen von 4 verschiedenen Nucleotiden in der RNS die spezifische Folge von etwa 20 Aminosäuren bestimmen können. Die Hypothese von CRICK, deren besonderer Wert darin besteht, daß sie zumindest teilweise experimentell nachprüfbar scheint und bekannte Befunde befriedigend erklärt, besagt kurz, daß jede aktivierte Aminosäure enzymatisch auf ein spezifisches Oligonucleotid (entsprechend einem Teil von HOAGLANDS ,,löslicher" oder s-RNS) übertragen und auf diesem Vehikel zur RNS-Matrix, die man für die Bildung der Plasmaproteine in den Mikrosomen annimmt, geleitet wird. Die Polynucleotide finden durch H-Brücken mit komplementären Nucleotiden an der RNS-Matrix den ,,richtigen" Platz und übertragen so den Codeschlüssel auf die Sequenz der an ihnen fixierten Aminosäuren, die somit zur charakteristischen ,,Perlenkette" aufgereiht und zur Kondensation in der unverwechselbaren Folge eines Peptidfadens eines bestimmten zukünftigen Proteins bereitgestellt werden.

B. Das Falten der Peptidkette

Der gebildete Faden, in dem die ,,Kenntnis" der Matrix von der ,,primären" Struktur der Peptidkette realisiert ist, muß nun von ihr gelöst und zur nicht minder spezifischen Form gefaltet werden, wie sie die räumliche Struktur des betreffenden Proteins auszeichnet. Auf die *primären Strukturen*, welche die Verknüpfung der Aminosäuren in charakteristischer Folge betreffen, müssen also nun die *sekundären und tertiären Strukturen* aufgeprägt werden. Was darunter zu verstehen ist, sollen zwei Beispiele klarmachen.

Nach röntgenographischen Untersuchungen von KENDREW u. Mitarb.[12] besitzt das *Myoglobinmolekül* die Gesamtdimensionen $43 \times 35 \times 25$ Å (Abb. 1). Es besteht aus einer einzelnen Peptidkette mit 153 Aminosäureresten. Etwa 40% dieser Kette sind zur Sekundär-Struktur einer α-Helix verzwirbelt, einer Schraube mit einem ganzen Umlauf nach je 3,7 Aminosäureresten; dieser verdrillte Faden windet sich in verschlungener Form durch das Molekül und nimmt so die höchstkomplizierte, aber auf das Genaueste in allen nativen Myoglobinmolekülen wiederholte Tertiär-Struktur dieses Proteins an.

Trypsin (und wahrscheinlich auch Chymotrypsin) enthalten je einen charakteristischen Serin- und Histidinrest als Teile ihrer fer-

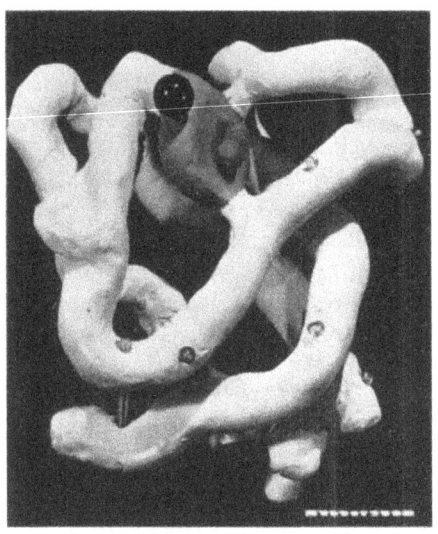

Abb. 1. Modell des Myoglobinmoleküls [J. C. KENDREW, H. M. BODO, R. G. PARRISH und H. WYCKHOFF: Nature London 181, 662 (1958)]

mentativ wirksamen Bezirke, die in der Sequenz weit voneinander entfernt sind; das bedingt eine charakteristische tertiäre Struktur, die hier über die enzymatische Aktivität entscheidet.

Es erscheint völlig aussichtslos, die verwickelte 3-dimensionale Formung der Peptidkette zu den sekundären und tertiären Strukturen des betreffenden globulären Proteins durch einfache räumliche Anpassung an die Oberfläche einer starren Matrix erklären zu wollen.

Man kann sich von der Unmöglichkeit eines solchen Beginnens leicht überzeugen, indem man sich die Aufgabe stellt, etwa das Modell des Myoglobins durch Spritzguß in einer starren Hohlform herzustellen, die der Matrix gleichzusetzen wäre. Man erkennt unmittelbar, daß auf diesem Weg nur die

Oberfläche des Moleküls reproduziert werden könnte, nicht aber das Innere des Modells mit dem sich kompliziert windenden Faden von geschraubter Grundstruktur mit seitlich herausragenden Anhangsgebilden, den Seitenketten der Aminosäurereste. Gilt das schon für Proteine mit jeweils nur einer Peptidkette, dann in verstärktem Maß für mehrkettige Proteine mit den verschiedensten Quervernetzungen zwischen ihren um die eigene Achse und umeinander gewundenen Polypeptidfäden.

Die Annahme der Reproduktion der Faltung an einer starren Matrixoberfläche hat hier keine wesentlichen Erfolgschancen, solange man nicht als weiteren Parameter die Zeit einführt und den statischen Informationsträger durch ein *dynamisches System* ersetzt oder ergänzt. DAGLIESH[7] hat diesem Zeitfaktor schon für das Ablösen des Peptidfadens von der Matrize, welche die primären Strukturen bestimmt, (RNS in Mikrosomen) Rechnung getragen: er nimmt an, daß das fertiggestellte Ende einer Peptidkette von der Matrix schon losgelöst wird, während sich der Rest des Fadens erst bildet: die Informationen werden dabei der Polynucleotidkette in zeitlicher Folge nacheinander entnommen. Untersuchungen zur Synthese von Cytochrom C in Mitochondrien[2, 27] stützen diese Hypothese.

Es ist höchst unwahrscheinlich, daß der Prozeß des Ablösens des Peptidfadens von der die primären Strukturen prägenden Matrix und der Vorgang des Faltens zur sekundären und tertiären Struktur räumlich und zeitlich voneinander getrennt sind. Dagegen spricht vor allem die Tendenz einer freigelegten Peptidkette zur spontanen Eigenfaltung, zunächst zu einer α Helix

Das „Rückgrat" einer einzelnen Peptidkette strebt soweit als möglich nach Ausbildung jener Form, bei der ein Maximum von H-Brücken zwischen den Peptidbindungen gebildet werden kann, nämlich der α-Helix als Grundform der sekundären Struktur, die ihrerseits gefördert oder gehemmt wird durch die primäre Struktur der Kette, also deren Aminosäuresequenz: so unterbricht z. B. ein Prolinrest die α-Helixstruktur; gleichsinnig geladene benachbarte Gruppen treiben die Schraube durch elektrostatische Abstoßung auseinander; passend gelegene Seitenketten verfestigen die Helix durch covalente Bindungen, Wasserstoffbrücken, Ionenpaare oder hydrophobe Kräfte. Außerdem konkurrieren Wasserdipole um die Bildung der erwähnten Wasserstoffbrücken, so daß mit zunehmener Kettenlänge und damit steigender Zahl von Bindungen innerhalb der Kette die Stabilität der Helix in wäßrigem Milieu zunimmt. Von der Form der sekundären Struktur, die schließlich resultiert, hängt es ab, welche Aminosäure-Seitenketten in gegenseitige räumliche Nähe gelangen und Querverbindungen covalenter Art an zunehmend weiter entfernten Stellen des Peptidfadens ausbilden können; d. h. die primären und sekundären Strukturen schaffen gemeinsam die Voraussetzungen für die tertiären Strukturen.

Normalerweise wird ein völlig entfaltetes (denaturiertes) Protein beim Zurückfalten eine Fülle von ,,Konfigurations-Isomeren'' liefern, die sich bei gleicher Sequenz in unübersehbaren Faltungsformen voneinander unterscheiden. Außerdem führt die Reaktion zahlreicher Moleküle mit freiliegenden reaktionsfähigen Gruppen untereinander zum intermolekularen Netzwerk eines unlöslichen Protein-Konglomerats.

Grundlegend anders liegen die Voraussetzungen beim *fortschreitenden, stufenweisen Ablösen des gebildeten Einzelpeptidfadens*. Es erscheint durchaus möglich, daß eine vorgegebene, definierte Sequenz gemeinsam mit bestimmten Milieubedingungen des p_H, der Ionenstärke usw. in diesem Fall ausschließlich oder vorwiegend eine einzige spezifische dreidimensionale Faltungsmöglichkeit zulassen, zumal in der fixierten Lage die Möglichkeit der Reaktion mit Nachbarmolekülen entfällt. Man muß bedenken, daß selbst in Lösung bei nicht zu tiefgreifender Denaturierung die Tendenz vieler Proteine zur spontanen Denaturierung ganz beträchtlich ist. Das soll die Möglichkeit der Beteiligung von Matrizen mit Faltungsinformationen (im weitesten Sinn, worunter auch Fermente fallen können) nicht ganz ausschließen; ihre Rolle wird aber durch den Zeitfaktor erst in den Bereich der konkreten Vorstellbarkeit gebracht. (Auch könnte sich so ihre Wirkung auf wenige ,,Schlüsselstellen'' der Sequenz beschränken.) Wesentlich ist, daß ein dynamisches Geschehen anstelle jener statischen Vorstellungen tritt, die sich in Erklärungsversuchen der Kopierwirkung nach Art eines Stempels erschöpfen. Besonders einleuchtend wirken solche Betrachtungen bei mehrkettigen Proteinmolekülen. Da 2 Peptidhelices, die miteinander durch mehrere covalente (z. B. Schwefel-) Brücken vernetzt sind, weder ein wesentliches Aufwinden der Peptidschraube noch ein Strecken der Kette nach Art einer Ziehharmonika aus sterischen Gründen zulassen, liegt die Annahme nahe, daß bei der Biosynthese die beiden Ketten zunächst an einem Punkt verbunden werden, jede Kette für sich gesondert (größtenteils wohl durch nichtkatalytische, thermodynamische Kräfte) gefaltet und die Faltung schließlich durch Ausbildung der 2. Querverbindung stabilisiert wird[1]. Auch dieser Vorstellung liegt der zeitlich stufenweise fortschreitende Ablauf zugrunde.

Erkennt man die Folgerungen aus den dynamischen Potenzen der mit Sequenz-Informationen ausgestatteten Matrix an, so hat man damit die Existenzmöglichkeit, ja -notwendigkeit von unterschiedlich kompletten Zwischenprodukten der Proteinbiosynthese zugegeben. Selbstverständlich können diese nicht in freier Form vorliegen. Ob sie für den präparativ arbeitenden Chemiker faßbar sind oder auch nur sein können, ist eine methodische Frage, deren Entscheid für jedes individuelle biologische Objekt und für das jeweilige Protein verschieden sein wird. Die Anzahl der spezifischen Matrizen und die Durchlaufgeschwindigkeit der Proteinvorstufen bei der Biosynthese bestimmen die Größe des Reservoirs solcher Intermediärprodukte in der Zelle; die Festigkeit ihrer Bindung an die Matrix entscheidet über ihre Isolierbarkeit in unzerstörter Form. Diese „unreifen" Proteine können im Prinzip unvollständig in der Sequenz oder in der Faltung oder in beidem sein.

C. Die Freisetzung (ev. Sekretion)

Das Problem der Freisetzung bzw. der Sekretion eines fertigen Proteinmoleküls (ein Prozeß, der nach KHESIN[13] Energie erfordert) soll anschließend am Beispiel von Untersuchungen zur Biosynthese des Serumalbumins in der Leber kurz erwähnt werden.

Für die *experimentelle Prüfung der aufgeworfenen 3 Grundfragen* zum Mechanismus der Proteinsynthese im Anschluß an die Anfangs-Phase (Übertragung der aktivierten Aminosäuren auf das Mikrosomenprotein) ist es notwendig, die Untersuchung auf ein *einzelnes, spezifisches Protein* zu beschränken, d. h. es muß möglich sein, dieses Protein (und seine evtl. Vorstufen) in reiner Form aus dem cellulären Anteil zu isolieren, in dem die Synthese stattfindet.

Es liegt nahe, für solche Untersuchungen ein Protein zu wählen, das eine beträchtliche Syntheserate aufweist und dessen Isolierung relativ leicht gelingt. Beides trifft für das *Serumalbumin* zu, dessen Synthese in Leberzellen in den letzten Jahren von vielen Autoren untersucht wurde:

MILLER u. Mitarb.[15] haben in Durchströmungsversuchen zeigen können, daß Albumin ausschließlich in der Leber gebildet wird. Sie fanden etwa 30 min nach Zusatz von C^{14}-Leucin das erste markierte Albumin in der Durchströmungsflüssigkeit. Auch PETERS[17] traf bei der Inkubation von Kükenleberschnitten mit $H^{14}CO_3^-$ erst nach etwa 20—30 min radioaktives Albumin im Inkubationsmedium an. Man hat diesen Zeitraum vom Zusatz des Isotops bis zum Nachweis des ersten markierten Albumins zunächst Intermediärprodukten der Synthese zugeschrieben. Bald jedoch zeigten weitere Versuche von PETERS[18], daß innerhalb der Zelle schon sehr viel früher radioaktives Albumin vorhanden war. Bereits 2—3 min nach Beginn der Inkubation ließ sich aus den Mikrosomen markiertes Albumin isolieren. Die spezifische Aktivität des aus Mikrosomen isolierten Albumins nahm allerdings über einen Zeitraum von 30 bis 60 min noch deutlich zu, und erreichte dann ein Plateau. Im

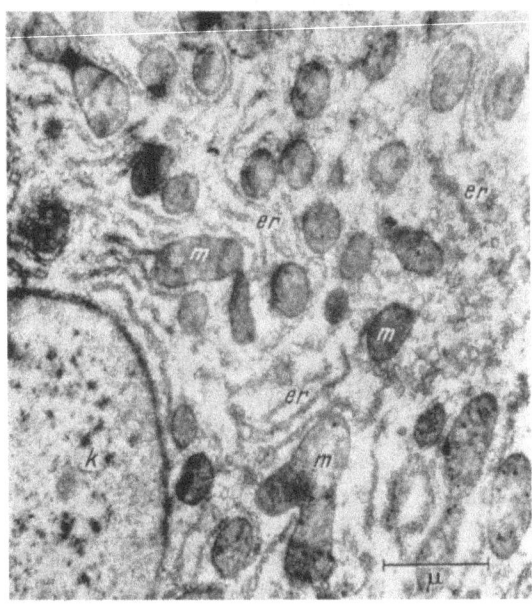

Abb. 2. Elektronenoptisches Bild einer normalen Rattenleberzelle. k = Kern, m = Mitochondrien, er = Ergastoplasma, „cytoplasmatisches Netzwerk" (Aufnahme von CH. ROUILLIER aus Verh. d. Gesellsch. Deutscher Naturforscher u. Ärzte, 1957)

Cytoplasma und in den Mitochondrien zeigte die spezifische Aktivität des aus diesen Quellen isolierten Albumins einen sehr viel späteren Anstieg. Dieser Hinweis auf die *Mikrosomen* als wahrscheinlicher Bildungsstätte des Albumins konnte von CAMPBELL, GREENGARD u. KERNOT[4] bestätigt werden, denen der Nachweis einer Albuminnettosynthese in dem von ZAMECNIK u. Mitarb.[11] angegebenen isolierten System aus Lebermikrosomen und cytoplasmatischen Faktoren gelang.

Ein weiteres Eindringen in den Ablauf der Albuminbildung erforderte eine nähere Kenntnis der chemischen Morphologie der Mikrosomen, um durch Verfeinerung des Bauplans dieser bereits sehr kompliziert (besonders aus Ribonucleinsäuren, Nucleotiden, Proteinen, Fermenten und Lipiden) zusammengesetzten Partikel die Bildungsorte jenes Proteins näher einkreisen zu können.

Elektronenoptische Aufnahmen von Leberzellen in Dünnstschnitten (Abb. 2) zeigen im Zellplasma Feinstrukturen in Form eines aus Doppelmembranen gebildeten Netzwerks, das mit dichteren Granula besetzt ist. Öffnet man die Zellen durch Scherungskräfte im Potter-Elvejhem-Homogenisator, so findet man die beschriebenen Strukturen in Form von mehr oder weniger regulären

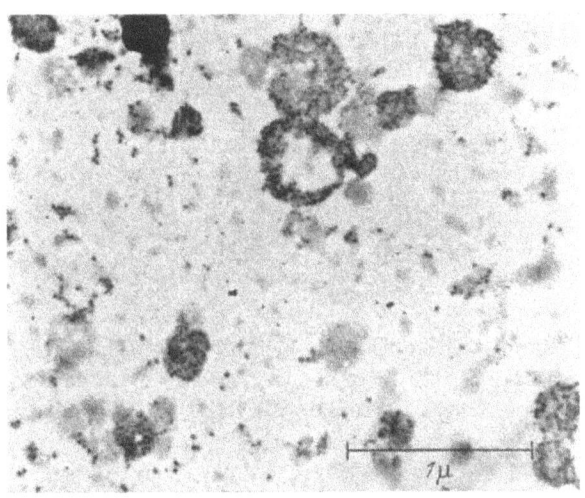

Abb. 3. Rattenlebermikrosomen [J. W. LITTLEFIELD, E. B. KELLER, J. GROSS u. P. C ZAMECNIK: J. biol. Chem. 217, 111 (1955)]

Scheibchen mit vorwiegend peripherem Granula-Besatz wieder (Abb. 3). Dieses „Mikrosomenfraktion" genannte, submikroskopische Material, gekennzeichnet durch sein Sedimentieren bei $100000 \times g$ verdankt seine Entstehung offenbar einem Aufspulen des cytoplasmatischen Reticulums beim Homogenisieren[16]. Die zu erwartende Inhomogenität der Mikrosomen hat sich denn auch bei einer Reihe von Fraktionierungsversuchen erwiesen, von denen zwei besonders instruktive Ergebnisse erbrachten.

Das bekannteste Verfahren wurde von ZAMECNIK u. Mitarb. angegeben[11]. Behandeln von Mikrosomen mit Na-Desoxycholat bewirkt sofort ein Verschwinden des Sediments unter Bildung einer opalescierenden Lösung. Aus dieser Lösung kann durch zweistündiges Zentrifugieren bei $100000 \times g$ ein Niederschlag abgetrennt werden, der sich im Elektronenmikroskop in Form eben jener

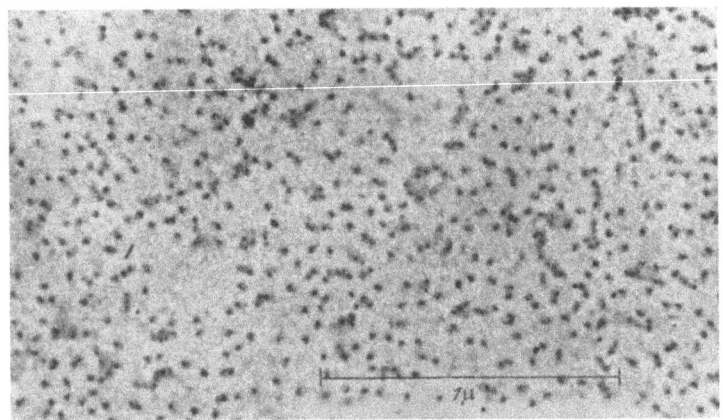

Abb. 4. Ribonucleoproteidpartikel aus Rattenlebermikrosomen. Rückstand nach Extraktion der Mikrosomen mit Na-Desoxycholat [J. W. LITTLEFIELD, E. B. KELLER, J. GROSS u. P. C. ZAMECNIK: J. biol. Chem. **217**, 111 (1955)]

feinen Granula darstellt, mit denen das cytoplasmatische Reticulum bzw. die aus ihm gewonnenen „Mikrosomen" besetzt erscheinen (Abb. 4). Diese Granula enthalten Ribonucleinsäuren und Protein im Verhältnis von 1:1 und werden allgemein als *Ribonucleoproteid-Partikel* bezeichnet. SHIGEURA u. CHARGAFF[25] gelang es, aus diesen RNP Partikeln zwei Ribonucleoproteidkomponenten zu isolieren, von denen eine bei p_H 6 und die andere bei p_H 13 löslich war.

Während bei der Extraktion mit Desoxycholat der Membrananteil der Mikrosomen in Lösung geht, bewirkt das Verfahren von SACHS u. WAELSCH[23, 24] umgekehrt ein Herauslösen der RNP-Partikel, und zwar werden bei der Extraktion mit steigenden Konzentrationen von Pyrophosphat aus den Mikrosomen Ribonucleoproteidfraktionen mit unterschiedlichem Verhältnis von RNS:Protein freigesetzt, bis schließlich der membranöse Anteil der Mikrosomen ungelöst zurückbleibt (Abb. 5). Beide Fraktionierungsmethoden sind aus 2 Gründen anderen Verfahren[26] vorzuziehen; erstens we-

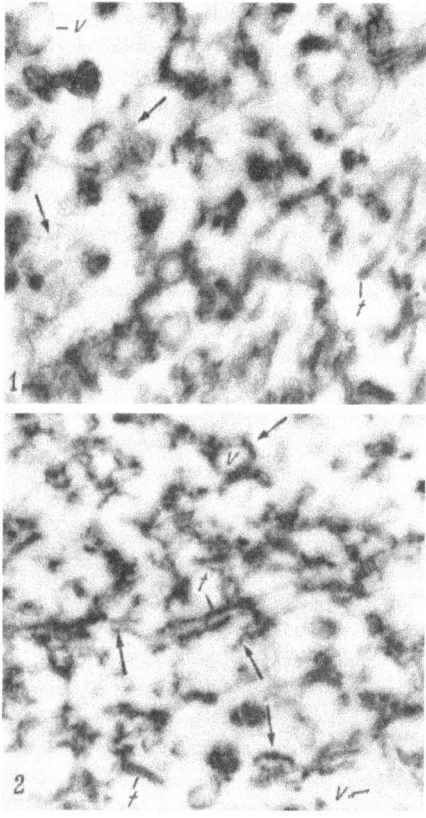

Abb. 5. Rattenlebermikrosomen vor (2) und nach (1) Extraktion mit Pyrophosphat. v = vesiculäre, t = tubuläre Anteile des cytoplasmatischen Netzwerks [H. SACHS: J. biol. Chem. **233**, 643 (1958)]

gen der offensichtlichen Trennung morphologisch unterschiedlicher Bestandteile der Mikrosomen, zweitens deshalb, weil ihre Anwendung sowohl bei Einbauversuchen von C^{14} markierten Aminosäuren in vitro wie in vivo etwa die gleichen Ergebnisse zeitigt. Der schnellste Einbau findet jeweils in jene Fraktion statt, in der das Verhältnis von Ribonucleinsäure:Protein am größten ist [11, 24, 25].

Das Maximum der spezifischen Aktivität nach einer einzelnen Injektion einer C^{14}-Aminosäure „wandert" dann von den Ribonucleoproteiden der Partikel in den Membrananteil der Mikrosomen und von dort in beschränktem Maß in das Cytoplasma, bis schließlich durch „Sekretion" auch außerhalb der Zelle radioaktives Protein auftritt. Mit diesen Ergebnissen ist der Weg der cytoplasmatischen und der von der Leberzelle sezernierten Proteine, von denen man weiß, daß sie in den Mikrosomen gebildet werden, gekennzeichnet. Für P^{32}, das in die Ribonucleinsäuren der Zelle eingebaut wird, führt der Weg nach den Versuchen von SHIGEURA u. CHARGAFF[25] offenbar in umgekehrter Richtung (Tab.).

Tabelle. *Einbau von C^{14}-Leucin in Proteine und von P^{32} Na-Phosphat in Ribonucleinsäure von Rattenleberzellfraktionen*

Ursprung	Fraktion		Spezifische Aktivität				
			Protein*		RNS**		
			Minuten nach Injektion				
			5	20	5	20	120
Cytoplasmatische Flüssigkeit	Sp		32	50	160	440	2880
Mikrosomen	DS		125	228	135	435	920
	RNP	I	130	82	15	15	435
		II	194	120			

Sp = Cytoplasma; DS = Desoxycholatextrakt von Microsomen; RNP I = Ribonucleoproteidfraktion lösl. bei p_H 6,0; RNP II = Ribonucleoproteidfraktion lösl. bei p_H 13,0; nach H. T. SHIGEURA, E. CHARGAFF, Biochim. Biophys. Acta **24**, 450 (1957).

* Imp/min · mg (C^{14})-Protein. — ** Imp/min · 10 μM (P^{32})-Nucleotid

Zur Untersuchung des *Mechanismus der Albuminsynthese* (insbesondere auch zur Suche nach evtl. Zwischenstufen) wurde aus methodischen Gründen von sämtlichen Autoren zunächst der *Membrananteil* der Mikrosomen herangezogen. Schon die Isolierungsschwierigkeiten infolge der geringen Konzentration des aus Mikrosomen zu isolierenden Albumins zwangen dabei zur Anwendung *immunologischer Verfahren*[17]. Der immunologische Nachweis erscheint aber vollends unumgänglich notwendig, wenn das Auffinden von unfertigen Zwischenstufen angestrebt wird. Weder physikalische noch chemische Eigenschaften solcher Produkte sind vor ihrer Isolierung abzusehen. Das Auffinden von Peptidketten der erwarteten Sequenz setzt nicht nur deren Kenntnis voraus, sondern wäre im Gemisch der in großer Zahl in den Mikrosomen synthetisierten Proteine aussichtslos, es sei denn, man verfügt über eine Art ,,Sequenz- und faltungsspezifischer Matrix" zur Isolierung. Gerade diese Eigenschaft aber ist den spezifischen Antikörpern eigen. Allerdings bedürfen sie zur Anlagerung an das betreffende Protein eines bestimmten räumlichen Areals. Wenn man auch aus Haptenversuchen diesen Bereich auf eine Fläche von nur 4 Aminosäureresten zu begrenzen können glaubt[8], so ist doch für die Erreichung und Erhaltung der notwendigen spezifischen Faltung ein um mindestens 1—2 Zehnerpotenzen größeres Molekülbruchstück notwendig. Nach R. R. Porter[21] geben Serumalbuminfragmente von Molgewicht 12000 eben noch eine Fällungsreaktion. Auch diese Begrenzung des immunologischen Präcipitationsnachweises spricht vorerst für eine Untersuchung des Membrananteils der Mikrosomen, in dem neben bereits fertigem Albumin evtl. Spätstufen

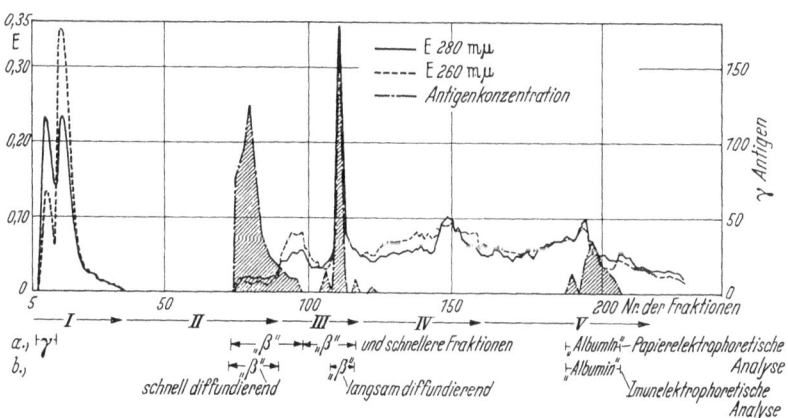

Abb. 6. Chromatographie von Desoxycholatextrakt aus Rattenlebermikrosomen an DEAE-SF. Ammoniumacetat Puffergradienten: I = 0,005 m, p_H 7,0; II = 0,02 m, p_H 5,9; III = 0,05 m, p_H 5,0; IV = 0,07 m, p_H 4,4; V = wie IV, mit HCOOH auf p_H 3,3. Quantitative Antigenbestimmung gegen Albuminkörper. Vergleich der eluierten Fraktionen mit Serumproteinen in der Papierelektrophorese und in der Immunelektrophorese [P. W. Jungblut, N. Heimburger u. F. Turba: Z. physiol. Chemie 314, 250 (1959)]

seiner Bildung vermutet werden können. Peters[20] gelang es tatsächlich aus Desoxycholatextrakt von Lebermikrosomen ein Protein zu isolieren, das nicht nur das gleiche elektrophoretische Verhalten und das Molgewicht von Albumin zeigte, sondern auch die gleichen C- und N-terminalen Aminosäuren aufwies und von dem man deshalb annehmen kann, daß es mit Albumin identisch war. Bei der Immunelektrophorese eines Desoxycholatextraktes aus Lebermikrosomen von Ratten, deren Serumeiweißsynthese durch einen vorangegangenen Aderlaß angeregt war, konnten aber neben einer dem Albumin entsprechenden Fällungszone noch drei weitere Zonen nachgewiesen werden. Die ihnen zugrunde liegenden antigenen Substanzen unterschieden sich in der elektrophoretischen Wanderungsgeschwindigkeit bzw. der Diffusionsgeschwindigkeit von Albumin. Drei der vier gegen Albuminantikörper wirksamen Komponenten aus Mikrosomen-Desoxycholatextrakt konnten durch Chromatographie angereichert werden (Abb. 6). Welche ,,Rangstufe" diese Antigene im Ablauf der Albumin-Synthese und -Sekretion einnehmen, ließe sich durch Einbauversuche mit radioaktiven Aminosäuren untersuchen, falls sie in einheitlicher Form, frei von anderen Proteinen, isoliert werden können. Die Möglichkeit dazu besteht, seitdem kürzlich Albumin aus seinem spezifischen Antikörperpräcipitat durch saure, alkoholische Extraktion immunologisch nativ und nahezu quantitativ zurückgewonnen werden konnte[19, 10].

Die *RNP-Partikel der Mikrosomen*, in welche die Frühstadien der Proteinsynthese zu verlegen sind, haben sich bisher wegen ihrer Unlöslichkeit in nicht denaturierenden Medien einer Untersuchung auf ihren Gehalt an Albumin bzw. seinen evtl. Vorstufen entzogen. Erst vor Wochen ist es gelungen, durch Suspendieren von mehrmals gewaschenen RNP-Partikeln in Agargel und Entgegendiffundierenlassen von Albuminantikörper einen Nachweis für das Vorhandensein von Substanzen mit den antigenen Eigenschaften des Serumalbumins zu erbringen[10].

Wenn auch auf Grund der bisher vorliegenden Ergebnisse zahlreicher Autoren zur Untersuchung der Albuminsynthese eine erschöpfende Beantwortung keiner der eingangs diskutierten drei Grundfragen über den Mechanismus der Proteinbiosynthese möglich ist, so haben sie doch zu einer präziseren Formulierung der Probleme, zur Lösung von Teilfragen nach räumlicher Lokalisation und zeitlicher Folge von Zwischen-Reaktionen und zur Auffindung neuer experimenteller Möglichkeiten besonders im Verein mit immunchemischen Verfahren geführt.

Literatur

[1] ANFINSEN, C. B.: Advanc. Protein Chem. **11**, 89 (1956).
[2] BATES, H. M., and M. V. SIMPSON: Biochim. biophys. Acta **32**, 597 (1959).
[3] BERG, P., and E. J. OFENGAND: Proc. nat. Acad. Sci. (Wash.) **44**, 78 (1958).
[4] CAMPBELL, P. N., O. GREENGARD and B. A. KERNOT: Biochem. J. **68**, 18 P (1958).
[5] CRICK, F. H. C.: Soc. exp. Biol. Symp., London 1958.
[6] CRICK, F. H. C.: IV. Int. Kongr. f. Biochemie, Wien 1958, Symp. Nr. VIII.
[7] DAGLIESH, C. E.: Science **125**, 271 (1957).
[8] HAUROWITZ, F.: Information Theory (Ed. H. Quastler) S. 125, Urbana (1953).
[9] JUNGBLUT, P. W., N. HEIMBURGER u. F. TURBA: Z. physiol. Chem. **314**, 1 (1959).
[10] JUNGBLUT, P. W., u. F. TURBA: Unveröffentlicht.
[11] KELLER, E. B., and P. C. ZAMECNIK: J. biol. Chem. **221**, 45 (1956).
[12] KENDREW, J. C., BODO, H. M. DINTZIS, R. G. PARRISH and H. WYCKHOFF: Nature (Lond.) **181**, 662 (1958).
[13] KHESIN, R. V.: C. R. Acad. Sci. USSR **84**, 1209 (1952).
[14] LITTLEFIELD, J. W., E. B. KELLER, J. GROSS and P. C. ZAMECNIK: J. biol. Chem. **217**, 111 (1955).
[15] MILLER, L. L., E. G. BLY, M. L. WATSON and W. F. BALE: J. exp. Med. **94**, 431 (1951).
[16] PALADE, G. E., and P. SIEKEVITZ: J. biophys. biochem. Cytol. **2**, 171 (1956).
[17] PETERS, T. JR.: J. biol. Chem. **200**, 461 (1953).
[18] PETERS, T. JR.: J. biol. Chem. **229** 659 (1957).
[19] PETERS, T. JR.: J. Amer. chem. Soc. **80**, 2700 (1958).
[20] PETERS, T. JR.: IV. Int. Kongr. f. Biochemie, Wien 1958, Section 2, 77.
[21] PORTER, R.: Biochem. J. **66**, 677 (1957).
[22] RENDI, P., and P. N. CAMPBELL: Biochem. J. **69**, 48 P (1958).
[23] SACHS, H., and H. WAELSCH: Biochim. biophys. Acta **21**, 188 (1956).
[24] SACHS, H.: J. biol. Chem. **233**, 643 (1958).
[25] SHIGENRA, H. T., and E. CHARGAFF: Biochim. biophys. Acta **24**, 450 (1958).
[26] SIMKIN, J. L., and T. S. WORK: Biochem. J. **65**, 307 (1957).
[27] SIMPSON, M. V.: IV. Int. Kongr. f. Biochemie, Wien 1958, Symp. VIII.
[28] WEBSTER, G. C.: J. biol. Chem. **229**, 535 (1957).
[29] WEISS, S. B., G. ACS and F. LIPMANN: Proc. nat. Acad. Sci. (Wash.) **44**, 189 (1958).
[30] ZAMECNIK, P. C., and E. B. KELLER: J. biol. Chem. **209**, 337 (1954).

Diskussion

Diskussionsleiter: MOTHES, Halle a. d. S.

KARLSON (München): Mich hat das besonders interessiert, was Sie eingangs über Art und die Möglichkeit der Faltung gesagt haben. Ich möchte dazu einiges fragen. 1. Glauben Sie, daß nicht nur rein chemische und physikalische Kräfte die Sekundär- und Tertiärstruktur bestimmen, sondern auch spezifische Kräfte mitwirken? 2. Ist es möglich, daß diese spezifische Faltung, wenn sie in einem enzymatischen oder enzymanalogen Prozeß erzeugt wird, in der Membran und nicht in den Partikeln entsteht, so daß die beiden Vorgänge räumlich getrennt wären? 3. Glauben Sie, daß eine Faltungsisomerie existiert? Man hat diskutiert, ob es Proteine verschiedener Faltung gibt und ihre Eigenschaften von dieser Faltung abhängen. PAULING baute auf dieser Hypothese seine Theorie über die Bildung der Antikörper auf. Nun ist meines Wissens kein Beispiel einer Faltungsisomerie mit verschiedenen Eigenschaften bekannt. Der einzige wirklich gut untersuchte Fall ist das Keratin, wo wir die α-Keratinform haben, die Helix und die gestrecktere β-Form. Das betrifft natürlich fadenförmige Moleküle und nicht die eigentlichen Globuline. Bei den Globulinen ist die Art der Faltung viel größer, aber ich glaube nicht, daß irgendein experimenteller Fall dafür bekannt ist.

JUNGBLUT: Wenn man an der hypothetischen Reihenfolge: Primär-, Sekundär-, Tertiärstruktur festhält, müssen für das Zustandekommen der Faltung die bindungsfähigen Stellen des Peptidfadens einander nahegebracht werden. Diese Annäherung könnte z. B. enzymatisch erfolgen oder durch lokale Milieuänderungen oder durch vorgegebene Strukturen oder schließlich durch ein Zusammenwirken mehrerer solcher oder anderer Faktoren.

Es liegen bisher keine Anhaltspunkte dafür vor, ob sich die Faltung ganz oder teilweise im Membrananteil der Mikrosomen vollzieht. Daß es noch nicht gelungen ist, spezifische Proteine aus den RNP-Partikeln zu extrahieren, kann allein durch methodische Schwierigkeiten bedingt sein.

Ein Beispiel für Faltungsisomerie bei globulären Proteinen ist mir nicht bekannt.

WALLENFELS (Freiburg): Ich glaube nicht, daß wir berechtigt sind, auf Grund der heute vorliegenden Versuche mit Sicherheit diese Reihenfolge: erst Ordnung der Aminosäuren, dann Verknüpfung zur Peptidkette und schließlich Prägung durch die Matrize anzunehmen. Ich glaube, dafür spricht nur der Ordnungssinn des Untersuchers, dem eine solche Reihenfolge von Handlungen vorschwebt. Mehr eigentlich nicht. Ein Experiment spricht dagegen. Das ist das Experiment von MONOD mit der β-Galaktosidase. Ohne Induktor wird in einem adaptiven Stamm wohl ein Protein produziert, das immunologisch identisch ist mit dem aktiven Enzym. Es ist aber nicht eine Vorstufe; denn wenn anschließend induziert wird, wird die nun produzierte Galaktosidase ab ovo wieder aus den Aminosäuren neu synthetisiert und nicht aus der Vorstufe. Frühjahr 1952 war das die große Neuigkeit in MONODs Vortrag. Was dieser Induktor macht, ist stempeln. Template wird bei uns immer mit Matrize übersetzt. Man soll sich überlegen, wie Template eigentlich zu übersetzen ist. Template ist etwas, was man in einer Maschinenfabrik benutzt, um eine komplizierte Apparatur zu montieren. Die Einzelteile sind gemacht, und jetzt wird ein sog. Montagewerkzeug benutzt, um die Einzelteile dort in der richtigen Position aneinander zu fügen, und dann werden die miteinander verschraubt. Wenn sie verschraubt sind, wird das ganze

Ding heruntergenommen, und das Template ist wieder zur Verfügung. Es ist eine Vorstellung, die schon etwas vorausnimmt, was noch nicht bewiesen ist. Wir haben uns in Freiburg überlegt, wie Template in diesem Zusammenhang zu übersetzen sei. In der Diskussion wurde „Gestell" vorgeschlagen.

ROKA (Frankfurt): Ich möchte nochmals darauf zurückkommen, daß die tertiäre Struktur der Proteine in der Anordnung der Aminosäuren bis zu einem gewissen Grad bereits vorgebildet ist, und zwar durch die Disulfidbrücken, sowie die Salz- und Wasserstoffbindungen. Auf die letzteren kann das Milieu einen großen Einfluß haben, in dem Art und Konzentration der jeweils vorhandenen Kationen und Anionen einschließlich der Protonen, die zwischen den Aminosäuren wirkenden physikalisch chemischen Kräften modifizieren. Ein gutes Beispiel dafür ist die von der Art und Konzentration des Salzes abhängende reversible Änderung von Struktur und Aktivität des Chymotrypsins. (F. L. ALDRICH, JR. A. K. BALLS: J. biol. Chem. 233, 1355.) Auch die reversible Zustandsänderung des Actomyosins gehört hierher.

Herr JUNGBLUT hat gezeigt, daß bei der Albuminsynthese ein vom fertigen Albumin chromatographisch unterscheidbares Zwischenprodukt auftritt. In diesem Zusammenhang darf ich vielleicht auf die grundsätzliche Frage der Proteinumformung hinweisen.

Die Natur baut Proteine nicht jedesmal aus Aminosäuren neu auf, sondern formt wahrscheinlich auch ein Protein in ein anderes um, so daß wir Vor-, Zwischen- und Endstufen in der Proteinumformung unterscheiden können, gleichgültig, wie lange die Lebensdauer der einzelnen Proteinstrukturen ist. Solche Proteinumformungen sind z. B. die Aktivierung von Zymogenen zu Enzymen und die Ausbildung von Strukturproteinen. Der Umbau von Zymogenen zu Enzymen stellt eine begrenzte Proteolyse dar mit weitgehender Umformung der Tertiärstruktur des Restproteins. Strukturproteinbildung kennen wir am Beispiel der Umformung von Procollagen in Collagen. Besser untersucht ist jedoch der Umbau von Fibrinogen in Fibrin. Auch hier ist der erste Schritt eine begrenzte spezifische Proteolyse. Die Restmoleküle polymerisieren und vernetzen anschließend miteinander über Disulfidbrücken infolge einer Disulfidbrückenverschiebung im Sinne von SCHÖBERL, wobei ursprünglich intramolekulare Disulfidbrücken in intermolekulare umgelagert werden. Eine solche Disulfidbrückenverschiebung findet sich vielleicht noch bei anderen Eiweißumformungen, etwa bei der Ausbildung von Serummakroglobulinen.

Neben diesen extracellulär verlaufenden Proteinumformungen gibt es auch innerhalb der Zelle die Umwandlung von Protein A in Protein B. Auf ein solches Beispiel haben wir vor einigen Jahren hingewiesen. Der Gerinnungsfaktor VII wird von Lebermitochondrien in Prothrombin umgebaut. Beides sind Glykoproteide mit etwa gleichem Molekulargewicht und sehr ähnlichen physikalisch-chemischen Eigenschaften. Der große Unterschied im biologischen Verhalten beruht daher wahrscheinlich nur auf einer geringen Änderung der chemischen Struktur, vielleicht ist nur der Kohlenhydratanteil verändert.

JUNGBLUT: Wir können nach unseren bisherigen Versuchen noch nicht sagen, ob es sich bei den albuminähnlichen Proteinen aus Rattenlebermikrosomen um Zwischenprodukte der Synthese handelt.

Ich glaube nicht, daß man z. B. die Zustandsänderungen des Aktomyosins während des Kontraktionscyclus oder etwa die Bildung eines Fermentes aus einer Vorstufe durch Abspalten eines Peptids unmittelbar mit den Vorgängen bei der Proteinsynthese in Zusammenhang bringen kann.

Die Frage der „Proteinumformung" ist an sehr vielen Beispielen untersucht worden. So z. B. in der Arbeit von ASKONAS, CAMPBELL und WORCK (Biochem. J. 58, 326, 1954) über die Bildung von Milchproteinen aus Blutplasmaproteinen. Es wurde gezeigt, daß der „Umbau" immer über die Stufe der Aminosäuren geht. Eine partielle Hydrolyse der Blutplasmaproteine und die Übernahme von mehr oder weniger großen Peptiden in die Milchproteine konnte ausgeschlossen werden.

FISCHER (Frankfurt): Mit immunologischen Methoden müßte es doch möglich sein, eventuelle niedermolekulare Zwischenprodukte der Proteinsynthese als Haptene zu fassen?

JUNGBLUT: Nach den Ergebnissen der bisher vorliegenden Untersuchungen zur Proteinbiosynthese mit isotop markierten Aminosäuren beginnt die Synthese der Proteine wahrscheinlich in den Ribonucleoproteidpartikeln der Mikrosomen.

Wenn es niedermolekulare Zwischenprodukte gibt, sollten sie dort zunächst zu finden sein. Die Schwierigkeit besteht nun nicht im immunologischen Nachweis, sondern in der Isolierbarkeit. Wir haben die Schwierigkeit des Isolierens umgangen, indem wir RNP-Partikel in Agar suspendierten und Albuminantikörper in die gelöste Suspension diffundieren ließen. Der entstandene Fällungshof kann durch gebundenes Albumin selbst aber natürlich auch durch ein „Albuminhapten" verursacht sein, das durch seine Bindung an die Partikel eine „Präcipitation" vortäuscht.

NETTER (Kiel): Gibt es Hinweise für die Bedeutung der in den Mikrosomenmembranen sehr zahlreich vorkommenden Lipide?

JUNGBLUT: HENDLER [Fed. Proc. 17, 947, (1959)] hat bei Einbauversuchen mit isotopmarkierten Aminosäuren in Hühneroviduct eine Lipidfraktion gefunden, die alle Aminosäuren offenbar in aktivierter Form enthält und einen außerordentlich schnellen Umsatz zeigt. Die anfänglich sehr hohe Aktivität der Fraktion nimmt im Verlauf des Versuches rasch ab. Er konnte weiterhin zeigen, daß für den Einbau das Vorhandensein bestimmter Strukturen notwendig ist, die wahrscheinlich z. T. aus Lipiden aufgebaut sind.

Bei der Chromatographie von Desoxycholatextrakt aus Rattenlebermikrosomen an Celluloseanionenaustauscher wird eine Fraktion eluiert (2. Eluatgipfel, Abb. 6), die in Methanol und Toluol löslich ist. In der Hochspannungselektrophorese bei p_H 6,6 erscheint sie als einheitliche Bande nahe der Auftragstelle, sie adsorbiert im UV, gibt eine positive Ninhydrin-, Hydroxamat-, Pentose- und Phosphatreaktion. Nach alkalischer Hydrolyse lassen sich Nucleotide nachweisen. In der Hochspannungselektrophorese bei p_H 1,9 ist die Fraktion nicht einheitlich. Es lassen sich eine Reihe anodisch gewanderter Ninhydrin positiver Substanzen nachweisen, die z. T. in ihrer Wanderungsgeschwindigkeit mit Referenzaminosäuren übereinstimmen. In

Einbauversuchen mit C^{14}-Leucin an der isoliert durchströmten Rattenleber fanden wir nach kurzen Zeiten — 2 min — eine geringe Aktivität dieser Fraktion, nach 10 min war keine Aktivität mehr nachzuweisen. Diese Versuche sind noch am Physiologisch-Chemischen Institut in München durchgeführt worden. Interessanterweise fand damals Herr ZILLIG am benachbarten M.P.I. für Biochemie in E. coli eine Substanz mit fast den gleichen Eigenschaften.

Die weitere Diskussion wurde wegen einer Störung des Aufnahmegerätes nicht mehr auf das Band übertragen.

Information, induction, répression dans la biosynthèse d'un enzyme *)

Par

JACQUES MONOD

(Service de Biochimie cellulaire, Institut Pasteur)
Paris

Avec 4 figures

I. Introduction

Dans le déterminisme de la biosynthèse d'un enzyme, il faut distinguer des facteurs non spécifiques, agissant sur des réactions communes à toutes les protéines, et des facteurs spécifiques qui agissent électivement sur la formation d'un enzyme ou système enzymatique donné. C'est seulement de ce déterminisme spécifique qu'il sera question ici.

L'expérience a révélé l'intervention, dans la synthèse de divers enzymes, de trois types de facteurs spécifiques:
- des gènes,
- des inducteurs,
- des répresseurs.

Le problème que je voudrais discuter ici est celui du rôle respectif et de l'interaction de ces différents facteurs. La discussion portera principalement sur la β-galactosidase d'*Escherichia coli*, système qui s'est avéré exceptionnellement favorable pour de telles études.

Les faits généraux qui ont mis en évidence l'intervention de facteurs génétiques d'une part, d'inducteurs spécifiques d'autre part, dans la formation des enzymes sont trop connus pour qu'il soit utile de les rappeler ici. Le phénomène de répression est d'observation plus récente et je rappellerai d'abord brièvement les faits qui ont établi cette notion.

---

*) - Ce travail a bénéficié de subventions de la National Science Foundation, du "Jane Coffin Childs Memorial Fund" et du Commissariat à l'Energie Atomique.

II. L'effet de répression spécifique

On sait depuis de longues années qu'un effet opposé à l'induction enzymatique et se traduisant par la suppression partielle ou totale de la synthèse d'un grand nombre d'enzymes se manifeste fréquemment en présence de certains glucides tels que le glucose (DIENERT, 1900; STEPHENSON et YUDKIN, 1936; GALE, 1943). Cet «effet glucose» affecte principalement les systèmes inductibles (adaptatifs), mais il peut affecter également des enzymes constitutifs, c'est-à-dire des enzymes formés par les cellules en l'absence d'inducteur spécifique. On sait que l'effet glucose peut se traduire dans la croissance des populations bactériennes par le phénomène de diauxie (MONOD, 1942; COHN, 1959).

L'effet glucose, suppression d'une synthèse d'enzymes, s'opposait donc à l'effet d'induction. Il semblait cependant qu'il fut d'une nature différente en ce que, contrairement à l'effet d'induction, il se montrait très peu spécifique. Le glucose, en effet, est capable d'inhiber la synthèse d'un grand nombre d'enzymes agissant sur des substrats très variés, alors que l'effet d'induction est extrêmement spécifique : seuls les substrats d'un enzyme, ou certains analogues stériques de substrats se montrent capables d'en induire la synthèse.

L'intervention, dans la biosynthèse de certains enzymes, d'effets inhibiteurs hautement spécifiques, fut révélée en 1953. L'un de ces systèmes était la β-galactosidase constitutive synthétisée par certains mutants d'*E. coli*. La synthèse de cet enzyme est inhibée par le galactose, produit de son action, ou même par certains de ses substrats tels que le lactose (MONOD et COHEN-BAZIRE, 1953 a). De même, la biosynthèse de la tryptophane-synthétase, enzyme responsable de la formation du tryptophane, s'avérait inhibée spécifiquement par le tryptophane lui-même ainsi que par divers analogues structuraux du tryptophane (MONOD et COHEN-BAZIRE, 1953 b). De même encore la formation du système complexe responsable de la biosynthèse de la méthionine chez *E. coli* se révélait inhibée de façon spécifique par la méthionine elle-même (COHN, COHEN et MONOD, 1953; WIEJESUNDERA et WOODS, 1953).

A la suite de ces premières observations, plusieurs exemples nouveaux et remarquables de ce phénomène ont été étudiés. C'est ainsi que la synthèse de chacun des enzymes appartenant à la séquence anabolique qui conduit à l'arginine à partir de l'N-acétylornithine est inhibée par l'arginine (VOGEL, 1957 a; GORINI et

Maas, 1957). La biosynthèse de trois enzymes impliqués dans l'élaboration du noyau pyrimidique à partir de l'aspartate est totalement inhibée en présence d'uracile (Yates et Pardee, 1957). Des effets analogues, également spécifiques, se manifestent en ce qui concerne la biosynthèse des enzymes responsables de l'anabolisme des purines (Magasanik, 1958). Au cours de ces deux dernières années, de nombreux autres exemples de ce phénomène ont été observés (cf. Pardee, 1959; Magasanik et al, 1959). On peut admettre aujourd'hui que, chez les bactéries en tout cas, ce phénomène constitue une règle que l'on peut énoncer de la manière suivante: la biosynthèse des enzymes appartenant à des séquences responsables de l'anabolisme d'un métabolite essentiel est inhibée électivement par le métabolite en question. Vogel a proposé, pour désigner cet effet, le nom de «répression» que nous adopterons ici. Soulignons que le terme de répression s'applique exclusivement à un effet d'inhibition spécifique de la *biosynthèse* d'un enzyme. Il ne faut pas confondre cette répression avec un autre effet également général, qui est l'inhibition de l'*activité* de certains systèmes enzymatiques par des produits plus ou moins directs de leur activité.

Comme on le voit, l'effet de répression s'oppose de façon presque parfaitement symétrique à l'effet d'induction. Exercé par les produits (parfois lointains) de l'activité d'un enzyme, il se traduit par un blocage de leur synthèse alors que l'effet d'induction, exercé le plus souvent par un substrat, se manifeste par un accroissement plus ou moins considérable du taux de synthèse. Il est difficile, dans ces conditions, de ne pas supposer que ces deux effets correspondent à un même mécanisme fondamental, commun aux différents systèmes inductibles ou constitutifs où ces effets se manifestent. Pour donner un sens plus précis à cette conception unitaire, on se trouve devant l'alternative suivante:

1° – On peut supposer que le mécanisme primaire est une induction. Le répresseur, dans ce cas, agirait toujours comme antagoniste d'un inducteur exogène ou endogène (Cohn et Monod, 1953).

2° – On peut au contraire faire l'hypothèse symétrique, selon quoi le mécanisme primaire de régulation est négatif, c'est-à-dire répressif; l'inducteur dans ce cas, agirait en tant qu'antagoniste d'un répresseur endogène (Neidhardt et Magasanik, 1956 et 1957; Magasanik, Neidhardt et Levin, 1958; Vogel, 1957 b; Pardee, Jacob et Monod, 1958).

Pour confirmer l'une de ces hypothèses, il faudrait mettre en évidence, ou bien dans un système répressible l'intervention d'un mécanisme d'induction, ou au contraire, dans un système inductible, l'existence d'un mécanisme de répression spécifique.

Ce résultat n'a pas été obtenu jusqu'ici. Cependant, comme je l'ai rappelé plus haut, la majorité des systèmes inductibles est sensible à l'effet glucose que l'on pourrait décrire comme un effet de répression non spécifique. MAGASANIK et ses collaborateurs *(loc. cit.)* ont récemment montré qu'à bien des égards l'effet glucose est comparable aux effets de répression proprement dits et ils ont suggéré que le glucose agit en tant que source métabolique préférentielle de répresseur endogène. Cette hypothèse est d'une grande valeur en ce qu'elle ramène à un même mécanisme fondamental les différents effets de répression (spécifique ou non) observés dans la biosynthèse des enzymes. Il est clair que si elle était confirmée, l'hypothèse que le mécanisme fondamental est une régulation négative se trouverait fortement appuyée.

Comme on le voit, une question essentielle et précise, posée par ces faits et leur interprétation, est de savoir si le mécanisme de régulation des systèmes enzymatiques inductibles comporte un répresseur endogène et spécifique. Des recherches récentes, sur les propriétés de certaines mutations d'*Escherichia coli* qui modifient les conditions de synthèse de la β-galactosidase, semblent apporter à cette question une première réponse.

III. Galactosidase et galactoside-perméase chez *E. coli*

Je rappellerai d'abord brièvement les propriétés du système responsable du métabolisme du lactose et des autres β-galactosides chez *E. coli*. L'hydrolyse des β-galactosides est effectuée par une β-galactosidase. Cet enzyme, obtenu à l'état pur par COHN (COHN et MONOD, 1951 ; COHN, 1957) a été récemment cristallisé par WALLENFELS et ZARNITZ (WALLENFELS et ZARNITZ, 1957 ; ZARNITZ, 1958). C'est une protéine dont le poids moléculaire élevé (750.000) correspond certainement à la polymérisation d'une unité plus petite. La molécule comporte en effet six récepteurs spécifiques pour les galactosides, ainsi que six groupements N-terminaux constitués tous les six par la thréonine (COHN, communication personnelle). Les β-galactosides, à l'exclusion de tous les autres glucides, sont hydrolysés par la β-galactosidase, et peuvent également subir des réactions de transgalactosidation. Les analogues structuraux obtenus par la substitution d'un atome de S à l'atome d'O de la liaison galactosidique ne sont pas hydrolysés, mais présentent pour l'enzyme une affinité presqu'équivalente à celle de leur homologue naturel.

La β-galactosidase est un enzyme strictement intracellulaire. Le métabolisme des galactosides implique donc leur pénétration dans les cellules. On sait, depuis quelques années maintenant, que cette pénétration a lieu grâce à un facteur de perméation présentant les propriétés cinétiques et la spécificité d'un enzyme, la galactoside-perméase (Monod, 1956; Rickenberg, Cohen, Buttin et Monod, 1956; Cohen et Monod, 1957). Les bactéries riches en β-galactosidase mais dépourvues de galactoside-perméase ne métabolisent pas le lactose (tant qu'elles sont intactes) ou seulement avec une extrême lenteur. Inversement, les bactéries possédant la galactoside-perméase, mais non la β-galactosidase, peuvent admettre et concentrer les galactosides dans leur milieu intérieur, mais ne les métabolisent pas.

Dans les souches normales (sauvages) d'*E. coli*, la galactosidase et la galactoside-perméase sont l'une et l'autre strictement inductibles. Les inducteurs les plus efficaces sont les alkyl-galactosides ou les alkyl-thio-galactosides. Ces derniers n'étant pas hydrolysés par la β-galactosidase ni métabolisés par *E. coli* (cf. Monod, 1956), sont d'un emploi particulièrement commode pour l'expérimentation.

IV. Génétique du système galactosidase-perméase chez *E. coli*

On sait depuis assez longtemps (Lewis, 1934; Monod et Audureau, 1946; Lederberg, 1947) que des mutations génétiques peuvent affecter le pouvoir des souches d'*E. coli* de métaboliser des galactosides, en particulier le lactose. Les effets biochimiques de ces mutations apparurent ambigus tant que l'existence de la galactoside-perméase comme facteur spécifique distinct de la galactosidase ne fut pas reconnue. En simplifiant quelque peu, on peut aujourd'hui classer en trois types les mutations spontanées ou induites rencontrées chez *E. coli* et affectant électivement le métabolisme des galactosides (Rickenberg *et al.*, *loc cit*; Pardee, Jacob et Monod, *loc cit.*):

1° – Un premier type de mutations, que nous appellerons mutations z:

$$z^+ \leftrightarrows z^-$$

se traduit par la perte (ou l'acquisition) de la capacité de synthétiser la β-galactosidase.

2° – Un second type de mutations (mutations y) se manifeste par la perte (ou l'acquisition) de la capacité de synthétiser la galactoside-perméase:

$$y^+ \leftrightarrows y^-.$$

3° – Enfin, un troisième type mutant (mutations i) se traduit par l'acquisition (ou la perte) de la capacité de synthétiser la galactosidase et la perméase *constitutivement*, c'est-à-dire en l'absence d'un inducteur exogène:

$$i^+ \leftrightarrows i^-.$$

Les mutations z et y sont spécifiques en ce qu'elles affectent soit la galactosidase soit la perméase. Les mutations i affectent toujours à la fois la galactosidase et la perméase.

Ces trois types mutants sont indépendants ainsi que le montre le fait que les différents phénotypes résultant de toutes les combinaisons possibles (sauf une) des différents allèles ont été effectivement observés. La liste de ces phénotypes est donnée dans le tableau I.

Génotypes et phénotypes biochimiques du système galactosidase-perméase

Génotype	Phénotype biochimique			
	Avec inducteur		Sans inducteur	
	Galactosidase	Perméase	Galactosidase	Perméase
$z^+y^+i^+$	+	+	−	−
$z^-y^+i^+$	−	+	−	−
$z^+y^-i^+$	+	−	−	−
$z^+y^+i^-$	+	+	+	+
$z^-y^-i^+$ (1)	−	−	−	−
$z^-y^-i^-$ (2)	−	−	−	−
$z^+y^-i^-$	+	−	+	−
$z^-y^+i^-$	−	+	−	+

(1) - Ce génotype, difficile à obtenir par recombinaison, et impossible à sélectionner n'a pas encore été isolé.
(2) - Ce génotype a été observé dans une souche portant une délétion complète de la région »Lac« du chromosome d'*Escherichia coli*.

L'analyse génétique (par recombinaison et transduction) de ces différentes mutations a montré qu'elles affectent toutes sans exception un segment très restreint du chromosome d'*E. coli* que nous appellerons la région Lac. Ce fait est remarquable, mais non pas isolé, puisque les travaux de DEMEREC (1955) et de HARTMAN (1956) ont révélé qu'une étroite association des gènes gouvernant des séquences de réactions métaboliques était presque la règle chez les Entérobactéries.

Les résultats classiques de LEDERBERG, renouvelés par les expériences de WOLLMAN et JACOB (WOLLMAN et JACOB, 1955; JACOB et WOLLMAN, 1958 a) sur la cinétique de pénétration du chromosome au cours de la conjugaison d'*E. coli* ont établi que ce locus complexe se trouve à distance à peu près égale des marqueurs «Thréonine» (T) et «Galactose» (Gal.). L'analyse de la structure fine de la région Lac, entreprise depuis peu (PARDEE, JACOB et

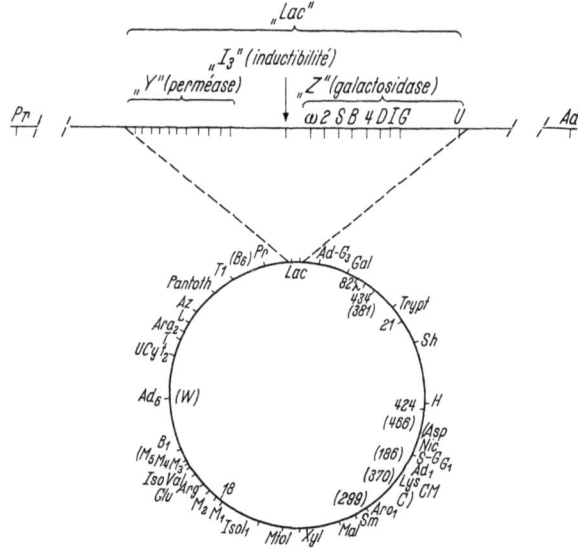

Figure 1. - *Structure du segment Lac du chromosome d'Escherichia coli.*
A la partie supérieure de la figure: représentation schématique agrandie du segment Lac. Le cercle de la partie inférieure de la figure représente l'ensemble du groupe de liaison d'*Escherichia coli* (cf. JACOB et WOLLMAN, 1958 b) et situe le segment Lac par rapport aux autres marqueurs connus

MONOD, *loc cit.*), ne permet encore d'en donner qu'une approximation très incomplète représentée par la figure 1. On voit cependant que toutes les mutations z paraissent groupées à une extrémité de la région Lac tandis que les mutations y seraient groupées à l'autre, la position des mutations i étant vraisemblablement intermédiaire.

L'ordre d'un certain nombre de mutations z^- les unes par rapport aux autres ainsi que par rapport à une des mutations i a pu cependant être établi sans ambiguité.

Insistons sur le fait que les distances génétiques représentées par cette structure sont extrêmement petites et que, en particulier, la liaison entre les différentes mutations z ainsi qu'entre les mutations z et les mutations i est extrêmement étroite. Les pourcentages de recombinaisons entre z et i sont de l'ordre du $1/100$ ou du $1/1000$ des pourcentages observés pour des marqueurs tels que thréonine et galactose, par exemple. C'est-à-dire que la longueur du segment Lac serait au maximum de l'ordre du $1/200$ de la longueur totale du chromosome d'*E. coli*. Cette extrême liaison suggère que la région Lac pourrait correspondre à une unité intégrée de fonction qui serait affectée de façons diverses suivant l'élément de structure qui serait modifié par une mutation donnée.

Pour tenter de préciser cette notion, demandons-nous comment on peut concevoir le rôle respectif et l'interaction des mutations z et des mutations i.

On peut supposer, par exemple, que le locus z contient l'information génétique relative à la structure de la protéine galactosidase, tandis que le locus i détermine dans quelles conditions cette information peut être transférée au cytoplasme.

V. Le déterminisme génétique de l'information structurale

Avant de considérer comment on pourrait interpréter en termes biochimiques un tel schéma, il faut se demander si l'hypothèse que le locus z contient l'information structurale est justifiée.

Si cette hypothèse a un sens, elle entraîne que des mutations affectant la structure du locus z puissent se traduire non seulement par la perte totale de la capacité de synthétiser la protéine, mais encore, dans une certaine proportion des cas, par une altération reconnaissable de la structure de cette protéine (°).

Pour vérifier cette prédiction, on a cherché à mettre en évidence, chez les mutants z^- incapables de synthétiser une β-galactosidase

---

(°) - Les mutations y sont évidemment aussi intéressantes en principe que les mutations z, mais les difficultés de mise en évidence *in vitro* de la galactoside-perméase n'ont pas permis jusqu'à présent d'en effectuer une étude plus approfondie.

active, l'existence d'une protéine antigéniquement identique ou analogue à la galactosidase.

Sur 16 mutants z^- génétiquement différents qui ont été examinés jusqu'ici, huit se sont révélés capables en effet de synthétiser un antigène apte à déplacer la β-galactosidase de sa combinaison avec un anticorps spécifique. En outre, parmi ces huit antigènes, quatre donnent une réaction croisée complète, c'est-à-dire déplacent entièrement la galactosidase tandis que quatre autres donnent des réactions incomplètes, c'est-à-dire ne saturent qu'une fraction (de 20 à 60 p. 100) des anticorps anti-galactosidase. Enfin, certaines de ces protéines sont encore douées d'une très faible, mais significative activité galactosidasique (PERRIN, BUSSARD et MONOD, 1959).

Ces observations montrent que les mutations qui affectent le locus z peuvent se traduire par une modification de structure de la protéine galactosidase. Elles montrent en outre que les protéines produites par des mutations différentes de ce locus sont non seulement différentes de la galactosidase elle-même, mais différentes entre elles. Ces résultats prouvent donc que le locus z contient une information structurale relative à la structure de la galactosidase. Il est permis de se demander si ce locus contient *toute* l'information en question et il est plus difficile de répondre à cette question. Cependant COHN, LENNOX et SPIEGELMAN (1959) ont pu, par transduction, transférer le segment Lac d'*E. coli* à *Shigella dysenteriae*. Or on sait que dans cette dernière espèce, la capacité de synthétiser la galactosidase comme la perméase est totalement absente. On sait d'autre part que les segments génétiques transférés par l'intermédiaire d'un bactériophage dans la transduction sont extrêmement petits. Cependant la β-galactosidase synthétisée par *Shigella dysenteriae* transduite est identique, par ses propriétés spécifiques, à l'enzyme d'*Escherichia coli*. Tout récemment, CHANGEUX (communication personnelle) a pu, par recombinaison cette fois, transférer le segment Lac du chromosome d'*E. coli* à *Salmonella typhimurium*. Ici encore, les propriétés spécifiques d'activité de la galactosidase et de la perméase ainsi que les propriétés immunologiques de la galactosidase et son coefficient d'inactivation thermique se sont avérés identiques, qu'il s'agisse de l'enzyme produit par la souche originale ou par la Salmonelle après recombinaisons (cf. Fig. 2 et 3).

Il est clair que si la structure d'une protéine était déterminée non seulement par un gène particulier, mais aussi par d'autres

Information, induction, répression dans la biosynthèse d'un enzyme 129

gènes ou plus généralement par un «contexte» génétique et biochimique, on ne pourrait s'attendre à obtenir de tels résultats. On peut donc penser que la région Lac, et plus spécifiquement le locus z, non

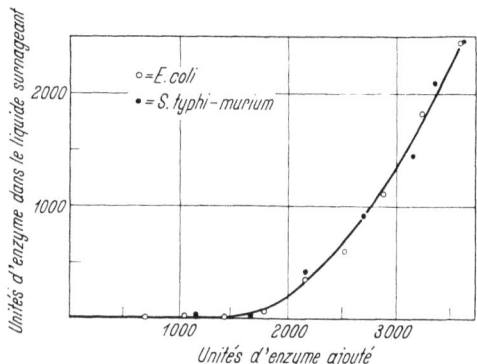

Figure 2. - *Titrage immunologique de la β-galactosidase produite par Escherichia coli (points blancs) et par une souche de Salmonella typhimurium ayant reçu le segment Lac d'E. coli.* Des quantités croissantes d'enzyme extrait de l'une ou l'autre de ces souches ont été ajoutées à une quantité fixe d'antisérum. Après 48 heures de contact, le précipité est éliminé et l'activité enzymatique est déterminée dans le liquide surnageant (d'après CHANGEUX, voir texte, page 128)

seulement contiennent une information structurale relative à la molécule de β-galactosidase, mais en fait contiennent toute l'information structurale nécessaire.

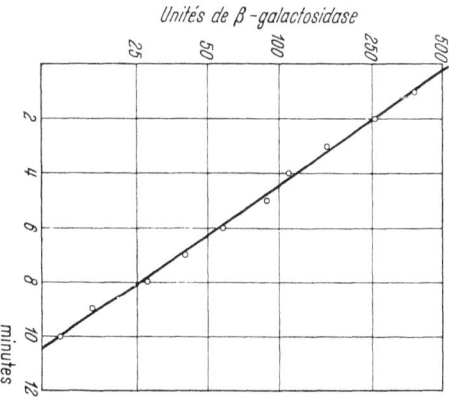

Figure 3. - *Inactivation thermique d'un mélange de β-galactosidase produite par Escherichia coli et de β-galactosidase produite par une souche de Salmonella typhimurium ayant reçu le segment Lac d'Escherichia coli.*
Le mélange contenait 20 p. 100 d'enzyme d'*E. coli* et 80 p. 100 d'enzyme de *Salmonella typhimurium*. Température: 58° C. L'inactivation monomoléculaire à taux constant démontre que les deux enzymes sont identiques au point de vue de leur susceptibilité thermique (voir texte, page 128)

VI. Le contrôle génétique de la répression et de l'inductibilité

Cette conclusion admise, il reste à considérer comment les mutations i interviennent dans l'expression de cette information. Rappelons que dans les souches sauvages (i^+z^+), «l'information z» n'est libérée, autrement dit l'enzyme n'est synthétisé, qu'en présence d'un inducteur spécifique. Au contraire, chez les mutants constitutifs ($i^-\ z^+$), l'information est libérée spontanément : l'enzyme est synthétisé en l'absence d'inducteur. Comment peut-on interpréter la différence génétique et biochimique entre la forme i^+ et la forme i^- ? C'est le problème que nous allons maintenant discuter.

Pour aborder expérimentalement ce problème, il faut pouvoir étudier l'expression cytoplasmique des différents allèles des mutations i et z, ainsi que leur interaction lorsqu'ils sont portés soit par un même chromosome au sein de la cellule, soit par des chromosomes différents. Grâce à la mise au point d'une technique qui permet de déterminer la cinétique de synthèse de la β-galactosidase chez les zygotes d'*E. coli* résultant de la conjugaison de cellules mâles et femelles, ces questions ont pu être soumises à l'expérience.

Il faut d'abord rappeler brièvement que d'après les travaux récents de Wollman et Jacob *(loc cit.)*, la conjugaison chez *E. coli* consiste essentiellement dans le transfert partiel d'un chromosome d'une cellule mâle à une cellule femelle. Ce transfert est orienté, c'est-à-dire que le chromosome pénètre toujours par la même extrémité, et il est progressif, de sorte qu'en l'interrompant artificiellement par agitation mécanique on arrive à déterminer le moment où un gène donné pénètre dans le cytoplasme du zygote. Enfin – et ceci est fort important – il semble que ce transfert concerne exclusivement le matériel génétique et qu'il n'y ait pratiquement pas de fusion ou d'injection cytoplasmique. Le zygote, en définitive, est constitué par le cytoplasme de la cellule femelle, deux ou trois chromosomes provenant de la femelle et un chromosome ou segment de chromosome de la cellule mâle.

La première question que l'on doit se poser concernant les relations entre les mutations z et i, est de savoir si ces mutations concernent une même unité de fonction, c'est-à-dire un même gène ou cistron au sens de Benzer (Benzer, 1957), ou si, au contraire, elles intéressent deux cistrons différents, c'est-à-dire capables de s'exprimer indépendamment l'un de l'autre dans le cytoplasme. Dans le premier cas, l'interaction des mutations z et i aurait lieu uniquement en

Information, induction, répression dans la biosynthèse d'un enzyme 131

vertu de leur association dans la même structure génétique, c'est-à-dire dans le même chromosome. Les structures z et i placées sur des chromosomes différents ne pourraient pas réagir entre elles. Dans le second cas, au contraire, l'interaction serait indépendante de l'association génétique immédiate et les allèles de z et i placés sur des chromosomes différents donneraient un résultat équivalent à celui des mêmes allèles placés sur le même chromosome. Le sens de cette question apparaîtra plus clairement peut-être lorsque l'on considèrera l'expérience suivante:

Des zygotes sont formés par la conjugaison de mâles de structure z^+i^+ et de femelles de structure z^-i^-. Le mélange des deux souches est effectué *en l'absence d'inducteur*. Chacun des deux parents ne peut par conséquent pas synthétiser d'enzyme puisque le mâle est inductible et que la femelle est z^-. Cependant, comme le montre la fig. 4, les zygotes formés par l'injection du chromosome z^+i^+ aux cellules femelles z^-i^- synthétisent des quantités très appréciables d'enzyme. La synthèse débute pratiquement immédiatement après la pénétration du segment z^+i^+ du mâle dans la femelle. Le calcul montre que la quantité d'enzyme synthétisé (ou plus exactement la vitesse de synthèse de l'enzyme) correspond sensiblement à ce qu'on doit attendre, compte tenu du nombre de zygotes formés, en supposant que le gène z^+ acquiert d'emblée sa pleine capacité d'expression.

Comme le montre la fig. 4 courbe A, la synthèse de l'enzyme cesse au bout d'un certain temps chez ces zygotes. Nous reviendrons tout à l'heure sur ce phénomène et ne voulons considérer pour l'instant que le résultat observé durant les premières quarante minutes environ qui suivent la formation des zygotes.

Le fait essentiel est que, dans ce croisement, on observe une interaction immédiate et complète entre la structure z^+ portée par le chromosome mâle et la structure i^- présente sur les chromosomes issus de la femelle. On peut éliminer d'emblée l'hypothèse que cette interaction soit due à la formation de recombinants z^+i^-. Ces recombinants, en effet, sont excessivement rares, pratiquement introuvables, en raison de l'extrême proximité des mutations z et i. On doit se demander cependant si l'interaction entre z^+ et i^- passe effectivement par le cytoplasme et ne serait pas due plutôt à l'appariement des segments homologues de chromosomes mâles et femelles. On peut exclure cette hypothèse en faisant le croisement dans le sens inverse du précédent, c'est-à-dire en utilisant un mâle de structure z^-i^- et une femelle de structure z^+i^+. L'expérience, comme la précédente, est effectuée en l'absence d'inducteur. Le résultat est remarquable en ce qu'il est strictement opposé au précédent. Il ne se forme pas trace d'enzyme, même après plusieurs

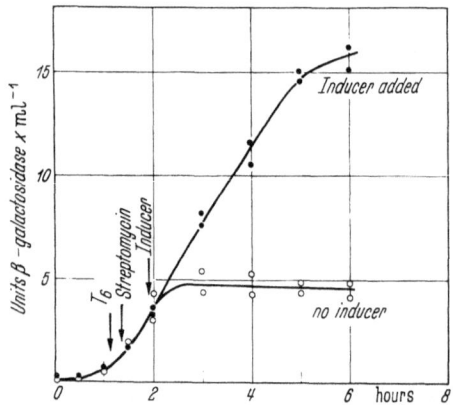

Figure 4. - *Synthèse de β-galactosidase par des zygotes d'Escherichia coli formés par conjugaison de mâles z^+i^+* (sensibles au phage T6 et à la streptomycine) *et de femelles z^-i^-* (résistantes au phage T6 et à la streptomycine).
Le mélange des mâles et des femelles est effectué au temps O. Le segment z^+i^+ passe du mâle à la femelle vers 25 minutes environ. On constate qu'avec ou sans inducteur, la synthèse se prolonge au même taux jusque vers 2 heures. A partir de ce moment, les zygotes placés en l'absence d'inducteur cessent de synthétiser l'enzyme, mais peuvent en synthétiser si un inducteur est ajouté (flèche). L'addition de streptomycine et de phage T6 au mélange est destinée à tuer les cellules mâles et à arrêter les conjugaisons (voir texte, page 131).

heures. Comme les deux croisements sont symétriques, la structure génétique des zygotes formés est la même. Seul le cytoplasme est d'origine différente, puisqu'il est fourni entièrement par la cellule femelle, qui était z^-i^- dans le premier cas et z^+i^+ dans le second. La seule explication possible de l'opposition constatée entre les propriétés des deux types de zygotes est donc que l'expression constitutive ou inductible du gène z^+ dépend de la nature du cytoplasme dans lequel il est plongé, mais pas de son association immédiate, dans le même chromosome, avec la forme constitutive ou inductible du gène i.

Ces expériences prouvent donc que les mutations z et i interviennent dans des cistrons ou gènes indépendants dont l'interaction a lieu à travers le cytoplasme.

Il reste maintenant à nous demander en quoi consiste le «message cytoplasmique» émis par le gène i et qui détermine une synthèse soit inductible soit constitutive par le gène z. On se retrouve ici en présence de l'alternative que j'ai définie plus haut (cf. page 122) : ce message pourrait être soit un inducteur présent chez les bactéries constitutives mais pas chez les bactéries inductibles, soit au contraire un répresseur présent chez les inductibles mais absent chez les constitutives. L'inducteur, dans le premier cas, serait synthétisé par l'allèle constitutif (i^-) du gène i. Dans le second cas, c'est l'allèle inductible (i^+) du gène i qui déterminerait la synthèse du répresseur.

Si la première hypothèse était exacte, on devrait, dans le cas de l'injection d'un segment z^-i^- à une cellule femelle z^+i^+, s'attendre que le gène constitutif s'exprime, que l'inducteur par conséquent s'accumule dans le cytoplasme, ce qui devrait provoquer, au bout d'un certain temps, une synthèse de galactosidase en l'absence d'inducteur exogène. Or nous avons vu que, dans ce cas, aucune synthèse n'est observée même après plusieurs heures, alors que l'on sait, par l'expérience inverse, que l'expression d'un gène dans les zygotes peut être extrêmement rapide. Ce résultat est donc difficilement compatible avec l'hypothèse que le gène i^- détermine la synthèse d'un inducteur.

Si l'hypothèse du répresseur est exacte, le résultat précédent s'explique d'emblée. Mais en outre, dans le cas de l'injection d'un chromosome z^+i^+ à une femelle z^-i^-, on devrait s'attendre que le répresseur s'accumule graduellement dans les cellules et que celles-ci deviennent de ce fait inductibles, c'est-à-dire ne puissent plus synthétiser d'enzyme qu'en présence d'inducteur exogène.

Or c'est là précisément le résultat obtenu comme le montre la fig. 4 : immédiatement après l'injection du segment z^+i^+ à une femelle z^-i^-, la synthèse de galactosidase, en l'absence d'inducteur, est intense, comme nous l'avons noté. Mais au bout de 60 minutes environ, elle s'arrête totalement. Elle peut alors être réactivée par l'addition d'un inducteur exogène, ce qui démontre que les zygotes tout d'abord de caractère constitutif en raison de leur cytoplasme hérité de la femelle, sont devenus inductibles du fait du gène i^+ hérité du parent mâle.

Ces conclusions ont pu être confirmées tout récemment par l'emploi d'une technique différente. On sait que certains bactériophages tempérés peuvent occasionnellement intégrer dans leur structure génétique des éléments du génome de l'hôte. Cette association, primitivement au hasard, peut dans certains cas, devenir permanente, c'est-à-dire que certaines souches bactériennes peuvent perpétuer un prophage porteur d'un gène bactérien déterminé. Un tel prophage porteur de la région Lac a été reconnu par LURIA (communication personnelle) dans certaines souches d'*E. coli* et de *Shigella*. Des techniques appropriées permettent de préparer des suspensions de bactériophages contenant une proportion assez élevée de bactériophages porteurs de la région Lac. L'infection d'une suspension bactérienne d'une souche z^-i^- par de tels bactériophages donne lieu, après un délai d'une quinzaine de minutes, à une synthèse remarquablement abondante de galactosidase. Le résultat obtenu en utilisant un phage porteur de la structure z^+i^+ et une bactérie réceptrice de structure z^-i^- est entièrement comparable à celui que donnent les zygotes obtenus par recombinaison. En outre, cette technique permet d'effectuer une expérience irréalisable par la technique de conjugaison. On peut en effet utiliser une bactérie réceptrice de structure z^-i^+ et un phage porteur de la structure z^+i^- *). Les bactéries infectées dans ces conditions ne synthétisent pas trace d'enzyme si ce n'est en présence d'inducteur, ce qui démontre directement que l'interaction des structures z^+ et i^+ a lieu aussi bien en position *trans* qu'en position *cis*:

z^+i^+ z^+i^-
z^-i^- z^-i^+
cis   *trans*

et que par conséquent les mutations z et i appartiennent à des cistrons (gènes) différents (LURIA, JACOB et MONOD, observations non publiées).

En résumé, les observations que nous venons d'analyser apportent des arguments très puissants en faveur de l'hypothèse que le caractère inductible de la synthèse de galactosidase chez les souches sauvages d'*E. coli* est dû à la production endogène d'un répresseur, production déterminée par le gène i^+. En toute rigueur cependant et pour s'en tenir aux résultats immédiats de l'expérience, sans faire

---

*) - L'expérience est techniquement impossible par la technique de conjugaison parce que les bactéries parentes z^+i^- contiendraient des quantités d'enzyme bien supérieures à ce que les zygotes pourraient éventuellement synthétiser.

intervenir aucune hypothèse *a priori*, ces résultats prouvent seulement:

1° – que les mutations z et i, quoiqu'extrêmement liées et agissant sur le même système enzymatique, appartiennent à deux gènes (cistrons) distincts;

2° – que l'allèle inductible du gène i est l'allèle actif, tandis que l'allèle constitutif est inactif.

Ces données imposent donc la conclusion qu'un «message cytoplasmique» négatif ou positif, est responsable de l'interaction des gènes i et z. Mais elles n'éliminent pas nécessairement, à elles seules, l'hypothèse qu'un inducteur endogène est impliqué dans la synthèse constitutive.

On pourrait tenter de sauver cette hypothèse en supposant, par exemple, qu'un inducteur est continuellement produit chez les bactéries inductibles comme chez les constitutives, mais que, chez les premières, il serait détruit par un enzyme déterminé par le gène i^+. La mutation $i^+ \rightarrow i^-$, entraînant la perte de cet enzyme, permettrait l'accumulation de l'inducteur chez les constitutives. Ce schéma rendrait compte de la dominance du gène i^+ comme de sa cinétique d'expression lorsqu'il est introduit dans le cytoplasme i^-.

Pour choisir entre ces hypothèses, il nous faut donc les confronter avec d'autres faits et discuter leur valeur générale.

VII. Le contrôle génétique des synthèses de protéines
Essai de généralisation

On peut d'abord observer que selon l'hypothèse du répresseur endogène, les mutants constitutifs devraient, en règle générale, synthétiser plus d'enzymes que les bactéries inductibles induites. Or il semble que cette prédiction soit effectivement vérifiée non seulement pour le système qui nous occupe où les mutants i^-z^+ synthétisent en général 30 à 100 p. 100 d'enzyme de plus que les bactéries sauvages induites, mais encore pour tous les systèmes chez lesquels des mutants constitutifs ont été isolés et étudiés: amylomaltase d'*Escherichia coli* (COHEN-BAZIRE et JOLIT, 1953), pénicillinase de *Bacillus cereus* (POLLOCK, 1956), glucuronidase d'*Escherichia coli* (STOEBER, communication personnelle), galactokinase d'*Escherichia coli* (BUTTIN, communication personnelle).

Il faut d'autre part rappeler que l'induction de la galactosidase, comme celle de la grande majorité des enzymes inductibles, est très sensible à l'effet inhibiteur du glucose que MAGASANIK *(loc cit.)* interprète comme un effet de répression. Cette interprétation entraîne une prédiction précise dans le cas qui nous occupe. Si les mutants i^- ont perdu la capacité de synthétiser un répresseur spécifique, ils doivent avoir perdu en même temps leur sensibilité à l'effet glucose en ce qui concerne la galactosidase, tout en la conservant pour d'autres systèmes. Or cela est précisément le cas, ainsi qu'on le sait depuis assez longtemps (COHN et MONOD, 1953, *loc. cit.*).

Ces faits encouragent donc très fortement l'hypothèse qu'un répresseur spécifique synthétisé dans chaque cas sous le contrôle d'un gène particulier, est responsable des propriétés inductibles de la plupart sinon de tous les systèmes qui présentent ce caractère.

On sait d'autre part que l'existence de contrôles rétroactifs par répression est la règle, semble-t-il, pour les systèmes anaboliques (cf. page 121). Jusqu'à présent, on avait pu supposer que le métabolite terminal d'une séquence anabolique agissait directement en tant que répresseur. Il est logique cependant de supposer que les mécanismes de répression fonctionnent selon les mêmes principes dans les systèmes cataboliques inductibles, comme celui de la galactosidase, et dans les systèmes anaboliques. On pourrait donc s'attendre que, dans ces systèmes également, la biosynthèse du répresseur soit déterminée par un gène spécifique. Or tout récemment, COHEN et JACOB (1959), en étudiant le système anabolique du tryptophane, ont découvert une situation en tous points comparable à celle de la galactosidase. Des mutations spécifiques abolissent dans ce système l'effet de répression et se traduisent par une synthèse fortement accrue de chacun des enzymes intervenant dans la séquence anabolique conduisant de l'acide shikimique au tryptophane. En outre:

1° - ces mutations affectent un gène (r_T) *distinct* de ceux qui contrôlent la capacité de synthétiser les enzymes en question.

2° - l'allèle «déréprimé» (r_T^-) est récessif par rapport à l'allèle réprimé. Comme l'effet de la mutation, loin de diminuer la réserve de tryptophane intracellulaire, l'augmente, il est clair que le tryptophane lui-même ne peut jouer le rôle de répresseur: celui-ci doit être synthétisé à partir du tryptophane, et sous contrôle du gène r_T^+.

Les mêmes auteurs ont observé plusieurs autres mutations produisant des effets analogues dans d'autres séquences métaboliques, en particulier dans celle qui conduit à la méthionine à partir de l'homocystéine.

Dans la mesure où ces observations seront confirmées et étendues à d'autres systèmes, l'hypothèse du répresseur endogène spécifique peut conduire à une conception générale de la régulation des synthèses protéiniques. Selon cette conception, la biosynthèse d'une protéine particulière serait déterminée par deux facteurs génétiques spécifiques dont les rôles seraient différents. L'un, le gène «informateur» contiendrait l'information structurale relative à la molécule de la protéine en cause; l'autre, le gène «régulateur» déterminerait la synthèse d'un répresseur spécifique qui inhiberait l'expression du gène informateur, c'est-à-dire la synthèse de la protéine. Dans le cas des systèmes inductibles, l'effet du répresseur pourrait être antagonisé par des inducteurs exogènes (ou parfois peut-être endogènes). Les exemples déjà connus permettent de prévoir qu'en règle générale un gène répresseur se trouvera agir sur plusieurs enzymes distincts, mais appartenant à une même séquence biochimique. Le gène informateur, au contraire, ne déterminerait, en général, la structure que d'une seule protéine.

Il est clair que ce schéma général pourrait trouver un très vaste champ d'application dans la biochimie du développement et de la différenciation cellulaire. Il y a longtemps d'ailleurs que l'attention des embryologistes a été attirée sur les phénomènes d'adaptation enzymatique chez les microorganismes comme pouvant fournir des modèles d'explication de certains phénomènes de différenciation. Malheureusement, la description biochimique et enzymatique de la différenciation et surtout les possibilités d'expérimentation dans ce domaine n'ont pas encore atteint un développement qui permette d'envisager, dans l'immédiat, des vérifications expérimentales précises.

Quoiqu'il en soit de ces spéculations et des généralisations possibles, il paraît dès maintenant extrêmement vraisemblable que la plupart des systèmes inductibles, sinon tous, et des systèmes anaboliques chez les bactéries, sont soumis à une régulation négative dont l'agent est dans chaque cas un répresseur particulier synthétisé sous l'action d'un gène spécifique.

La question de la nature chimique du répresseur et de son mode d'action est donc posée de façon précise: en principe, la comparaison de souches inductibles et constitutives pourrait permettre l'identification biochimique du répresseur. Mais ce problème est techniquement excessivement difficile et n'a pas trouvé encore un commencement de solution.

Resumé et conclusions

L'expérience des généticiens et des biochimistes a révélé l'intervention, dans la biosynthèse de divers enzymes, de trois types de facteurs spécifiques, c'est-à-dire de facteurs agissant électivement sur un seul enzyme ou système d'enzymes:

1° – La mutation d'un gène particulier peut abolir ou restituer la capacité de synthétiser un enzyme.

2° – Pour beaucoup de systèmes, dits inductibles, l'addition d'un inducteur provoque la synthèse.

3° – Dans d'autres cas plus récemment découverts, l'addition d'un métabolite particulier réprime la synthèse d'un ou plusieurs enzymes.

Ces trois types d'effets ont été en général observés indépendamment les uns des autres et avec des systèmes différents. L'étude génétique et biochimique du système responsable de la synthèse de la β-galactosidase chez *E. coli* permet de déterminer la contribution de chacun de ces facteurs et d'analyser leurs interactions.

De cette analyse, il ressort que la capacité de synthétiser la β-galactosidase est déterminée tout d'abord par un gène spécifique qui détient apparemment toute l'information structurale nécessaire pour cette molécule de protéine. Un autre gène étroitement associé au précédent, mais fonctionnellement indépendant, détermine la formation d'une substance spécifique (le répresseur) qui a pour effet de bloquer l'activité du système synthétisant la galactosidase. Les inducteurs exogènes qui provoquent la synthèse de la galactosidase agissent en tant qu'antagonistes du répresseur endogène.

Ce schéma du déterminisme de la β-galactosidase, impliquant l'intervention de deux gènes à fonctions distinctes, l'un «informateur», l'autre «régulateur», paraît pouvoir être étendu à beaucoup d'autres systèmes, en particulier à la plupart des systèmes inductibles ainsi qu'à ceux qui assurent la biosynthèse des métabolites essentiels chez les bactéries.

Références

BENZER, S.: in The chemical Basis of Heredity, W. McElroy and B. Glass Edit., Johns Hopkins Press, Baltimore, 70—93 (1957).
COHEN, G. N., et J. MONOD: Bact. Rev. **21**, 169—194 (1957).
COHEN, G. N., et F. JACOB: C. R. Acad. Sci. **248**, 3490 (1959).
COHEN-BAZIRE, G., et M. JOLIT: Ann. Inst. Pasteur **84**, 1—9 (1953).
COHN, M.: Bact. Rev. **21**, 140—168 (1957).
COHN, M., G. N. COHEN et J. MONOD: C. R. Acad. Sci. **236**, 476—478 (1953).
COHN, M., et K. HORIBATA: J. Bact. **78** 601—612 (1959).
COHN, M., E. LENNOX, and S. SPIEGELMAN: Biochim. biophys. Acta. (1959), sous presse.
COHN, M., et J. MONOD: Biochim. biophys. Acta **7**, 153—174 (1951).
COHN, M., et J. MONOD: in Adaptation in Microorganisms, Cambridge University Press, 132—149 (1953).
DEMEREC, M., I. BLOMSTRAND, and Z. E. DEMEREC: Proc. nat. Acad. Sci. (Wash.) **41**, 359—364 (1955).
DIENERT, F.: Ann. Inst. Pasteur **14**, 139—189 (1900).
GALE, E. F.: Bact. Rev. **7**, 139—173 (1943).
GORINI, L., and W. K. MAAS: Biochim. biophys. Acta **25**, 208—209 (1957).
HARTMAN, P. E.: in Genetic studies with bacteria, Carnegie Institution of Washington, Publ. n° 612, 35—62 (1956).
JACOB, F., and E. WOLLMAN: (a) Replication of Macromolecules, Symp. Soc. exp. Biol. **12**, 75—92 (1958).
JACOB, F., and E. WOLLMAN: (b) in Recent Progress in Microbiology VIIth Intern. Congr. Microbiol., 15—30 (1958).
KOGUT, M., M. R. POLLOCK and E. J. TRIDGELL: Biochem. J. **62**, 391—401 (1956).
LEDERBERG, J.: Genetics **32**, 505—525 (1947).
LEWIS, I. M.: J. Bact. **28**, 619—639 (1934).
MAGASANIK, B.: in The chemical Basis of Development, W. D. McElroy and B. Glass Edit., The Johns Hopkins Press, Baltimore, 485—490 (1958).
MAGASANIK, B., A. K. MAGASANIK, and F. C. NEIDHARDT: in A Ciba Symposium on the Regulation of Cell Metabolism, J. A. Churchill Ltd., Edit., London, 334—349 (1959).
MAGASANIK, B., F. C. NEIDHARDT, and A. P. LEVIN: Physiol. Adaptation Amer. Physiol. Soc. (Wash.), 159—166 (1958).
MONOD, J.: «Recherches sur la croissance des cultures bactériennes». Thèse Doctorat ès Sciences, Hermann Edit., Paris (1942).
MONOD, J.: in Enzymes: Units of biological structure and function, Henry Ford Hosp. Symp., Acad. Press Inc. Publ., 7—28 (1956).
MONOD, J., et A. AUDUREAU: Ann. Inst. Pasteur **72**, 868—878 (1946).
MONOD, J., et G. COHEN-BAZIRE: (a) C. R. Acad. Sci. **236**, 417—419 (1953).
MONOD, J., et G. COHEN-BAZIRE: (b) C. R. Acad. Sci. **236**, 530—532 (1953).
NEIDHARDT, F. C., and B. MAGASANIK: Nature (London) **178**, 801—802 (1956).
NEIDHARDT, F. C., and B. MAGASANIK: J. Bact. **73**, 253—259 (1957).

PARDEE, A. B.: in A Ciba Symposium on the Regulation of Cell Metabolism, J. & A. Churchill Ltd., London, 295—304 (1959).
PARDEE, A. B., F. JACOB et J. MONOD: C. R. Acad. Sci. **246**, 3125—3128 (1958).
PERRIN, D., A. BUSSARD et J. MONOD: C. R. Acad. Sci. **249**, 778—780 (1959).
RICKENBERG, H. V., G. N. COHEN, G. BUTTIN et J. MONOD: Ann. Inst. Pasteur **91**, 829—857 (1956).
STEPHENSON, M., et J. YUDKIN: Biochem. J. **30**, 506—514 (1936).
VOGEL, H. J.: (a) in The chemical Basis of Heredity, McElroy and B. Glass Edit., Johns Hopkins Press, Baltimore, 276 (1957).
VOGEL, H. J.: (b) Proc. nat. Acad. Sci. (Wash.) **43**, 491 (1957).
WALLENFELS, K., und M. L. ZARNITZ: Angew. Chem. **69**, 482 (1957).
WIEJESUNDERA, S., and D. D. WOODS: Biochem. J. **55**, viii (1953).
WOLLMAN, E., et F. JACOB: C. R. Acad. Sci. **240**, 2449—2451 (1955).
YATES, R. A., and A. B. PARDEE: J. biol. Chem. **227**, 677—692 (1957).
ZARNITZ, M. L.: Kristallisation und Eigenschaften der β-galaktosidase aus *E. coli* ML 309, Thèse Doctorat Univ. Fribourg (1958).

Wie bereits bei der Begrüßung erwähnt worden ist, war es Herrn Prof. MONOD nicht möglich, seinen Vortrag selbst zu halten. Herr Dr. Gros ist dankenswerterweise für ihn eingesprungen und hat über die Ergebnisse der letzten Arbeiten aus dem Monodschen Institut berichtet. Die nachfolgende Diskussion schließt sich an diesen Bericht an.

Diskussion

Diskussionsleiter: MAURER, *Köln*

WALLENFELS (Freiburg): Das intensive Studium, welches die genetische Kontrolle und der biologische Mechanismus der spezifischen Synthese der β-Galaktosidase gefunden haben, hat uns veranlaßt, eine Anreicherung dieses Enzyms vorzunehmen. Aus dem konstitutiven Stamm ML 309, der uns von Prof. MONOD zur Verfügung gestellt wurde, sind Reindarstellung und Kristallisation des Enzyms gelungen. In der Abb. 1 sehen Sie die typische Form des 1. Kristallisates, das durch Umkristallisieren in die etwa 30% aktivere charakteristische Form der späteren Kristallisate übergeführt wird (Abb. 2)[1].

Zur Untersuchung der Konstitution wurde zunächst die Aminosäureanalyse durch quantitative Papierchromatographie ausgeführt [modifizierte Methode nach LEVY (Tab. 1)]. Der Tryptophanwert wurde durch spektroskopische Bestimmung erhalten. Die Summe Cystein + Cystin wurde an einem mit Perameisensäure oxydierten Präparat bestimmt. Substrahiert

---

[1] WALLENFELS, K., M. L. ZARNITZ, G. LAULE, H. BENDER u. M. KESER: Biochem. Z. **331**, 459 (1959).

Information, induction, répression dans la biosynthèse d'un enzyme 141

man von den so erhaltenen 16,5 Cystin/2-Resten die maximale Zahl von 12,5 freien SH-Gruppen[1], die man durch die PCMB-Methode erhält, so ergibt sich, daß β-Galaktosidase auf die molekulare Einheit von 100000 2 Disulfidbrücken enthält. Das Sedimentationsverhalten in der Ultrazentrifuge zeigt, daß das Enzym unter bestimmten Bedingungen von p_H und Ionenstärke aggregiert[2]. Im besten Fall

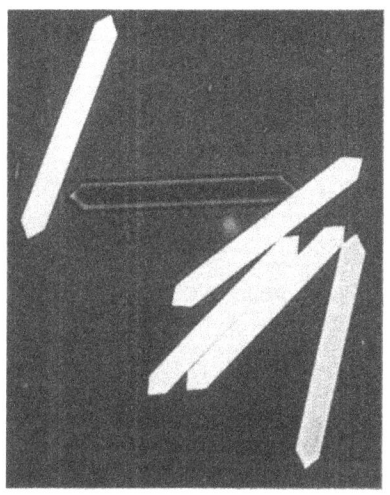

Abb. 1. β-Galaktosidase von E. coli ML 309 Zwillingskristall der ersten Kristallisation

Abb. 2. β-Galaktosidase von E. coli ML 309 nach der Umkristallisation

zeigte sich eine Hauptkomponente der Sedimentationskonstante $S_w^{20} = 15,85$ mit 97% und eine schneller laufende Nebenkomponente mit 3%.

Die Reindarstellung des Galaktosidaseproteins von ML 309 und die Bestimmung der Aminosäurezusammensetzung lädt dazu ein, die von MONOD genannten Proteine der z-Stämme zu untersuchen, die mit β-Galaktosidase immunchemisch identisch oder ihr sehr ähnlich sind, um festzustellen, in welcher Beziehung sie sich von dem enzymatisch aktiven β-Galaktosidaseprotein unterscheiden. Es wird auch wichtig sein, die anderen beschriebenen β-Galaktosidasepräparate wie das ebenfalls kristalline Enzym aus E. coli ML 308[2] und das Enzym aus dem von LEDERBERG genetisch untersuchten K_{12}-Stamm[3] eingehend mit der β-Galaktosidase des Stammes ML 309 zu vergleichen. Verschiedene Angaben von REITHEL[3] lassen es als möglich erscheinen, daß die sehr nahe verwandten Stämme ML 308 und ML 309 verschiedene β-Galaktosidaseproteine herstellen.

---

[1] WALLENFELS, K., u. A. ARENS: Biochem. Z. (im Druck).
[2] HU, A. S. L., R. G. REITHEL u. F. J. REITHEL: Arch. Biochem. 81, 500 (1959).
[3] KUBY, S. A., and H. A. LARDY: J. Amer. chem. Soc. 75, 890 (1953).

Tabelle 1. *Bestimmung der Aminosäurezusammensetzung der β-Galaktosidase aus E. coli ML 309*

Aminosäure	Mole AS/ 100000 g Protein	g N/ 100 g Protein	g AS-Rest/ 100 g Protein
Alanin	60,51	1,17	0,848	4,30
Arginin	46,04	0,98	2,580	7,19
Asparaginsäure	110,98	2,08	1,555	12,77
Cystin/2	16,39**		0,230	1,68
Glutaminsäure	82,02	1,47	1,149	10,59
Glycin	58,27	1,60	0,816	3,33
Histidin	21,28	0,12	0,895	2,92
Leucin + Isoleucin	121,01	5,29	1,695	13,70
Lysin	19,68	0,60	0,551	2,52
Methionin	19,86	0,37	0,278	2,61
Phenylalanin	32,10	1,08	0,450	4,73
Prolin	47,77	1,28	0,669	4,64
Serin	36,69	0,51	0,514	3,20
Threonin	46,22	2,39	0,647	4,67
Tryptophan*	32,25		0,903	6,00
Tyrosin	17,20	1,16	0,241	2,81
Valin	51,82	1,65	0,726	5,41
Amid-NH$_2$	104,00***		1,457	1,66
Summen	820,09		16,203	94,46

* Tryptophan wurde spektrophotometrisch bestimmt.
** Bestimmt als 2,4-Dinitrophenyl-Cysteinsäure. Da maximal 12,5 freie SH-Gruppen mit PCMB titrierbar waren, repräsentiert dieser Wert 12,5 Cystein- und 2-Cystin-Reste.
*** Dieser Wert ist nicht in der Summe enthalten

Es war seit den ersten Experimenten von MONOD mit der Induktion interessant, die Frage zu studieren: welche Beziehung besteht zwischen der Induktionsspezifität und der Substratspezifität? MONOD hat die interessanten Angaben gemacht, daß es eine Reihe von bei der Induktion aktiven Stoffen gibt, die nicht Substrate für die Galaktosidase sind. So z. B. ist Melibiose ein Induktor, obwohl sie nicht von der Galaktosidase gespalten wird. Oder Thiomethylgalaktosid wird nicht gespalten wie alle Thioanalogen der spaltbaren Glykoside, ist aber trotzdem ein sehr guter Induktor. Wenn jetzt nach den neuen Ergebnissen der Induktor ein Kompetitor für den inneren Supressor ist, fragt es sich, ob man nicht die beiden zusammenfassen kann, indem Substrate und induktiv wirksame Substanzen eine gemeinsame konstitutive Voraussetzung haben. Ein Induktor wäre dann entweder Substrat oder kompetitiver Inhibitor. Die Vorstellung wäre dann, daß das Substrat oder eine Substanz, die in der gleichen Weise wie das Substrat an der aktiven Stelle des Proteins gebunden wird, ein Induktor ist. Es bestünde dann die

Information, induction, répression dans la biosynthèse d'un enzyme 143

Möglichkeit, daß die induktive Synthese ihren Ausgang von der aktiven Stelle des zu bauenden Galaktosidasemoleküls nimmt.

KARLSON (München): Ich möchte den Vortragenden nach der Funktion des Repressors fragen.

GROS: Very little can be said at present concerning the site of action of the repressor. There are reasons to believe that the repressor acts at the level of the genes which control the synthesis of specific enzymes; but the mechanism of such interaction is still unknown. One may assume that the repressor is a complex of a metabolite with some nucleotides or with an RNA of small molecular weight. This complex could interfer with the functionning of the DNA region implicated in the coding of the enzymes, the synthesis of which is required to manufacture the metabolite. It could interrupt the information that this DNA confers to an RNA of high molecular weight, which is the probable template for protein synthesis.

There are good reasons to assume that the genes which control the enzymes responsible for the sequential synthesis of a metabolite from its single organic precursors, are very near and are located in the same region of the chromosome. Therefore the repressor which is possibly bound to some specific RNA molecule, could come in close contact with this DNA region.

This could take place by establishment of hydrogen bonds between the RNA-metabolite complex and the piece of the chromosome involved in the synthesis of this metabolite.

Such a picture would explain how a repressor (as it seems to have been established in few cases) can suppress the synthesis of all the enzymes sequentially involved in the formation of a given metabolite.

HÜBENER (Frankfurt): Im Zusammenhang mit der adaptiven Enzymbildung möchte ich kurz einiges über ein neues kristallines Enzym, 20β-Hydroxy-Steroid-Dehydrogenase (20β-Enzym), sagen und eine Frage an Herrn GROS stellen. Das Enzym wurde von uns in Zusammenarbeit mit den Farbworken Hoechst, insbesondere den Herren Prof. SCHMIDT-THOMÉ, Dr. LINDNER und Dr. NESEMANN, aus Streptomyces hydrogenans, einem Bodenpilz, der in der Nähe Frankfurts gefunden wurde, dargestellt. Dieser Pilz eignet sich sehr gut als Modell zum Studium der adaptiven Enzymbildung; 1. weil sich das Enzym gut aus dem Pilz extrahieren läßt und die Enzymaktivität, und zwar die Hin- und Rückreaktion leicht mit dem optischen Test WARBURGs gemessen werden kann; 2. weil sich das Enzym in reiner kristalliner Form darstellen läßt und 3. weil eine große Reihe verschiedener Steroide und Steroid-Analoga bekannt sind, mit denen man die Induktion prüfen kann.

Das 20β-Enzym reduziert in Gegenwart von DPNH die 20-Keto-Gruppe verschiedener Steroide unterschiedlich schnell (vgl. Tabelle 2); z. B. Cortison zehnmal schneller als Cortisol. Läßt man nun den Mikroorganismus in Gegenwart von REICHSTEINs Substanz S wachsen, so steigt der 20β-Enzymgehalt des Pilzes etwa um das Zehnfache an, jedoch bleibt die relative Substratspezifität gleich, was dafür spricht, daß konstitutives und induziertes Enzym identisch ist. Meine Frage geht dahin, ob es sich hier um eine ganz allgemeine Erscheinung handelt, daß gleichzeitig Enzymbildung ohne

Induktor und mit Induktor beim gleichen Stamm beobachtet werden kann. Dies würde meines Erachtens dafür sprechen, daß zwischen konstitutivem und induziertem Enzym nur quantitative und keine qualitativen Unterschiede bestehen. So könnte z. B. nur die Menge des „physiologischen Induktors" in unserem Pilz nicht ausreichen, um volle enzymatische Aktivität zu induzieren.

Tabelle 2. *Relative Aktivität der 20β-Hydroxy-Steroid-Dehydrogenase*

Substrat	nicht induziert	Induziert mit REICHSTEINs Substanz S
Cortison	1	10
REICHSTEINs Substanz S	0,5	5
Cortisol	0,1	1

GROS: There are exceptional cases in which a given strain can produce the same enzyme constitutively and adaptatively. For instance one can induce a weak constitutive strain to produce much larger amounts of β-galactosidase than it makes spontaneously, in adding an external inducer. This may be explained by the fact that the gene which produces the repressor acts more or less actively. The existence of "weak constitutive" strains would derive from a very slow functionning of the gene making the repressor.

HOFFMANN-BERLING (Heidelberg): Is it your opinion, that a permease is building up an internal inducer out of the external one, or — to put it in your way — that a permease is building a substance which overcomes the suppressor activity in the cell? As far as I remember there are cryptic mutants which are still inducible by high concentrations of the inducer but which are unable to build up permease.

GROS: The galactoside-permease is an inducible enzyme involved in the concentration of the external inducer, the synthesis of which is controlled by a gene distinct from the gene of the β-galactosidase itself, but which is submitted to the same kind of "control mechanism" than β-galactosidase. When we say that the permease is inducible it means that the chromosome contains a gene making a repressor for the permease distinct from the gene controling or "coding" the synthesis of this enzyme. An external inducer must therefore be added to overcome this repression (as in the case of the β-galactosidase). — Something important must however be pointed out: the repressor for the β-galactosidase and the repressor for the permease are the same.

HOFFMANN-BERLING (Heidelberg): Does this mean that the permease alters the repressor in such a way that it becomes chemically different from the internal inducer?

GROS: No, I do not think so; permease just promotes an active intracellular concentration of the inducer.

Concerning the "cryptic" mutants, it is true that there are some strains which do not genetically manufacture the permease. These strains can only

Information, induction, répression dans la biosynthèse d'un enzyme 145

be induced to make β-galactosidase, by adding very large quantities of an external inducer which penetrates then by passive diffusion.

The gene which controls the synthesis of galactoside-permease has been called "Y" by doctor MONOD.

Therefore, there is a gene "Z" which controls the synthesis of β-galactosidase, a gene "Y" which controls the permease, and a distinct gene "I", the presence of which determines the inducibility or — if you prefer — the capacity to form a cytoplasmic repressor for both the galactosidase and the permease.

PETUELY (Graz): Gibt es Beweise für adaptive Enzymbildung bei Säugetieren ?

RAPOPORT (Berlin): Die hemmenden Prinzipien, Repressoren, wie sie genannt werden, scheinen mir von besonderem Interesse zu sein. Sie dienen hier dynamischer Kontrolle und Profilierung eines bestimmten Stoffwechseltypes. Ich möchte darauf hinweisen, daß diese Betonung von hemmenden Prinzipien vielleicht verallgemeinert werden kann. Auch im Rahmen der nichtgenetischen Entwicklung. Wir haben z. B. bei der Reifung der roten Blutkörperchen auch ein solches Prinzip gefunden, wir haben es einen Inhibitor genannt, vielleicht wäre die Bezeichnung Repressor besser gewesen. Es wirkt an einer bestimmten Stelle der Atmungskette. Wir fanden auch, daß eine ganze Kette der übrigen Enzyme, auch die Cytochomoxydase, dabei verschwindet. Zunächst hatten wir mit der ökonomischen Vorstellung gearbeitet, daß es vielleicht genügt, einen solchen Inhibitor oder Repressor anzunehmen, um damit dann zu erklären, daß eine ganze Kette ausfällt. Aber als wir das experimentell angingen, da stellte sich heraus, daß dem nicht so ist, sondern daß auch für die Cytochromoxydase ein eigener Repressor oder Inhibitor da ist. Darum scheint es mir möglich, daß die Repression einer ganzen Enzymkette, wie sie hier beobachtet wird, sich doch auflösen läßt zu einer Kette von diskreten Ereignissen mit diskret sich bildenden Stoffen und nicht unbedingt auf einen einzelnen Stoff zurückzuführen sein muß. Auf jeden Fall scheint mir der Parallelismus der Erscheinung sehr bemerkenswert. In diesem Zusammenhang habe ich auch noch eine Frage: Haben Sie eine Vorstellung über die chemische Natur der Repressoren, nehmen Sie an, daß es Eiweißstoffe sind ?

GROS: People do not have any definite idea about the chemical nature of the repressor; all what they know is that this is an entity present in very small amounts in the cytoplasm and the genetical control of which is proved by the existence of mutants which do not manufacture it. MONOD is presently working out a sensitive test for measuring the amounts of repressor present in the cytoplasm. This could eventually permit a certain purification. PARDEE in U.S.A. investigates if the repressor can be synthesized in the presence of chloromycetin. This should be so if the repressor is a complex between a metabolite and a specific RNA molecule the synthesis of which could proceed in the presence of chloromycetin.

I wanted also to point out that since enzyme repression can be obtained by antimetabolites such as amino-acid analogues, these substances may be useful tools for studying the nature and the mechanism of action of cytoplasmic repressors since they cannot be metabolized.

Bildung der Antikörper

Von

H. E. SCHULTZE

Marburg a. d. Lahn

Mit 18 Textabbildungen

Immunstoffe oder Antikörper sind Proteine, die sich von anderen Eiweißkörpern dadurch unterscheiden, daß ihre Bildung[1] nicht nach einem vererbbaren Schema erfolgt, sondern erworben wird. Sie kommen gewebsgebunden und im Blutserum vor, wo ihre Wirksamkeit als Agglutinine, Präcipitine, Lysine und Antitoxine mit sehr empfindlichen Methoden nachgewiesen werden kann.

1.

Anlaß zur Antikörperproduktion geben sogenannte *Antigene*. Das sind Substanzen, die sich nicht nach chemischen Gesichtspunkten, sondern nur nach ihrer Wirkung definieren lassen. Aber auch die Eigenschaft der Antigene, als Stimulantien der Antikörperproduktion zu wirken, kennzeichnet die Antigene nicht vollständig, denn ihre Wirkung ist in hohem Maße von der Artzugehörigkeit und von individuellen Faktoren des Antikörper-Produzenten abhängig. Zu diesen Faktoren gehören gewisse Einschleußungsmechanismen des Organismus, die es ermöglichen, daß die Antigene unter Erhaltung bestimmter Strukturmerkmale in den Bereich der bei der Proteinsythese beteiligten zellulären Wirkstoffe gelangen, ohne vorher den Abbau- und Ausscheidungsreaktionen des parenteralen Stoffwechsels zum Opfer zu fallen. Diese Voraussetzung ist am besten erfüllt bei hochmolekularen oder bei an Trägerstoffe gebundenen Antigenen. Außerdem ist aber ein gutes Antigenvermögen an bestimmte strukturelle Motive gebunden, die vom Immunstoffproduzenten als körperfremd empfunden werden, wobei sich die chemisch-konstitutionelle Abweichung sowohl auf die humoralen wie die cellulären Körperbestandteile bezieht.

Erstaunlicherweise können die strukturellen Verschiedenheiten relativ geringgradig sein. Sie brauchen bei makromolekularen Antigenen nicht mehr als 1% der Oberfläche zu betragen. Die körperfremden Strukturbestandteile sind die eigentlichen Wirkgruppen der Antigene. Sie bestimmen die Spezifität der Antikörper.

Diese wenigen Hinweise sollen nicht nur die Schwierigkeiten aufzeigen, die sich bei Versuchen der Antigendefinierung ergeben. Sie sollen vor allem zeigen, daß die Wirksamkeit der Antigene von Faktoren abhängt, die mit der Bildung der Antikörper in engem Zusammenhang stehen und die in dem von Antigenen befallenen Organismus lokalisiert sind.

2.

Schon bei der Entdeckung der ersten Antikörper durch BEHRING fiel ihre *Spezifität* auf. Das Diphtherieantitoxin vermag nur das Diphtherietoxin, das Tetanusantitoxin nur das Tetanustoxin zu neutralisieren und nicht umgekehrt. Diese Eigenschaft erinnert an die Spezifität der Fermente gegenüber bestimmten Substraten und an die spezifische Wirksamkeit der Proteohormone (Insulin, ACTH, Gonadotropine, Follikelhormone, thyreotropes Hormon usw.). Beide Wirkstoffarten sind Proteine. Wie erwähnt, steht auch für Antikörper die Proteinstruktur fest. Während aber bei den Proteinen

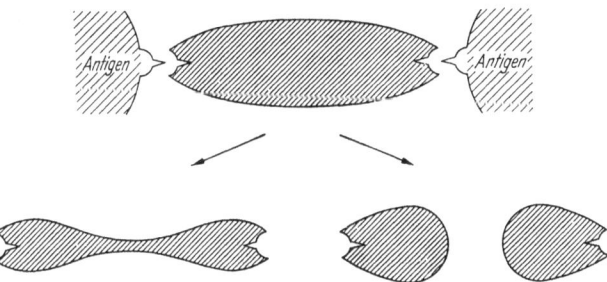

Abb. 1. Modell für die fermentative Freilegung antikörperaktiver Bezirke im γ-Globulin

mit Ferment- und Hormonaktivität die biologische Aktivität bereits mehrfach auf Molekülbezirke mit definierbarer Aminosäurefolge zurückgeführt werden konnte[2], ist für Antikörper eine konstitutionelle Verankerung der spezifischen Wirksamkeit im chemischen Aufbau der Peptidketten (Primärstruktur der Proteine) noch nicht erwiesen. Wir sind auf Vorstellungsbilder angewiesen. Ihnen

liegt die bereits 25 Jahre alte Theorie der komplementären Anpassung des Antikörperproteins an die determinanten Gruppen des Antigens zugrunde. Relativ geringen Datums ist die Erkenntnis, daß der Reaktionsort der Spezifität im Antikörpermolekül sehr klein ist und nur etwa 1% seiner Oberfläche ausmacht[3].
Abb. 1 wird der zur Zeit vorherrschenden Auffassung[4] von der Bivalenz der Antikörper gerecht und zeigt, daß, dem experimentellen Befunde entsprechend, bei Antikörpermolekülen in gleicher Weise wie bei Fermenten und Proteohormonen durch vorsichtige Proteolyse eine Molekülverkleinerung ohne Aktivitätsverlust herbeigeführt werden kann[5]. Bei den Antitoxinen vom Pferd weisen

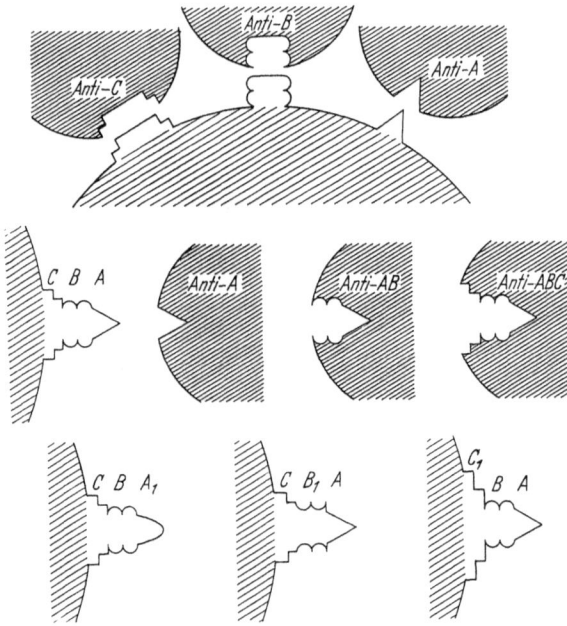

Abb. 2. Symbole verschiedener Antikörpertypen

Halbmoleküle dasselbe Bindungs- und Präcipitationsvermögen gegenüber Toxin auf wie die unversehrten Antitoxine. Dies ist bei kleineren und besonders bei univalenten Bruchstücken nicht mehr der Fall, deren Spezifität nur mit Hilfe immunologischer Spezialverfahren nachweisbar ist. Die „Herausschälung" von Spezifitätszentren in der Form chemisch definierbarer Molekülfragmente

Bildung der Antikörper 149

bereitet erhebliche Schwierigkeiten[6]. Dabei ist die ungleichartige Adaptation der Antikörper an das Antigen ein nicht überwindbares Hindernis.

Bei Proteinantigenen sind in der Regel mehrere Aminosäuregruppierungen determinant. Liegen diese, entsprechend dem Darstellungsschema in Abb. 2, an entfernten Stellen des betreffenden Proteins, so wird gegen jede determinierende Gruppe ein Antikörper für sich gebildet. Die Nachbarschaft spezifitätsbestimmender Gruppen im Antigenmolekül führt jedoch zu Antikörpern mit übergreifender Spezifität[7]. Beispielsweise können gemäß Abb. 2 in Immunisierungsversuchen mit einem Proteinantigen, das in den Symbolen A, B und C spezifische Aminosäurensequenzen für den Typ (z. B. Albumin, Glykoprotein. Lipoprotein usw.), die Art (Mensch, Hund, Pferd usw.) und eine biologische Aktivität (Toxin, Ferment usw.) aufweist, im Anfangsstadium der Antigenverabreichungen zunächst nur Antikörper gegen A entstehen, später, im Verlaufe einer Hyperimmunisierung, aber auch Antikörper mit einer auf B und C erweiterten Spezifität gebildet werden. Bei chemisch verwandten Gruppierungen im Antigen (angedeutet durch A_1, B_1 und C_1) erhält man Antikörper, die zu sogenannten Kreuzreaktionen führen und auch heterophile Antikörper genannt werden. Mit Rücksicht auf die weiteren Betrachtungen erscheint es wichtig, auf die Möglichkeit einer allerdings begrenzten Wandelbarkeit als ein besonderes Charakteristikum der Immunspezifität hinzuweisen.

Wir verfügen über sehr empfindliche Methoden, um selbst geringgradige Aktivitätsunterschiede von Antikörpern zu bestimmen. Die Chemiker bevorzugen das von HEIDELBERGER[8] stammende Verfahren, Immunpräcipitate, die beim Vermischen von Antigenen (Vollantigene definierter Reinheit) und Antikörpern in bestimmten Mengenverhältnissen entstehen, quantitativ zu bestimmen. Kennt man die spezifitätsbestimmende Gruppe eines Antigens, auch Haptengruppe genannt, so kann man mit ihr, beispielsweise mit einer prosthetischen Zucker- oder Polysaccharidgruppe, eine quantitative Hemmung der Präcipitinreaktion herbeiführen. Dabei geht man so vor, daß man abgestufte Haptenmengen dem auf optimale Konzentrationsverhältnisse eingestellten präcipitierenden System aus Vollantigen und Antikörper zufügt. KABAT[9] gelang es, bei Anwendung dieser Methode auf menschliche Dextranantikörper und auf mit Isomaltose, dem Baustein des Dextrans, strukturverwandten Oligosaccharide verschiedener Kettenlänge, die Größe des aktiven Antikörperbezirkes abzutasten. In Abb. 3 wird gezeigt, daß bei einem bestimmten Anti-Dextranserum das Hemmvermögen in der Reihe homologer Isomaltosen bis zur Erreichung eines Maximums bei der Isomaltohaose zunimmt.

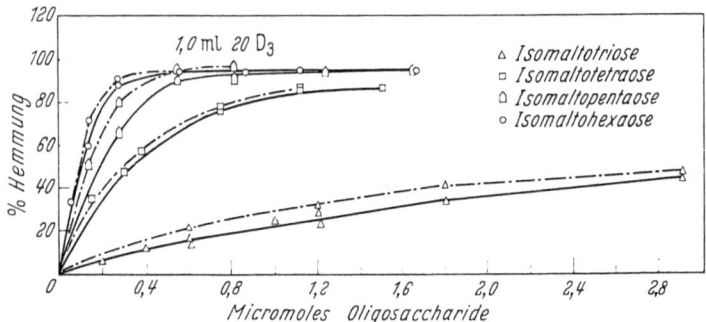

Abb. 3. Inhibierung der Dextran-Antidextran-Präcipitation durch Isomaltotriose, -tetraose, -pentaose und -hexaose

Bei Übertragung dieses Befundes auf die zuvor angeführten Antikörpermodelle ergibt sich, daß die für die Größe des Reaktionsortes typische Kavität bei einem bestimmten Antikörper durch die Länge des Isomaltohexaosemoleküls gerade ausgefüllt wird. Bei einem anderen Antidextranserum ist die Hemmung schon bei Zusatz der Isomaltopentaose maximal, woraus auf eine geringere Ausdehnung des Reaktionsbezirkes dieses Antikörpers geschlossen werden kann. Die Synthese der Antikörper führt demnach selbst bei gleichen Antigenen keineswegs zu Wirkstoffen konstanter spezifischer Aktivität wie es bei Proteinen mit Ferment- oder Hormoncharakter der Fall ist. KABAT vertritt sogar die Auffassung, daß jedes Individuum eine unterschiedliche Mannigfaltigkeit von Antidextran-Molekülen verschieden großer Aktivitätszentren zu produzieren vermag.

3.

Wir wollen nun die Frage der *physikalisch-chemischen Homogenität von Antikörperproteinen* behandeln und prüfen, ob Eiweißmoleküle trotz unterschiedlicher Dimensionierung ihrer spezifischen Reaktionszentren einheitlich zusammengesetzt sein können.

Die Beantwortung dieser Frage erleichtert es uns, zu beurteilen, ob der Antikörperproduktion eine Sonderstellung unter den Mechanismen der Proteinsynthese einzuräumen ist.

Studien über die *elektrophoretische Verteilung (Trägerelektrophorese)* bestimmter Antikörper des menschlichen Serums (Immunhemmkörper gegen Hämophilie, Luesantikörper, Antistreptolysin)

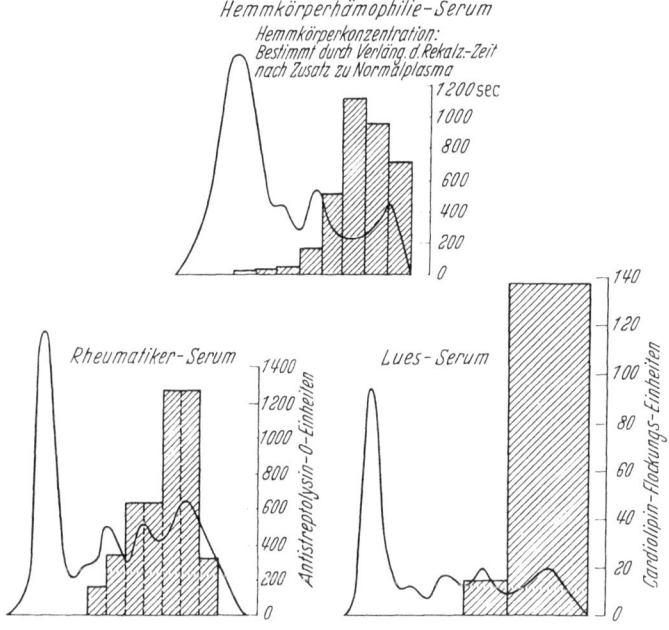

Abb. 4. Serum-Antikörper-Verteilung bei der Zonenelektrophorese

bei der Zonenelektrophorese zeigen (Abb. 4), daß langsame und schnelle γ-Globuline (γ_2- und γ_1-Globuline), aber auch β- und α-Globuline immunstoffhaltig sein können.

Aus entsprechenden Untersuchungen mit Hyperimmunseren vom Pferd geht hervor, daß die Diphtherie- und Tetanusantitoxine mit der Dauer der Antigenbehandlung in der Gruppe der schnellen γ-Globuline (T-Komponente) oder der β-Globuline angereichert werden[10] (Abb. 5). Es bleibt offen, ob die mit dieser Methode beobachteten quantitativen Verschiebungen in der Eiweißzusammensetzung mit qualitativen Strukturänderungen gewisser γ-Globulinkomponenten verbunden sind.

Bei der *Immunoelektrophorese*[11] in Agargel stellen sich die γ-Globuline von Mensch und Tier bei Verwendung homologer Anti-Normalseren als ein lang gezogenes Präcipitatband dar, das sich

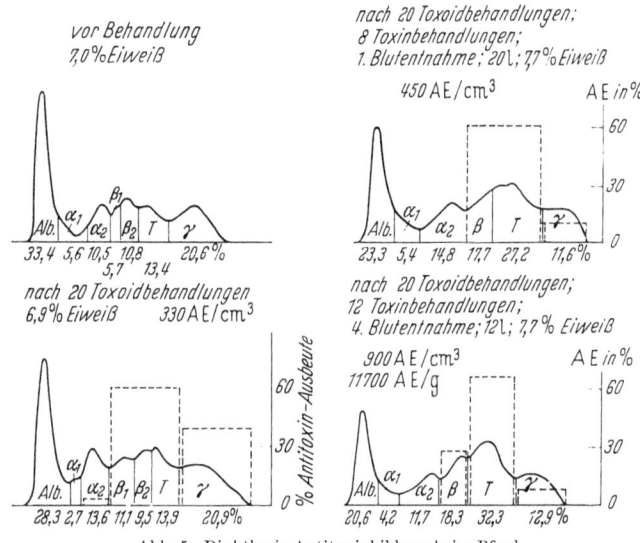

Abb. 5. Diphtherie-Antitoxinbildung beim Pferd

vom γ_2- bis zum α_2-Bereich erstreckt (Abb. 6). Dieses ist so zu deuten, daß eine Vielzahl immunchemisch verwandter γ-Globuline verschiedener elektrophoretischer Beweglichkeit gemeinsam präcipitieren. Zusätzlich erscheinen in diesem lang gestreckten Präcipitat, insbesondere im Gebiet der γ_1- bzw. β_2-Globuline, schwächer ausgeprägte Linien, die wie die im nicht auflösbaren Präcipitatband vereinten γ-Globuline Träger spezifischer Abwehrstoffe sind. Es konnten die Komponenten $\beta_2 A$[12] und $\beta_2 M$ näher charakterisiert werden. Andere, besonders bei Immunopathien und Hyperimmunisierung vermehrte, immunoelektrophoretisch als feine Präcipitatlinien erkennbare Vertreter des γ-Globulinsystems harren noch der näheren Definierung. Pathologische Proteine vom Typ der γ-, β- und α-Myelomglobuline[14], Waldenström-Makroglobuline[15] oder Bence-Jones-Proteine sind nach Befunden mit der Immunoelektrophorese ebenfalls dem γ-Globulin-Komponentensystem zuzuzählen[16]. Eine Beziehung dieser γ-Globulin-Abkömmlinge zu den Antikörpern ist jedoch nicht erwiesen.

Wir haben uns mit einzelnen Fraktionen des menschlichen γ-Globulin-Komponentensystems, in das wir auch die β_2A- und β_2M-Globuline einbeziehen, näher befaßt und das Ergebnis der Antikörperprüfung in Tab. 1 zusammengestellt.

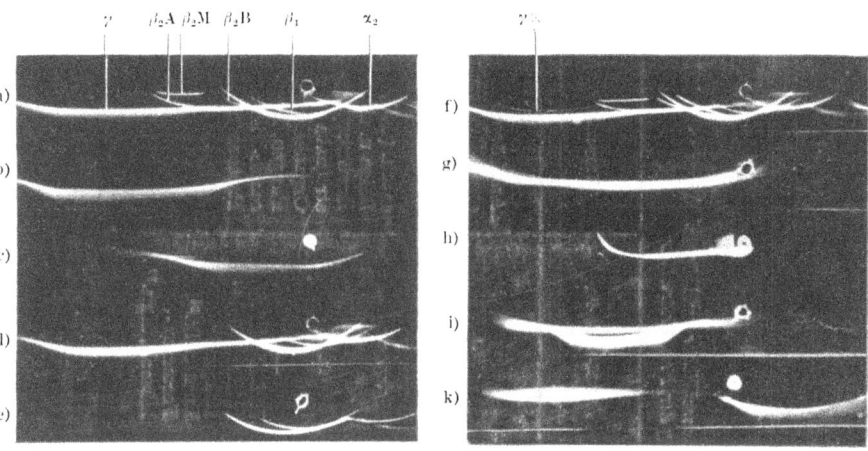

a) Normales Humanserum b) γ-Globulin $S_{20,w} = 7$ c) β_2A + wenig β_2M-Globulin
d) Normogammaglobulinämie e) Agammaglobulinämie f) Rheuma
g und h) Makroglobulin- i) γ-Plasmozytom k) α_2-Plasmozytom
ämie Waldenström
a–f) Anti-Humanserum vom Kaninchen
g, i, k) Anti-γ-Globulinserum vom Kaninchen
h) Anti-β_2M-Serum vom Pferd

Abb. 6. Immunoelektrophoretische Darstellung normaler und pathologischer Komponenten des menschlichen γ-Globulinsystems

Die Prüfung erstreckte sich auf natürlich erworbene Immunstoffe, die im Mischserum erwachsener Blutspender der Bundesrepublik anzutreffen sind und durch Isolierung der γ-Globuline angereichert wurden. Es ist eine ungleiche Verteilung der verschiedenen Antikörpertypen, insbesondere eine Anreicherung bestimmter Typen in der Gruppe der schneller beweglichen γ_1- bzw. β_2-Globuline zu erkennen.

Am Beispiel des hochaktiven Tetanusantitoxins vom Pferd läßt sich mit Hilfe der Immunoelektrophorese zeigen (Abb. 7), daß außer der T-Komponente, die ein γ_1- oder β_2-Globulin ist, auch ein β-Globulin durch die Immunisierung vermehrt wird. Beide Komponenten enthalten mehr Antikörper als die γ_2-Globulinfraktion, unterscheiden sich aber immunoelektrophoretisch nicht von den

Tabelle 1. *Chemische und physikalische Charakterisierung menschlicher antikörperhaltiger γ-Globulinkomponenten ohne nachgewiesene Änderung der Primärstruktur*

γ-Globulin-komponente a)	kohlenhydratarme γ-Globuline (Gesamtfraktion b)		β_2A-Globulin c)	β_2M-Globulin	Properdin[17]	γ-Globuline mit möglicherweise modifizierter Primärstruktur
	langsame Fraktion d)	schnelle Fraktion				
	Antikörperaktivität[39]					
Diphtherie[18]	+		+		Antikörper gegen Zymosan Laevan Dextran Bakter.-Polysacch. (Coli, Shiga u. a.) Erythrocytenstromata Organzellen Phagen, Newcastle-Virus Protozoen	Autoantikörper L.E.-Faktor Rheuma-Faktor C-reakt. Protein
Tetanus	++	+	+++	++		
Typhus H[19]	+++	+	+++	+++		
Typhus O[20]	++++	+	++	+++		
Paratyphus B	++	+		++		
Pertussis-Aggl.[21]						
Poliomyelitis Typ I—III	+	+	++	++		
Isoaglut. (Anti-A u. B)[22]			+			
				RH-Agglut.[23] Kälteagglut.[24] Reagine[25] Luesantik.[26] Forssman-Hämol., Kan.[27]		

Bildung der Antikörper

Elektrophorese e)	7,1	1,2	7,1	7	18—20	27 g)
Sedimentation f)		7,1				
Hexosen	1,2	1,4	1,5	3,2	4,2 ⎱ 5,2 ⎱	L.E.-Faktor = 7[31]
Fucose	0,29	0,19	0,22	0,22	0,46 ⎰ 0,62 ⎰	Rheuma-Faktor = 18—20[32]
Acetylhexosamin	1,3	1,1	1,3	2,9	3,0 [39] 3,6 [34]	C-reakt.-Protein = 7,5[33]
Acetylneuraminsäure	0,19	0,23	0,45	1,8	2,0 ⎰ 1,87	

a) in nicht näher charakterisiertem γ-Globulin: Antikörper gegen Masern, Scharlach, Pocken, Herpes, Varicellen, Röteln, infekt. und hämatogene Hepatitis und infekt. Mononucleosis[28].

b) frei von $β_2$M- und $β_2$A-Globulin.

c) enthält noch nachweisbare Mengen an $β_2$M-Globulin.

d) in der langsam wandernden γ-Globulinfraktion, zu der auch die Fraktion II-1,2 nach COHN zu rechnen ist, wurden außerdem noch blockierende Rh-Antikörper[29] und Antikörper gegen Brucellose, Histoplasmose und Toxoplasmose nachgewiesen[30].

e) $p_H = 8{,}6; -u \cdot 10^{-5}$/Volt · sec[39].

f) $S_{20,w} \cdot 10^{-13}$ cm/sec dyn[39].

g) nach ISLIKER $S = 23 \cdot 25$[35]

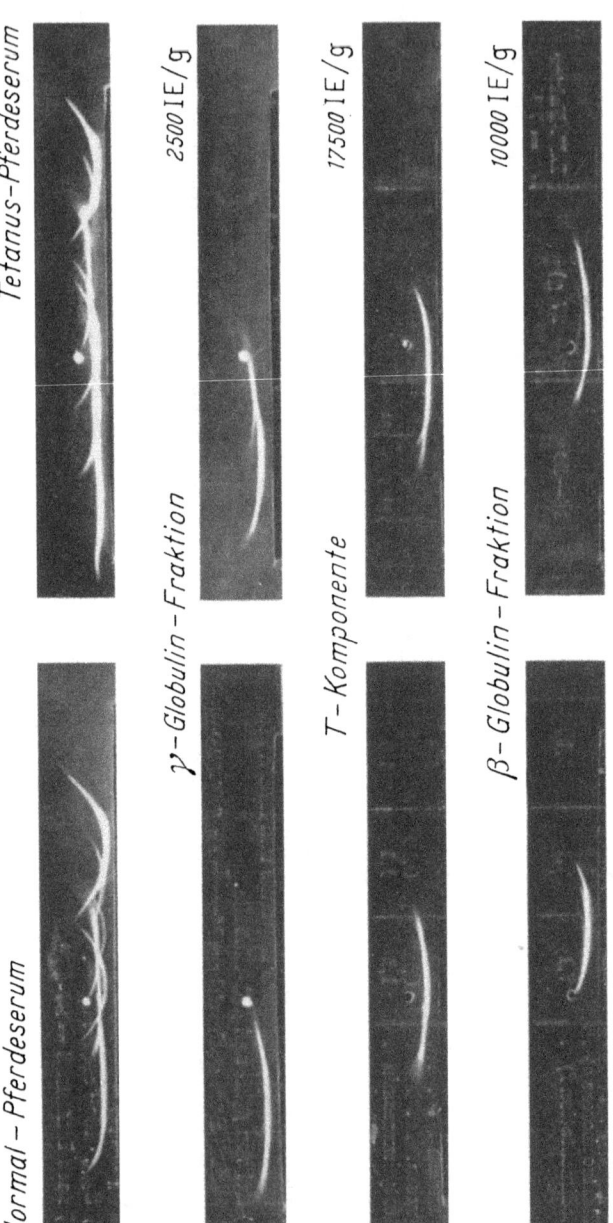

Abb. 7. Immunoelektrophorese isolierter γ-Globulin-Fraktionen des Pferdeserums

entsprechenden Fraktionen des normalen Pferdeserums, die praktisch antitoxinfrei sind.

Die Untersuchung der Immunstoffe in der *Ultrazentrifuge* ermöglicht eine Aufteilung in zwei Gruppen. Im Normalserum und in Patientenseren (mit Ausnahme von Fällen mit Makroglobulinämie Waldenström) überwiegen bei weitem die γ-Globuline mit der Sedimentationskonstante S = 6,5 bis 7,3, die ein Molekulargewicht von 156000—170000 haben. Das β_2A-Globulin gehört ebenfalls in diese Gruppe. Das β_2M-Globulin, das auch die Bezeichnung γ_1M[36] erhielt, hat die Sedimentationskonstante S = 18—20 und ein Molekulargewicht von 900000 bis 1 Million (Tab. 1). Manche Antikörperaktivitäten finden sich nur im Verband der γ-Globuline mit dem niederen Molekulargewicht, andere gehören dem makromolekularen Typ an. Bei den letztgenannten dominieren Immunkörper gegen polysaccharidhaltige Antigene (Isoagglutinogene, Typhus O-Antigen, Pneumokokken-Kapselsubstanz). Der Rheumafaktor und die Makroglobuline vom Typ Waldenström sind Angehörige oder Derivate der hochmolekularen Gruppe (Tab. 1 und 2). Eine besondere Eigenart dieses hochmolekularen Globulintyps ist es, in Gegenwart SH-Gruppen enthaltender Verbindungen (Cystein, Cysteinamin, Mercaptoäthanol) in γ-Globuline der Sedimentationskonstante S = etwa 7 zu dissoziieren und dabei die biologische Aktivität zu verlieren[37].

Nach neueren Untersuchungen ist man berechtigt, das von PILLEMER entdeckte und zunächst für einen unspezifischen Abwehrstoff gehaltene Properdin in die Gruppe der hochmolekularen (heterophilen) Antikörper einzureihen[38].

Die Hyperimmunisierung von Pferden mit Diphtherie- und Tetanustoxin liefert ausschließlich Immunglobuline der Sedimentationskonstante S = etwa 7. Durch Einwirkung proteolytischer Fermente läßt sich ohne wesentlichen Aktivitätsverlust ein partielles Abbauprodukt mit S = etwa 5 isolieren. Die aktiven Bezirke sind somit bei Halbmolekülen erhalten. Aus normalem Pferdeserum läßt sich ein partielles Spaltprodukt mit dem gleichen Verhalten in der Ultrazentrifuge gewinnen.

Die *chemische Untersuchung* der durch physikalisch-chemische und immunchemische Methoden nur unbefriedigend charakterisierbaren antikörperhaltigen γ-Globulinkomponenten erstreckt

Tabelle 2. *Chemische und physikalische Charakterisierung von γ-Globulinen hyperimmunisierter Tiere*

Protein	Antitoxin-Einheiten je Gramm	Elektroph. Beweglichkeit (a)	Sediment. der Hauptkomp. (b)	Hexosen	Fucose	Acetylhexosamin	Acetylneuraminsäure	
I. Pferd								
1. vor Immunisierung (Kontr.)								
Normal-γ-Globulin		1,7	6,6	1,1	0,13	1,1	0,22	
Normal-T-Globulin		4,4	6,6	2,1	0,30	1,9	0,89	
Normal-β-Globulin		5,5	7,0	3,3	0,27	2,8	1,74	
2. nach Immunisierung								
Anti-Tetanus-γ-Globulin	2 500	1,9	7,3	1,1	0,13	0,9	0,25	
Anti-Tetanus-T-Globulin	17 500	3,5	7,0	2,0	0,24	1,9	0,69	
Anti-Tetanus-β-Globulin	10 000		7,0	2,6	0,24	2,3	1,49	39
Anti-Tetanus-Globulin partielles Abbauprodukt	62 000	1,7	5,4 c)	1,1	0,17	1,1	0,24	
Anti-Diphtherie-γ-Globulin	5 000	1,7	6,6	1,5	0,20	1,4	0,39	
Anti-Diphtherie-T-Globulin	25 000	3,5	6,9	2,2	0,28	1,9	0,71	
Anti-Diphtherie-Globulin partielles Aubbauprodukt	25 000	1,5	5,4	1,1	0,21	1,2	0,44	
Anti-Diphtherie-Globulin partielles Abbauprodukt	135 000 d)	0,4 e)	5,5					41
Anti-Pneumokokken-Globulin		1,7 f)	19,3					40
II. Rind								
Anti-Pneumokokken-Globulin		1,31 f)	18,1					40
III. Schwein								
Anti-Pneumokokken-Globulin		1,30 f)	18,0					40
IV. Kaninchen								
Anti-Pneumokokken-Globulin		1,8	6,3—7,0					43

a) $p_H = 8,6$; $-u \cdot 10^{-5}$ cm^2/Volt · sec; b) $S_{20,w} \cdot 10^{-13}$ cm/sec · dyn; c) von LARGIER[44] bestätigt; d) POPE und STEVENS[42] erreichten 211000 E/g; e) $p_H = 7,3$; f) $p_H = 7,72$; Natriumchlorid-Phosphatpuffer sich auf die Ermittlung von Abweichungen in der Kohlenhydrat- und der Aminosäurezusammensetzung.

Es wurde gefunden, daß die γ-Globuline relativ mehr Fucose enthalten als andere Plasmaproteine und daß β_2A und β_2M des Humanserums mehr Hexosen, Hexosamin, Fucose und Neuraminsäure enthalten als die Hauptgruppe der γ-Globuline der Sedimentationskonstante S = etwa 7. Aber auch innerhalb dieses Komponentensystems enthalten die schneller wandernden Anteile mehr Neuraminsäure und Hexosen als die langsamer wandernden (Tab. 1). Ein etwaiger Zusammenhang zwischen Kohlenhydrat- und Abwehrstoffgehalt ist am besten bei Hyperimmunseren vom Pferd zu studieren. Auch bei ihnen findet man eine Zunahme an prosthetisch gebundenen Kohlenhydraten bei den nach steigender elektrophoretischer Wanderungsgeschwindigkeit geordneten γ-Globulinfraktionen. Dagegen besteht keine Beziehung zur spezifischen Immunaktivität. Die aus Normalseren gewonnenen γ-Globuline enthalten ebensoviel Kohlenhydrat wie die Immun-γ-Globuline gleicher Beweglichkeit bei der Elektrophorese. Es liegen auch noch keine Hinweise dafür vor, daß sich hochaktive und inaktive γ-Globulinkomponenten derselben Wanderungsgeschwindigkeit in der Aminosäurezusammensetzung voneinander unterscheiden, obwohl schon seit längerer Zeit bei γ-Globulinpräparationen verschiedener Beweglichkeit eine unterschiedliche quantitative Aminosäurezusammensetzung beobachtet wurde[45]. Es unterscheiden sich z. B. die schneller wandernden γ_1-, β_2- bzw. T-Komponenten von Mensch, Rind und Pferd durch einen geringeren Gehalt an basischen Aminosäuren sowie an Methionin, Threonin und Isoleucin.

Für die hier besonders interessierende Frage der Konstitutionsabhängigkeit der Immunkörperaktivität von γ-Globulinen haben Sequenzbestimmungen von Aminosäuren eine besondere Bedeutung. Ergebnisse liegen vor über die Reihenfolge einiger Aminosäuren am —NH_2-Ende von Peptidketten bei menschlichen und tierischen γ-Globulinkomponenten (Tab. 3). Sie lassen aber noch keine Abweichungen bei inaktiven und aktiven Vertretern entsprechender Beweglichkeit erkennen. Das menschliche kohlenhydratarme γ-Globulingemisch (S = 6,6—7,3) soll, wie außerdem durch Bestimmung der C-endständigen Aminosäuren Serin und Glykokoll wahrscheinlich gemacht wurde, aus mindestens zwei Polypeptidketten oder aus einem Gemisch von mindestens zwei verschiedenartigen Molekülarten bestehen, denn die Summe der Endgruppen beträgt mehr als 2 Mol/160000 g Eiweiß. Bei Pferde- und Rinder-γ-Globulinen ist der Grad der Unhomogenität noch wesentlich größer. Lediglich das Kaninchen-γ-Globulin wird übereinstimmend als weitgehend homogen und nur aus einer einzigen Polypeptidkette bestehend aufgefaßt. Die N-endständige Pentapeptidfolge Ala—Leu—Val—Asp—Glu ... ist bei Kaninchen-Normal-γ-Globulin und -Antikörperglobulin die gleiche[46]. Die Frage, ob bei weiterem Eindringen in die Konstitution der Peptidketten sich doch noch, wenn auch geringfügige chemische Merkmale für eine spezifische Immunaktivität auffinden lassen, muß zur Zeit noch offenbleiben.

Tabelle 3. *Aminosäureendgruppen von γ-Globulinen verschiedener Species (Mol Aminosäure/160000 g Eiweiß)*

γ-Globulin	N-Endgruppen						
	Asp	Glu	Leu	Ala	Ser	Thr	Val
1. Mensch Normal-γ-Globuline:							[47]
γ_2-Globulin	1,1	1,8			0,1		[48]
Fraktion II-1,2 nach Cohn	1,1	1,8			0,1		[49]
Fraktion II-3 nach Cohn	1,0	1,1			0,1		[49]
2. Pferd Anti-Tetanus-γ-Globulin 5800 I E/g	0,15	0,09	0,17	0,06	0,09	0,03	0,15 ⎫
Anti-Tetanus-T-Globulin 8070 I E/g	0,19	0,07	0,14	0,14	0,16	0,09	0,16 ⎬ [50]
Anti-Pneumokokken-Antikörper Typ III a)	0,23	0,10	0,09	0,44	0,07		0,18 ⎭
3. Rind Normal-γ-Globulin	0,13	0,15		0,09	0,09		0,11 [49]
4. Kaninchen Normal-γ-Globulin	0,4 b)		1,0				⎫ [51]
Anti-Pneumokokken-Antikörper	0,4 b)		1,0				⎬ [52]

a) Antigen-Antikörper-Präcipitat. Das Molekulargewicht des Antikörpers beträgt etwa 900000.
b) Porter[52] fand im Gegensatz zu McFadden u. Smith[51] nur 1 Mol Ala.

Andererseits kann es für die bei Myelom anzutreffenden γ-Globulintypen einschließlich der Bence-Jones-Proteine als erwiesen

Tabelle 4. *Chemische und physikalische Charakterisierung menschlicher γ-Globulinkomponenten mit modifizierter Primärstruktur*

Proteine	Elektrophoret. Beweglichkeit $P_H = 8,6$ $-u \cdot 10^{-5}$ cm²/Volt · sec	Sedimentationskonstante $s_{20,w}$ 10^{-13} cm/sec · dyn		N-endst. Aminosäuren Mol/160000 g Eiweiß b) Asp	Glu	Sonstige
Normal-γ-Globulin[54]						
Fraktion II — 1,2 a)	1,1	6—7*	9	1,1	1,8	
Fraktion II — 3 a)	1,6	6—7*	9	1,0	1,1	
Makroglobuline[54]	0,5		17* 22	0,1	0,1	
(WALDENSTRÖM)	0,7	6—7	17* 24	1,2	0,2	
			18* 21	1,5		
Kryoglobuline[54]	0,8	6—7		1,8	2,7	
	1,1	6—7		2,0	0,1	
	1,1	6—7	18* 28	0,1		
Myelomglobuline[54]	0,7	6—7		0,2	3,1	2,0 Leu
	0,8	6—7		Spur	0,2	2,0 Leu
					0,1	0,2 Ala
	1,1	6—7		1,8	0,1	
	1,5	6—7* 9,5		0,1	5,3	0,3 Ala
	1,6	6—7		0,2	3,9	0,2 Phe
Bence-Jones-Globulin[55]	2,1	6—7		2,3		
	2,4			0,06	0,04	
	2,6					
		3,4				
		3,3				
	4,2	3,1		Spur	Spur	0,74 Tyr
	4,7	3,4		1,5	0,07	0,12 Leu

a) Vergleichspräparat, nach der Methode von COHN gewonnen; b) geringe Mengen Serin unsicheren Ursprungs wurden nicht angeführt; * Hauptkomponente.

gelten, daß ihre Primärstruktur von der normaler γ-Globuline verschieden ist. Die Abweichungen erstrecken sich auf die quantitativen Gehaltswerte an einzelnen Aminosäuren wie auf ihre Reihenfolge am Ende einer Peptidkette (Tab. 4)[53]. Wenn auch bei dieser als Paraproteine zu bezeichnenden γ-Globulingruppe keine Abwehrfunktionen erkennbar sind, so erscheint es wichtig, festzustellen, daß γ-Globulinderivate mit abgewandeltem Aminosäureaufbau der Peptidketten vorkommen können. Das Ausmaß der Abwandlung ist verschieden. Es hängt von Faktoren, die die Proteinsynthese steuern, ab. Da durch Änderung der Aminosäuresequenz in den Peptidketten von Proteinen neue spezifitätsbestimmende Gruppen entstehen, die als Antigene Antikörpertypen mit neuen Spezifitätsmerkmalen hervorrufen, gelingt es mit Hilfe spezifischer Antiseren gegen normale γ-Globuline, den Grad der Abwandlung mit der quantitativen Präcipitinreaktion zu bestimmen.

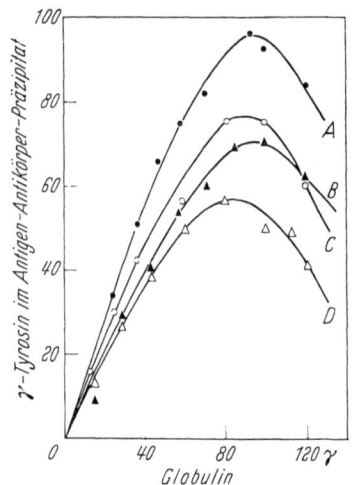

Abb. 8. Immunologische Verwandtschaft von T- und γ-Globulin aus Pferdeserum. (Quantitative Immunpräcipitation nach HEIDELBERGER.) Antiserum: Kaninchen-Antiserum gegen T-Komp. aus Tet.-Pferdeserum. A = T-Komponente aus Tet.-Pferdeserum 17500 IE/g Protein, B = γ-Globulin aus Tet.-Pferdeserum 2500 IE/g Protein, C = T-Komponente aus normalem Pferdeserum, D = γ-Globulin aus normalem Pferdeserum

Neuerdings hat das Verfahren der *quantitativen Bestimmung von Immunpräcipitaten*[8] eine besondere Bedeutung für die Aufklärung konstitutioneller Veränderungen in γ-Globulinen erlangt. Von uns wurde ein Antiserum gegen die besonders immunstoffreiche T-Komponente des Tetanuspferdeserums, das durch Immunisierung von Kaninchen gewonnen wurde, herangezogen. In Übereinstimmung mit TREFFERS und HEIDELBERGER[56] fanden auch wir keine Anzeichen einer Antikörperbildung gegen die spezifische Aktivität des Antitoxins, also keinen Anti-Antikörper. Die Abb. 8 enthält einige Kurven, die den quantitativen Ablauf der Immunreaktion des Anti-T-Kaninchenserums mit der homologen und anderen γ-Globulinfraktionen des Pferdeserums darstellen.

Daß der Antitoxingehalt die Reaktion nicht beeinflußt, geht daraus hervor, daß die aus dem Immunserum gewonnenen antitoxinhaltigen Fraktionen stärker voneinander abweichen als die der elektrophoretisch verschiedenen T- und γ-Globulinfraktionen.

Es ist uns auch nicht gelungen, mit Hilfe von Resistenzprüfungen gegenüber proteolytischen Fermenten eine antitoxinreiche γ-Globulinfraktion von einer nicht antitoxisch wirksamen γ-Globulinfraktion entsprechender elektrophoretischer Beweglichkeit zu unterscheiden.

Die Ergebnisse der chemisch-physikalischen Untersuchungen lassen sich dahingehend zusammenfassen, daß sich die Vielzahl natürlich vorkommender γ-Globuline mit Antikörperaktivität durch die elektrophoretische Beweglichkeit, Molekülgröße, die Kohlenhydrat- und Aminosäurezusammensetzung voneinander unterscheiden, daß aber ein antikörperhaltiges γ-Globulin trotz hoher spezifischer Wirksamkeit keine chemisch oder physikalisch faßbare Abweichung erkennen läßt gegenüber einem normal vorkommenden γ-Globulin derselben Gruppe, das diese Spezifität nicht aufweist[57].

4.

PAULING[58] sah eine Lösung des besonderen Strukturproblems der Antikörper in der Annahme einer spezifischen, der räumlichen Anordnung determinierender Antigengruppen angepaßten Faltung der Peptidketten. Diese sollen in ihrer Primärstruktur nach dem Normalschema proteinsynthetisierender Zellen fertig ausgebildet werden und erst sekundär, entsprechend Abb. 9, an der Oberfläche des Antigens ein stereospezifisches Faltungsmuster erhalten. Für präcipitierende Antikörper muß eine zweifache Faltung der Peptidkette angenommen werden, da hierdurch die Entstehung sogenannter bivalenter Antikörper erklärt wird, die mit dem zur Bildung unlöslicher Immunpräcipitate (Abb. 9, VII) führenden Reaktionsablauf am besten in Einklang zu bringen sind.

Das dreidimensionale Modell des Myoglobins, das KENDREW[59] erstmalig für ein Protein mit neuartigen Methoden der Röntgenanalyse abzuleiten vermochte, ist mit der Faltungstheorie PAULINGs durchaus vereinbar. Aber erst die Aufstellung eines dreidimensionalen Faltungsmusters für γ-Globuline erlaubt zu entscheiden, ob die Immunspezifität in der Tertiärstruktur eines Proteins verankert sein kann.

PAULING hoffte, seine Theorie durch eine Umfaltung normal synthetisierter γ-Globuline in vitro stützen zu können. Es ist aber bis jetzt noch nicht gelungen, einen spezifischen Antikörper durch

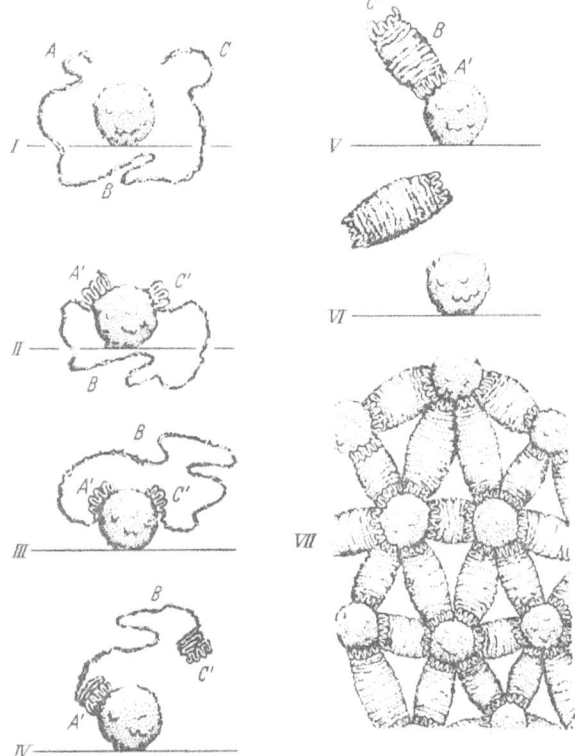

Abb. 9. I—V Stadien der Anlagerung der Peptidkette B an determinierende Bezirke des kugelförmig dargestellten Antigens und Entwicklung des Faltungsmusters an den Endgliedern A' und C'. VI Ablösung des fertig gebildeten Antikörpers vom Antigen. VII Immunpräcipitat bei optimalem Antigen/Antikörper-Verhältnis

künstlichen Kontakt nativer oder denaturierter γ-Globuline mit einem Antigen zu erhalten[60].

Der Paulingschen Auffassung stehen auch die Versuchsergebnisse von SIMPSON und VELIEK[61] und von WORK u. Mitarb.[62] gegenüber, aus denen hervorgeht, daß der Einbau radioaktiv markierter Aminosäuren in Muskel- oder Milchproteine nicht über langlebige

Bildung der Antikörper 165

Zwischenprodukte von Peptidnatur verläuft. Das gleiche gilt nach TALIAFERRO[63] und HARRIS[64] auch für Antikörperproteine. Demnach entstehen die Merkmale der Antikörperspezifität aus kleinen Bausteinen und werden wahrscheinlich schon im Stadium der Entwicklung von Sekundärstrukturen der Peptidketten geprägt. Eine Antikörperbildung über normale γ-Globuline als Zwischenprodukte konnten GREEN und ANKER[65], ebenfalls durch Isotopenversuche, ausschließen. Dagegen ist nach HAUROWITZ[66] die Auffassung vertretbar, daß in einem bestimmten Teil der Zelle zuerst Polypeptidketten oder fadenförmige Proteine gebildet werden, die dann vielleicht im Sinne einer Fließbandtheorie[67] durch Diffusion in einen anderen Teil der Zelle gelangen, in dem sie nach einem normalen Muster oder nach einem determinierenden Antigenmuster zu einem dreidimensionalen Molekül gefaltet werden.

Gegen diese Vorstellung erhoben BURNET und FENNER[68] den Einwand, daß Antigenmoleküle nicht lange Zeit im Gewebe persistieren können. In der von ihnen aufgestellten Fermenttheorie der Antikörpersynthese vertreten sie die Auffassung, daß die Antigene als Matrize für die Synthese spezifisch adaptierter Enzyme dienen, die durch Teilung[69] vererbt werden und daher auch nach dem Verschwinden aller Antigenreste noch Antikörper zu bilden vermögen. Die lange Persistenz derartiger Enzyme ohne Mitwirkung eines spezifischen Gens bereitet aber Schwierigkeiten.

5.

Diese konnten teilweise durch Ergebnisse neuerer *experimenteller Arbeiten über den Verbleib der Antigene in vivo* behoben werden. HAUROWITZ u. Mitarb. studierten das Schicksal artfremder, mit Jod^{131} [70], C^{14} [71] und S^{35} [72] markierter Albumine und Globuline nach intravenöser Gabe beim Kaninchen. Die radioaktiven C- und S-Atome waren in stoffwechselfremden prosthetischen Gruppen (Anthranil- und Sulfanilsäure) enthalten. Obgleich bei den durch direkte Jodierung mit Jod^{131} markierten Proteinantigenen die Stapelung jodhaltiger Umwandlungsprodukte mit Zellbestandteilen nicht ausgeschlossen werden kann, waren die Ergebnisse eindeutig. Sie führten zur Erkenntnis, daß die Antigene in den Granula des Cytoplasmas der Milz- und Leberzellen, vorwiegend in den Mitochondrien (Abb. 10 und 11) über längere Zeitspannen gestapelt werden, als man es früher für möglich hielt.

Zwar werden von injizierten Proteinmengen von 25 bis 45 mg/kg Kaninchen 90% des Antigens schon in 24 Std. aus den Organdepots eliminiert, die zellgebundenen Anteile von nur etwa 15γ oder 2000 Antigenmolekülen je Leberzelle weisen eine Abfallrate

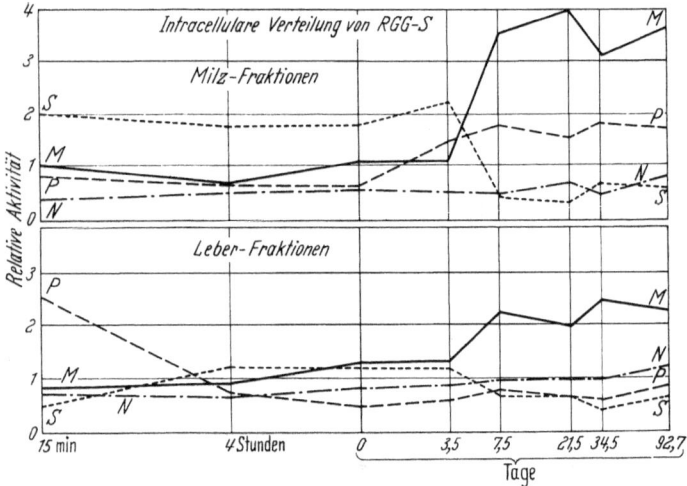

Abb. 10. Verteilung von S^{35}-Sulfanilsäure-γ-Globulin (Rind) in den Leber- und Milzzellen (13—30 mg/kg Kaninchen, einmal i.v.)

Nuclear-Fraktion (N) — · — · — · —
Mitochondrien-Fraktion (M) ────────
Mikrosomen-Fraktion (P) — — — — —
Löslicher Überstand (S) · · · · · · · · · · · ·

von 90% in 300 Tagen auf, so daß nach dieser Zeit noch 200 Moleküle auf eine Zelle entfallen. Durch Extrapolation läßt sich für 3000 Tage noch eine Antigenmenge von 20 Molekülen je Zelle ermitteln. Eigene Untersuchungen erbrachten drei Monate nach Verabreichung großer Mengen Humanalbumin noch eine deutliche Immunreaktion im Geldiffusionstest mit Kaninchen-Leberextrakten.

CAMPBELL u. Mitarb. [73] wandten auch den Schultz-Dale-Test zum Nachweis von S^{35}-Sulfanilsäure-Rinderalbumin im Leberpreßsaft von Kaninchen an. Die radiologisch ermittelte Abfallkurve ergab nach drei Jahren noch 0,0015% der einmalig injizierten Antigenmenge. Bei fraktionierter Antigenverabreichung derselben Menge innerhalb drei Wochen war die Restmenge nur etwa ein

Bildung der Antikörper 167

Drittel so groß, was auf die Bildung größerer Mengen humoraler Antikörper zurückzuführen ist, die die Ausscheidung zirkulierender Antigenmengen begünstigen[74].

Die Untersuchungen CAMPBELLs führten insofern noch zu einer weiteren wichtigen Erkenntnis, als das in der Leber eines Kaninchens längere Zeit gespeicherte Rinderalbumin chemisch verändert

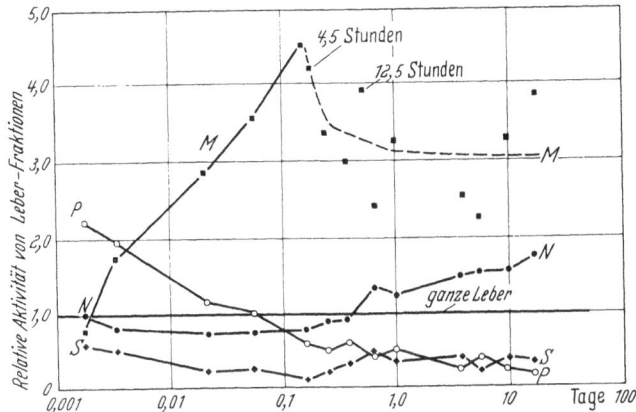

Abb. 11. J^{131}-Jodovalbumin (8% J^{131})-Verteilung in der Leberzelle (25—45 mg/kg Kaninchen einmal i. v.)

Nuclear-Fraktion (N) = ●
Mitochondrien-Fraktion (M) = ■
Mikrosomen-Fraktion (P) = ○
Löslicher Überstand (S) = ◆

war und als ribonucleinsäurereiche Fraktion abgeschieden werden konnte. Da die Nucleinsäuren bei der Peptidsynthese beteiligt sind und Antikörper aus Peptidketten entstehen, erscheint es verständlich, daß die Ribonucleinsäuresynthese und die Antikörperbildung in einer Zelle parallellaufen können.

EHRICH u. Mitarb.[75] sowie HARRIS u. Mitarb.[76] überprüften nach einer Antigeninjektion in die Fußsohle von Kaninchen in kurzen Abständen die histologischen, serologischen und chemischen Veränderungen in den regionalen Lymphknoten. Übereinstimmend stellten sie fest, daß in den mit Pyronin anfärbbaren Nucleolen und Cytoplasmagranula das Maximum der Ribonucleinsäurebildung am 4.—6. Tage mit dem der Antikörperbildung zusammenfiel. MAKINODAN u. Mitarb.[77] beobachteten auch in der Milz von

Hühnern eine mit dem Ansteigen des Ribonucleinsäuregehaltes parallellaufende Bildung präcipitierender Antikörper. In Zusammenhang hiermit steht die Feststellung DAMASHEKs[78], daß eine Störung der Nucleinsäuresynthese durch Verabreichung von 6-Mercaptopurin bei frühzeitiger Gabe auch zu einer Unterdrückung der Antikörperbildung führt.

Es gibt zur Zeit jedoch noch keinen Hinweis dafür, daß Nucleinsäuren bei der Ausbildung spezifischer Antikörperstrukturen direkt beteiligt sind. Dagegen ist es nicht ausgeschlossen, daß die Bindung an Nucleinsäure die Ursache einer langen Persistenz an sich abbauanfälliger Antigene in der Zelle ist. Diese intracelluläre Bindungsform gäbe auch eine Erklärung für die ebenfalls von INGRAHAM[79] (Albumin) und McMASTER[80] (γ-Globulin) beobachtete lange Leberretention artfremder Plasmaproteine, die bekanntlich eine relativ kurze Halbwertszeit aufweisen. Die Stapelung in der Milz als ein Hauptorgan der Antikörpersynthese steht mit der Faltungstheorie PAULINGs in Einklang, die nur bei Anwesenheit des Antigens die Möglichkeit einer Antikörperprägung sieht.

Eine lange Persistenz konnte von FELTON u. a. [81] für die allen Körperenzymen gegenüber resistenten Pneumokokkenpolysaccharide nachgewiesen werden. Bei Mäusen wurden diese Antigene in Leber und Milz nach 52 Wochen nachgewiesen. HEIDELBERGER[82] verfolgte den Antikörperspiegel beim Menschen mit Hilfe der Präcipitinreaktion über lange Zeiträume und fand eine einmalige Antigendosis noch nach sieben Jahren wirksam.

6.

In Anbetracht der Bedeutung zellgebundener Antigene oder Antigenbestandteile für die Antikörperproduktion ist es möglich, über das *Verhältnis von Antigenmenge zur Zahl der verfügbaren antikörperproduzierenden Zellen* nähere Betrachtungen anzustellen. Die wirksame Dosis liegt bei Kaninchen und Proteinantigenen bei wenigen γ. Bei Mäusen wurde eine Dosis von 0,1—0,5 γ Pneumokokkenpolysaccharid als ausreichend für die Erzeugung einer schützenden Immunität gegenüber einer Infektion durch lebende, kapselhaltige Pneumokokken gefunden. Größere Dosen erwiesen sich in diesem Falle sogar als schädlich, weil sie die produzierten Antikörper durch Bindung außer Funktion setzten und das Erscheinungsbild der Immunparalyse[81] hervorriefen. Beim Menschen wurde die zuvor erwähnte langjährige Immunität durch 50 γ Typ II-Pneumokokkenantigen erreicht.

Durch die Geringfügigkeit der Antigendosen wird die Frage aufgeworfen, ob die von einer Zelle produzierbaren Antikörper nach Art und Menge begrenzt sind. Aufschluß geben zunächst Arbeiten von EHRICH[83], aus denen hervorgeht, daß nach einer Mischimpfung mit Typhus- und Brucellabacillen einige Lymphknotenzellen nur die erste, andere nur die zweite Bakterienart an der Oberfläche zu agglutinieren vermochten. Neuerdings wies LEDERBERG[84] mit entsprechender Versuchstechnik auch für zwei verschiedene Geißelantigene von Salmonellen nach, daß spezifisch immobilisierende Antikörper gegen den einen oder anderen Typ von verschiedenen Zellen gebildet werden und daß keine Zellen mit doppelter Antikörperwirksamkeit zu finden waren. Wenn somit die antikörperproduzierende Zelle nur zur Bildung von Einzelspezifitäten fähig ist, so läßt sich folgern, daß höchstwahrscheinlich ein einziges Antigenmolekül für die Produktion spezifischer Antikörper ausreicht. Da nach Modellversuchen LANDSTEINERs[85] mit künstlichem Antigen räumlich getrennte determinante Gruppen im gleichen Antigen die Bildung verschiedener Antikörper mit jeweils nur einer Spezifität auslösen, genügt sogar ein Teilbezirk eines Antigenmoleküls zur Stimulierung einer qualitativ befriedigenden Antikörperproduktion einer Einzelzelle.

Zur Beurteilung der quantitativen Leistung einer antikörperproduzierenden Zelle stehen interessante Befunde von PAPPENHEIMER und KUHNS[86] zur Verfügung. Ihnen zufolge vermag eine Menge von 1 mg des Antigens Diphtherietoxoid in drei Wochen die Bildung von etwa 1 Million, bzw. in einer Sekunde von zwei Antitoxinmolekülen zu provozieren, woraus sich für eine Einzelzelle von Leber und Milz eine Sekundenproduktion von 1000—2000 Antikörpermolekülen ergibt. Die Angabe HEIDELBERGERs[87], daß eine Person, deren Antikörperbildung nach Injektion von 50 γ des Typ-II-Pneumokokkenpolysaccharids durch häufige Testung überwacht wurde, in vier Jahren 50 g des spezifischen Antikörperproteins produziert, bestätigt das enorme Ausmaß der Produktionsleistung der bei der Immunstoffbildung beteiligten Zellen.

7.

Über die *zur Antikörperbildung befähigten Zellarten* besteht zur Zeit noch keine Klarheit. Für die lange diskutierte Antikörperbildung durch Zellen des reticulo-endothelialen Systems oder der Makrophagen ließ sich ein direkter Beweis nicht erbringen. Da aber die Blockierung des RES erwiesenermaßen zu einer Unterbindung oder Schwächung der Antikörperbildung vor allem durch corpusculäre Antigene führt, hält man an ihrer Beteiligung bei der Entstehung der Antikörper fest. Man mißt den Makrophagen eine wesentliche Bedeutung bei der Einschleußung der Antigene in das Zellinnere bei, ein Vorgang, der nur durch lebende Zellen bewerkstelligt werden kann und am besten durch eine Phagocytose zu erklären ist.

Die eigentliche Produktion der Antikörper erkennt man an der morphologischen Veränderung bestimmter Zellen. Zur Zeit fehlt noch eine einheitliche Bezeichnung für die abgewandelten Zellformen. KLIMA und BEYREDER[88] nennen sie lymphocytäre und lymphoblastische Reaktionsformen. Besser eingebürgert hat sich allerdings die Bezeichnung „Plasmazellen", die offenbar wegen der morphologischen Ähnlichkeit mit den reticulären Plasmazellen des Knochenmarks vorgeschlagen wurde. Die lymphocytären Plasmazellen unterscheiden sich von den klassischen Lymphocyten in der Kernfärbung und dem viel größeren Gehalt an Cytoplasma. Manche Autoren halten die Plasmazellen für Umwandlungsformen der Lymphocyten[89]. EHRICH glaubt, daß die Plasmazellen aus dem embryonalen Bindegewebe ad hoc neu gebildet werden[90]. Die starke Vermehrung dieser Zellen im regionalen Lymphknoten nach subcutaner Antigenverabreichung und ihr hoher Gehalt an Antikörpern lassen eine sehr enge Beziehung zwischen der Anzahl der Plasmazellen und der Antikörperproduktion vermuten.

FAGRAEUS[91] hat erstmals eine Proportionalität zwischen dem Gehalt an unreifen Plasmazellen, die sie von Reticulumzellen ableitet, und dem an Antikörpern nachgewiesen. Sie zeigte auch, daß in Gewebekulturen von Milzexstirpaten aus immunisierten Tieren (gegen Typhusantigene) in vitro Antikörper in einem Rhythmus gebildet werden, der dem Heranreifen der Plasmazellen parallelläuft. Nach Erreichen des größten Ausreifungsgrades nahm der Antikörpergehalt wieder ab. Die Zellen mit dem höchsten Nucleinsäuregehalt erwiesen sich als die aktivsten Antikörperbildner. Daß

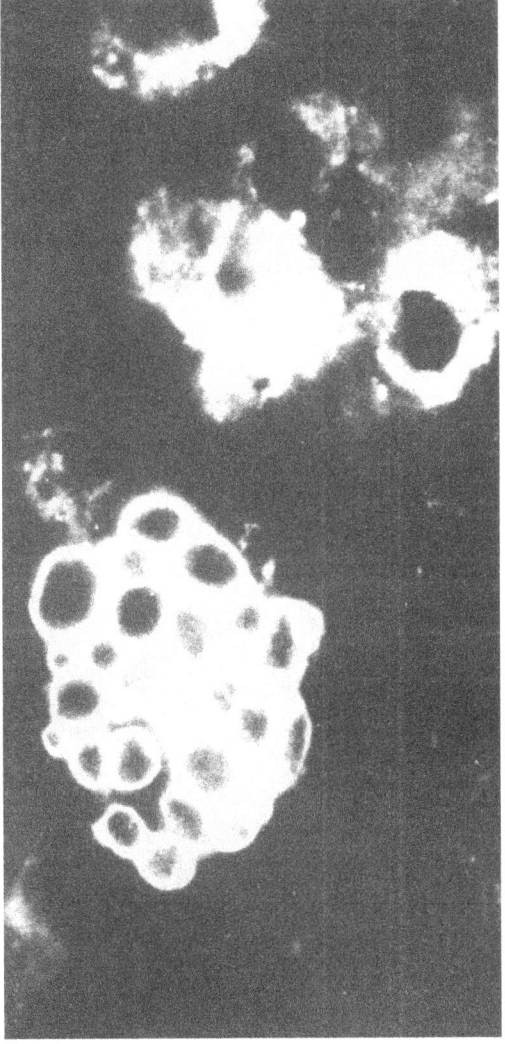

Abb. 12. Mesenterial-Lymphknoten mit antikörperhaltigen Plasmazellen, links eine mit reifen, rechts eine mit unreifen Russell-Körpern gefüllt. × 1400

den Plasmazellen des Knochenmarks schon lange eine wichtige Funktion bei der Synthese normaler und pathologischer γ-Globuline zugeschrieben wird[92], sei hier ebenfalls vermerkt.

Während die Leber normalerweise bei der Bildung der Antikörper nicht beteiligt zu sein scheint[93], wird den Milzzellen (rote

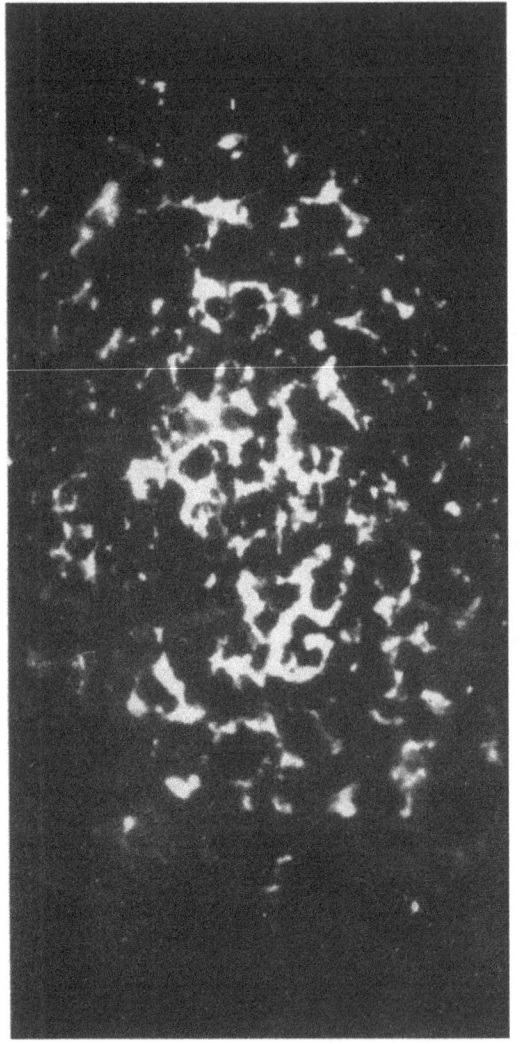

Abb. 13. Achsel-Lymphknoten mit aktivem, antikörperhaltigem Keimzentrum, während die peripheren Zellen keine Antikörper enthalten. × 325

Pulpa) und Knochenmarkszellen nach intravenöser, dem regionalen Lymphknoten nach subcutaner Antigenverabreichung die Hauptproduktion zugeschrieben[91]. Es ist möglich, daß die von verschiedenen Zellen synthetisierten γ-Globulinantikörper sich hinsichtlich ihrer elektrophoretischen Beweglichkeit[95] und ihrer Aminosäure-Endgruppen[96] voneinander unterscheiden. Splenektomierte Patienten aller Lebensalter wurden in der Antikörper- und γ-Globulinproduktion nicht beeinträchtigt[97]. Es bestehen Anzeichen, daß in solchen Fällen die Leber einspringt, die auch bei milzexstirpierten im Gegensatz zu intakten Kaninchen Antikörper zu bilden vermag. THORBECKE und KEUNING[98] beobachteten eine parallellaufende Bildung unreifer Plasmazellen.

Ein besonders fruchtbares Verfahren zum Antikörpernachweis in Körperzellen beruht auf der von COONS[99] vorgeschlagenen Verwendung fluorescierender Antikörper, die durch Einwirkung von Fluoresceinisocyanat auf immunspezifische γ-Globuline entstehen und bei Kontakt mit Gewebeschnitten der zu untersuchenden antikörperhaltigen Körperzellen, an die zuvor das spezifische Antigen gebunden wurde, unter dem Fluorescenzmikroskop leuchtende Antigen-Antikörperverbindungen erzeugen. In den Abb. 12 und 13 sind die antikörperhaltigen Plasmazellen verschiedenen Reifegrades in zwei Lymphknoten an den Aufhellungen erkennbar[100].

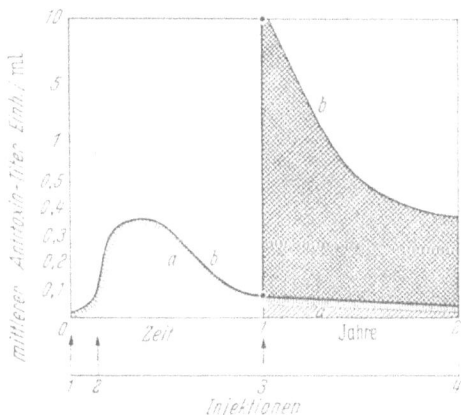

Abb. 14. Antitoxin-Titer-Anstieg nach einer Auffrischinjektion. Antitoxin-Titer im Serum von Personen, die entweder (a) zwei Injektionen mit je 1 ml Toxoid oder (b) zwei Injektionen und etwa 1 Jahr nach der ersten eine dritte Injektion erhalten haben[101]

LEDNE, COONS u. CONNOLLY gelang mit Hilfe derselben Methode der Nachweis, daß in den Lymphknoten nach der zweiten Antigeninjektion mehr antikörperhaltige Plasmazellen entstehen als nach der ersten Injektion. STAVITZKY stellte einen vermehrten Einbau von P^{32} fest. Wahrscheinlich beruht daher der steile Antikörperanstieg bei der sogenannten „Boosterung" oder anamnestischen Reaktion nicht auf der Freisetzung gespeicherter Antikörper oder einer Aktivierung vorgebildeter Vorstufen, sondern auf einer starken Erhöhung der Bildungsquote und möglicherweise auch des Stoffwechsels unreifer Plasmazellen. In Abb. 14 ist der Effekt der Titerauffrischung durch mehrfache Antigeninjektionen am praktischen Beispiel der Tetanusimpfung, wie sie heute empfohlen wird, dargestellt.

Aus dieser Abbildung geht hervor, daß die Persistenz der Antikörper im Serum von der Höhe des nach einer Injektion gemessenen Titers abhängt. Höchste Antikörperwerte im Serum sind aber nach Arbeiten von DICKGIESSER[102] nur erzielbar, wenn zwischen einer 2. und 3. Antigenverabreichung genügend lange Zeit zur größtmöglichen Senkung des humoralen Antitoxingehaltes liegt. Es ist wahrscheinlich, daß bei Abwesenheit zirkulierender Antikörper das als Auffrischinjektion verabreichte Antigen unbehindert bis in den Bereich der mit peripheren sessilen Antikörpern umgebenen Plasmazellen vordringt und durch eine spezifische Bindung einen starken Reiz auf die Antikörperbildung ausübt. Dieser kann zum Auftreten cytoplasmatischer Veränderungen führen wie wir sie auch im Entstehungsbild der reifenden Plasmazellen feststellen.

Die derzeitigen Hypothesen für die Antikörperbildung werden den Vorgängen bei der sogenannten „Boosterung" noch nicht gerecht, obwohl die Möglichkeit der spezifischen Stimulierung typisch für den Prozeß der Antikörperproduktion ist. Die modernen Verfahren der aktiven Immunisierung versuchen bereits das Stadium einer spontan steigerbaren Antikörperbildung durch Erzeugung einer Basalimmunität im Säuglingsalter (ab 3 Monaten) herbeizuführen. Dabei ist nicht so sehr ein vorübergehend hoher zirkulierender Antikörperspiegel im Serum erstrebenswert, sondern die Erzeugung zahlreicher sessiler (zellständiger) Antikörper-Produktionszentren, die bei einem natürlichen Infekt zur spontanen Produktion größerer Mengen humoraler Antikörper angeregt werden.

BECK, BÜRKLE DE LA CAMP u. HAAS[103] stellten bei Fallschirmjägern des letzten Krieges fest, daß eine Auffrischinjektion mit einem Tetanus-Impfstoff nach 12—15 Jahren noch in der Lage ist, die Antikörperproduktion spontan in Gang zu setzen und die Abscheidung beachtlicher Antitoxinmengen in die Blutbahn zu bewirken.

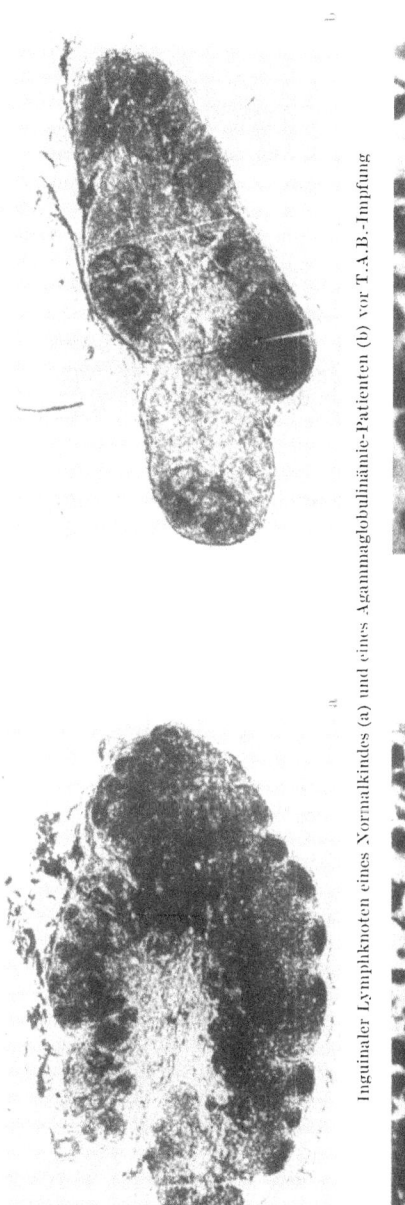
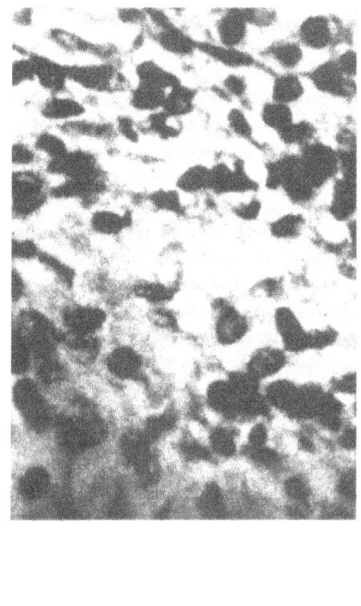

a) Histologischer Plasmocytom-Nachweis im medullären Teil eines normalen Lymphknotens vier Tage nach T.A.B.-Impfung.
b) Negativer Befund beim Vergleichspräparat eines Agammaglobulinämie-Patienten

Inguinaler Lymphknoten eines Normalkindes (a) und eines Agammaglobulinämie-Patienten (b) vor T.A.B.-Impfung

Abb. 15. Störung der Plasmocytose bei Agammaglobulinämie

8.

Bei dem in jüngster Zeit häufig studierten *Antikörpermangelsyndrom*[104], das mit einer Agammaglobulinämie, einer Hypogammaglobulinämie oder gelegentlich auch nur mit einem Defizit einiger Teilkomponenten ($\beta_2 A$, $\beta_2 M$) des γ-Globulin-Komponentensystems einherzugehen pflegt, ist auch die Entwicklung unreifer Plasmazellen ganz oder teilweise unterbunden.

Die Abb. 15 zeigt anhand von Aufnahmen Goods[105] einen von einem normalen Kind (a) und einem Kind mit Agammaglobulinämie (b) vor der Verabreichung von Typhus-Paratyphusimpfstoff exstirpierten inguinalen Lymphknoten. Vier Tage nach der Antigenverabreichung tritt im Normalfalle eine starke, von Good histologisch im medullaren Teil eines Lymphknotens nachgewiesene Plasmocytose auf, die jedoch bei dem Agammaglobulinämiepatienten nach entsprechender Behandlung ausbleibt.

Die Auswirkungen der bei Agammaglobulinämie-Patienten darniederliegenden Plasmazellproduktion auf die Antikörperbildung werden in eindrucksvoller Weise durch die in Tab. 5 zusammengefaßten Auswertungsergebnisse der Typhus-Paratyphusimpfung. die ebenfalls der Arbeit Goods entnommen sind, dargestellt.

Tabelle 5. *Plasmazell- und Antikörperbildung bei Normalpersonen und Agammaglobulinämie-Patienten*

Alter Jahre	Anzahl je 20 000 kernh. Zellen		Typhus H-Agglutinintiter (+)	Plasmazellenvermehrung im Lymphknoten nach Immunisierung
	vor Immunisierung	nach Immunisierung		
15 normale Erwachsene ..	18—21	155			
12 normale Kinder	$2^1/_2$—15	99			
Normalkind					
R. L.	10	104	530	20480	+++
W. O.	7	47	269	10240	++++
R. A.	7	72	312	10240	+++
K. O.	7	94	515	20480	++++
Agammaglobulinämie-Patienten					
E. S.	7	1	0	0	—
W. A.	7	0	0	0	—
L. L.	30	0	2	0	—
F. H.	58	5	7	0	—

(+) vor der zweimaligen Antigengabe keine Titer

Bildung der Antikörper 177

Entsprechend enge Beziehungen zwischen einem Defekt der Gammaglobulinsynthese und einer Störung der Plasmazellengenese wie sie bei Agammaglobulinämie entdeckt wurden, bestehen auch beim normalen *Neugeborenen*. Mehrfache Untersuchungen[106] bestätigen den völligen Mangel an Plasmazellen in den Geweben unmittelbar nach der Geburt. Die ersten Plasmazellen erscheinen nach THORBECKE u. KEUNING[98] ein bis zwei Wochen nach der Geburt in

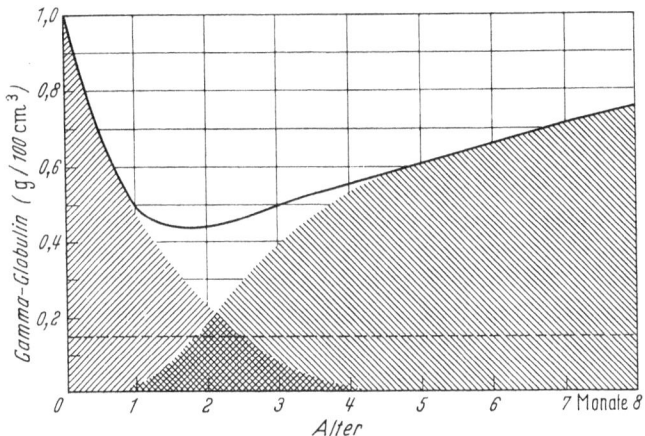

Abb. 16. Der γ-Globulin-Spiegel beim Kinde. Schraffiertes Gebiet links: Mit dem mütterlichen Blut erhaltenes γ-Globulin. Schraffiertes Gebiet rechts: Selbst gebildetes γ-Globulin. Dicke Linie: γ-Globulinkonzentration während der ersten 8 Monate. Gestrichelte Linie: Obere Grenze des γ-Globulinspiegels bei Agammaglobulinämie

der Darmwand und der Milz. In der zweiten Hälfte des ersten Lebensmonats treten aber auch, wie aus den Arbeiten von GITLIN u. JANEWAY[107] hervorgeht, die ersten vom Säugling synthetisierten, also nicht von der Mutter übertragenen Gammaglobulinmengen auf. Das Diagramm der Abb. 16 veranschaulicht die Einzelheiten der γ-Globulin-Verschiebungen beim Kinde, die letzten Endes in der nur allmählich sich entwickelnden Fähigkeit, Plasmazellen zu bilden, begründet sind.

Die Tatsache, daß auch die Lymphocyten in den ersten Lebenstagen eine starke Zunahme erfahren[108] bestätigt die engen Beziehungen zwischen dem lymphocytären System und den Plasmazellen.

Die ebenfalls zur Gruppe der Immunglobuline gehörenden β_2A- und β_2M-Globuline sind im Neugeborenenserum nicht nachweisbar, werden also möglicherweise nicht diaplacentar von der

Mutter übertragen. Ihre Synthese setzt beim Säugling im 2. Trimenon ein [109]. Auch das Properdin ist im frühen Lebensalter vermindert[110]. Die Abbaurate zugefügten γ-Globulins ist bei Agammaglobulinämie nicht erhöht[111], sondern entspricht etwa der Norm (30—35 Tage)[112]. Die Halbwertszeit der von der Mutter über die Placenta übertragenen Rh-Antikörper beträgt etwa 30 Tage[113].

9.

Ein Zustand mangelhafter Plasmazellbildung und die mit ihm verbundene Unfähigkeit, Antikörper zu bilden, ist auch die Ursache dafür, daß, wie ebenfalls GOOD[114] zeigte, bei einem Patienten mit Agammaglobulinämie ein Hautstück eines blutgruppenverwandten Spenders erfolgreich transplantiert werden konnte. Durch dieses Experiment wird der überragende Einfluß immunologischer Vorgänge bei der *Homotransplantation*[115] erneut bestätigt. In einem von MARTIN u. Mitarb.[116] beschriebenen Falle von Agammaglobulinämie führte die Transplantation von Lymphknoten einer gesunden Person für die Dauer von 10 Tagen bis zum Absterben des Transplantats zu einem therapeutischen Effekt mit erfolgreicher Antikörperproduktion nach Typhusvaccinierung.

Besonders ergebnisreich erwiesen sich Homotransplantationsversuche bei Laboratoriumstieren[117] für das Studium einzelner Phasen der Antikörperbildung. STAVITZKY[118] arbeitete mit Donor-Kaninchen, die mit Diphtherie-, Tetanus-Toxoid oder Rinder-γ-Globulin durch verschiedenartige Verfahren immunisiert worden waren und stellte fest, daß bei lokaler Antigenverabreichung die poplitealen und mesenterialen Lymphknoten, bei intravenöser Gabe die Milz und das Knochenmark bei Receptor-Kaninchen eine beträchtliche Antikörperbildung auslösen, während Lunge, Leber und Niere stets inaktiv waren. Bei Ratten waren die Ergebnisse entsprechend, jedoch konnte kein Antikörper gegen Rinder-γ-Globulin erzeugt werden. Immer erwiesen sich übertragene Gewebsfragmente wirksamer als Einzelzellen, Homogenate und Extrakte führten nur dann zur Antikörperbildung, wenn sie morphologisch intakte Zellen enthielten.

Es konnte ausgeschlossen werden, daß das mit der Transplantation übertragene Antigen beim Empfänger durch aktive Immunisierung eine Antikörperbildung auslöste, denn auch Receptortiere, die infolge Röntgenbestrahlung, Cortisonbehandlung oder Unreife nicht aktiv immunisierbar sind, beantworten die Transplantation mit einer kräftigen Antikörperproduktion. Ebensowenig konnte passiv durch das Transplantat übertragener Antikörper eine Synthese vortäuschen, denn diese erfolgte unter Verbrauch von Aminosäuren. Näher studiert wurde der Einbau von radioaktivem Methionin in das im Receptororganismus gebildete Antikörperprotein (STAVITZKY 1958), dessen S^{35}-Aktivität in spezifischen Immunpräcipitaten quantitativ nachgewiesen werden konnte.

Die Antikörperproduktion nach Homotransplantation sensibilisierter Zellen ist demnach ein autonomer Vorgang, der relativ schnell unter Verbrauch von Aminosäuren[119] verläuft und der wahrscheinlich durch Teilung von Mutter- auf Tochterzellen übertragen wird. Einige Beobachtungen[120] sprechen sogar dafür, daß die transplantierten Zellen im neuen Wirt eine ebenso große Antikörpermenge produzieren wie im Spendertier. Bei Versuchen mit Lymphknotenzellen von Donor-Kaninchen, die zuvor mit Rinderserumalbumin immunisiert worden waren, sahen ROBERTS u. DIXON[121] eine allmähliche Verminderung der übertragenen Lymphzellen in den durch Röntgenbestrahlung immunologisch inert gemachten Receptor-Kaninchen, während die Zahl der Plasmazellen mit der Antikörperproduktion anstieg. Dieser Doppeleffekt blieb bei Erhitzen immunisatorisch unwirksamer Lymphknotenzellen aus.

Die Transplantationsversuche bestätigten ältere Beobachtungen BISSTs[122] bei Fröschen, daß die Antikörperproduktion mindestens in zwei Phasen verläuft. Nur die *erste Phase* ist strahlenempfindlich[123]. Sehr starke Röntgenstrahlendosen vermögen jedoch die Antikörperbildung bei der Ratte nicht aufzuhalten, wenn die Antigeninjektion innerhalb weniger Stunden nach dem Strahleninsult erfolgt. Vielmehr muß die Strahlenschädigung erst Gelegenheit haben, sich im Laufe von zwei Tagen voll auszuwirken, wenn eine ,,Störung der Adaptation der Globulinsynthese an das neue Antigen''[124] erreicht werden soll. Es wurde daher eine Lokalisationsstörung des Antigens in den zur Antikörperbildung fähigen Zellen oder eine Beeinträchtigung des Antigenaufschlusses im Frühstadium der Antikörperproduktion als Ursache seiner Strahlenempfindlichkeit in Betracht gezogen[125]. STENDER u. Mitarb.[126] zeigten jedoch, daß das Antigen durch die Vorbestrahlung nicht betroffen wird, denn es vermag auch 48 Std. nach der schädigenden Röntgenbestrahlung eine ungestörte Antikörperbildung in die Wege zu leiten, wenn kurze Zeit nach der Bestrahlung eine Kohlesuspension injiziert wird, die offenbar den Strahlenschaden durch eine Stimulation des lympho-reticulären Gewebes aufzuheben vermag. SPEIRS[127] ist der Ansicht, daß nur in der übertragbaren, *radioresistenten Phase* der Antikörperproduktion das Lymph- oder RES-System mit den Plasmazellen eine Rolle spielt, während in der *ersten radiosensiblen Phase* andere Zelltypen, nämlich die Granulocyten, überwiegend beteiligt sind. Sie werden chemotaktisch vom Antigen angezogen und bilden die ersten Reaktionsprodukte mit ihm, möglicherweise als Folge einer spezifischen Fermentadaptation. Bei Mäusen läuft der Anstieg von Tetanusantitoxin dem Ausmaß der Anreicherung von Eosinophilen in den ersten Tagen nach der Toxoidverabreichung parallel[128], während Röntgenstrahlen die vorübergehende Eosinophilie unterbinden[129]. Als nächster Schritt soll dann eine Phagocytose der Eosinophilen durch RES-Zellen erfolgen und die Antikörperbildung durch diese unter Verwertung der spezifischen Fermente erfolgen. Dabei sollen die für Plasmazellen charakteristischen Änderungen im Nucleus und die Vermehrung des Cytoplasmas auftreten.

Die Beteiligung der Eosinophilen neben den Plasmazellen bei der Antikörpersynthese würde auch den störenden Einfluß von Cortison oder Cortisonderivaten erklären[130], von denen bekannt ist, daß sie die Mobilisation der Eosinophilen unterbinden[129].

HARRIS[131] u. Mitarb. beobachteten kürzlich eine Unterdrückung der Antikörperbildung bei Receptor-Kaninchen, denen einige Zeit vor der Transplantation sensibilisierter Lymphknotenzellen eines Donor-Kaninchens dessen Leukocyten injiziert wurden. Dieser durch Röntgenbestrahlung des Receptortieres aufhebbare „Präinjektionseffekt" beruht auf Antikörpern, die von manchen Kaninchen gegen normale Lymphocytenantigene anderer Kaninchen gebildet werden. Auch dieser Befund unterstreicht die Bedeutung weißer Blutzellen bei der Antikörpersynthese.

Nach ORTEGA u. MELLORS[132] soll die Freigabe der in den reifenden Plasmazellen gespeicherten γ-Globuline durch Sekretion erfolgen. Es ist nicht ausgeschlossen, daß nur die mit dem humoralen γ-Globulinkomponentensystem in Beziehung stehenden Antikörper, nicht aber die gewebsständigen Antikörper oder Reagine, die für Allergien und andere Immunopathien verantwortlich gemacht werden, aus Plasmazellen stammen. Hierfür sprechen

Beobachtungen von GOOD[133] und GITLIN-JANEWAY[134], denen zufolge Agammaglobulin-Patienten von chronischer Arthritis nicht verschont bleiben und auf 2,4-Dinitrofluorbenzol mit einer Hautallergie ansprechen.

Bei Mäusen, die durch Röntgenstrahlen in ihrem Antikörperbildungsvermögen gestört werden, ist eine Übertragung von Rattenhaut möglich[135]. Derartige durch Röntgenbestrahlung vorbehandelte Mäuse produzieren γ-Globulin nur dann, wenn ihnen intravenös eine Suspension von Knochenmarkszellen der Ratte einverleibt wird. Durch immunoelektrophoretische Untersuchungen von GRABAR u. Mitarb.[135] konnte jedoch der Nachweis erbracht werden, daß das unter den geschilderten Versuchsbedingungen gebildete γ-Globulin die Artspezifität der Ratte, das vom gleichen Tier aber synthetisierte Albumin Mäusespezifität aufweist.

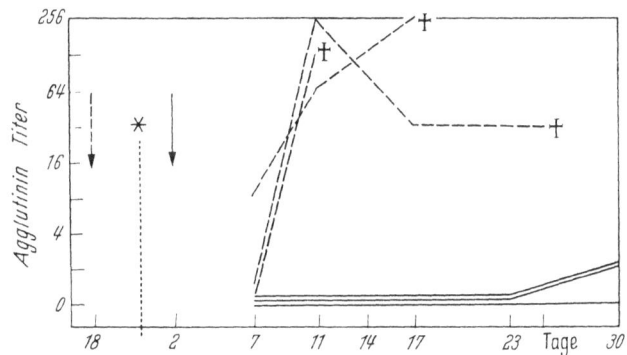

Abb. 17. Antikörperbildung durch isolierte Milzzellen nach Homotransplantation. Antigen: Rinderserumalbumin. Donor: 10⁷ Milzzellen ausgewachsener Hühner.
I.p. Übertragung auf: ——— 2 Tage alte Küken
I.p. Übertragung auf: - - - - - - - 18 Tage alte Hühnerembryos
nach Mischen in vitro mit Rinderserumalbumin. + tot infolge von Unterentwicklung

Eine störungsfreie Antikörperproduktion läßt sich in Vogelembryonen, die bekanntlich noch nicht zur Eigenproduktion von Antikörpern gegen die implantierten Zellen oder Zellfragmente befähigt sind, durchführen. Es gelang TRNKA u. RIHA[136] bei bis 18 Tage alten Hühnerembryos durch Übertragung von Milzzellen erwachsener, mit Rinderserumalbumin vorbehandelter Hühner eine wesentlich schnellere und wirksamere Antikörperproduktion in Gang zu bringen als bei 2 Tage alten Küken. Interessanterweise konnte ein entsprechend günstiges Ergebnis auch mit Milzzellen erhalten werden, die vor der Implantation in vitro mit Serumalbumin vermischt wurden (Abb. 17). Noch einen Schritt weiter ging STERZL[137], der Milzzellen erwachsener Enten auf 1 Tag alte Entenküken übertrug und das Antigen (Brucella suis-Keime) in verschiedenen Zeitabständen getrennt hinterher den Entchen einverleibte (Abb. 18). Es ergab sich ein deutlicher Einfluß des Zeitfaktors auf die Höhe des Titers an produzierten Antikörpern und auf deren Persistenz.

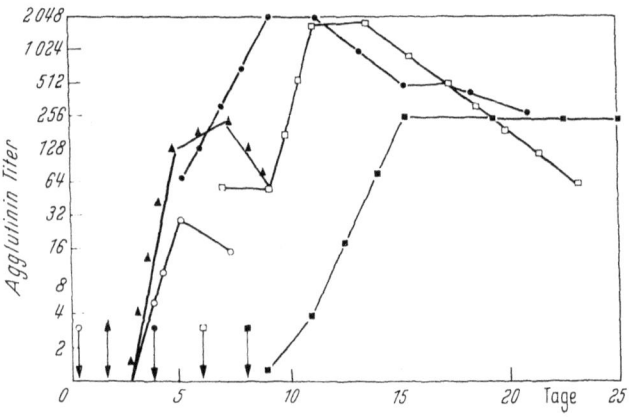

Abb. 18. Antikörperbildung durch isolierte Milzzellen nach Homotransplantation (Einfluß von Zeitfaktoren). Antigen: Brucella suis, Donor: 10⁶ Milzzellen erwachsener Enten. I.p. Übertragung auf 1 Tag alte Entchen. Antigenverabreichung zu verschiedenen Zeitpunkten nach der Zellübertragung. 1) sofort = ○; 2) nach 2 Tagen = ▲; 3) nach 4 Tagen = ●; 4) nach 6 Tagen = □; 5) nach 8 Tagen = ■

10.

Die bei der Homotransplantation gewonnenen Erkenntnisse erwiesen sich von großem Nutzen bei Studien über die *Synthese der Antikörper in vitro*. Sie verlief in zahlreichen Untersuchungen[138] nur in Gewebekulturen von Zellen immunisierter Tiere erfolgreich. Den einschlägigen Untersuchungen STAVITSKYS[139] zufolge verhalten sich Milz- oder Lymphknotenzellen nach ihrer immunisatorischen Vorbehandlung im Donortier, die zur intrazellulären Aufnahme des Antigens führt wie eine Gußform (template), die auch in rein synthetischem Medium Antikörper zu bilden vermag. Bei dessen optimaler Zusammensetzung erfolgt die Synthese schnell und verläuft, wie am Beispiel der Produktion von Diphtherieantitoxin gezeigt wird, unter Aufnahme von Aminosäuren.

Anstelle von Milzzellen immunisierter Tiere eigneten sich auch Milzzellen von unspezifisch mit Lipopolysacchariden aus Salmonellen vorbehandelter Versuchstiere zur in vitro-Produktion von Antikörpern. STEVENS u. McKENNA[140] erhielten Antikörper gegen Rinder-γ-Globulin, wenn sie dieses Antigen eine Stunde mit Milzgewebe von Kaninchen inkubierten, denen am Tage vor der Milzexstirpation einige γ-Typhusendotoxin intravenös einverleibt wurden. Die mit den anschließend gewaschenen Milzzellen angelegten Gewebekulturen lieferten innerhalb von 1—3 Tagen spezifische γ-Globulinantikörper. Die Produktion setzte bereits nach einer Stunde in kleinerem Umfange ein und erreichte nach wenigen Tagen ein von der Konzentration des Antigens abhängiges Optimum.

Die chemische Untersuchung extrakorporal gebildeter Antikörper steht noch aus. Es ist aber kaum daran zu zweifeln, daß auch sie dem Komponentensystem der γ-Globuline angehören. Die hier mehrfach betonte, enge Beziehung der erworbenen Abwehrstoffe zu einem bestimmten Proteintyp findet man in vielen Beispielen des Tierreiches bestätigt. Neuerdings wurden von ENSGRABER[142] auch die in zahlreichen Pflanzen vorkommenden spezifischen Agglutinine menschlicher Blutgruppensubstanzen näher untersucht. Es stellte sich heraus, daß ein im Samen von Laburnum alpinum vorkommendes Phythämagglutinin in der Ultrazentrifuge und in der Elektrophoreseapparatur ebenfalls die Eigenschaften eines γ-Globulins aufweist. Wenn in diesem Falle auch nicht von einer erworbenen Immunspezifität die Rede sein kann, so zeigt dieses Beispiel doch, daß offenbar nur ein bestimmter Konstitutionstyp unter der Vielzahl der in der Natur vorkommenden Eiweißarten zu einer Bindung an Antigene befähigt ist.

Möglicherweise ist entsprechend einer schon im Jahre 1950 von GRABAR[141] geäußerten Auffassung die übergeordnete Funktion des γ-Globulintyps die einer Transportsubstanz für störende Stoffwechselprodukte oder Fremdstoffe und die spezifische Abwehr nur der Sonderfall einer erworbenen Adaptation dieser Proteinart an ungewohnte, lokale Störfaktoren, die in den Bereich des intracellulären Synthesemechanismus geraten sind. Demnach besteht zwischen sogenannten normalen γ-Globulinen und Immun-γ-Globulinen nur ein gradueller Unterschied. Im embryonalen Zustand werden γ-Globuline nicht benötigt und sind daher auch nicht vorhanden. Nach Befunden von LAURELL, KENT u. Mitarb.[143] setzt die

Synthese der γ-Globuline nur sehr spärlich ein, wenn neugeborene Ratten und Küken keimfrei aufgezogen werden. Außer exogenen sind aber auch endogene Stimulanten der γ-Globulinproduktion in Betracht zu ziehen. Sie führen bekanntlich in der menschlichen Pathologie nicht selten zu Überproduktionen und sind Ursache des sogenannten erhöhten γ-Globulinspiegels bei Infektions- und „Kollagen"-Krankheiten. Zur Zeit wird neben der Ermittlung quantitativer Gehaltsschwankungen der Gesamtfraktion vor allem der immunchemischen Analyse qualitativer Spezifitätsverschiebungen und kultureller Veränderungen[144] einzelner γ-Globulinkomponenten eine größere diagnostische Bedeutung beigemessen.

Die Natur liefert eine kaum übersehbare Zahl verschiedenartigst zusammengesetzter Antigene. Da jedoch viele von ihnen die gleiche oder eine chemisch verwandte determinierende Gruppe enthalten, ist auch die Zahl natürlich vorkommender heterolog wirksamer Antikörper nicht gering. Diese zu erkennen und ihre immuntherapeutische oder immunpathologische Bedeutung zu ergründen, ist eine wichtige Aufgabe, die gegenwärtig der Immunochemie und der physiologischen Chemie gestellt wird.

Literatur

[1] SCHMIDT, H.: Grundlagen der spezifischen Therapie. Berlin: B. Schulz 1940.

KABAT, E. A., and M. M. MAYER: Experimental immunochemistry, Springfield, Ill.: Ch. C. Thomas 1948.

BURNET, F. M., and F. FENNER: The production of antibodies. MacMillen, 2. Aufl. London: MacMillen & Co. 1949.

GRABAR, P.: Immunochemistry. Ann. Rev. Biochem. 19, 453 (1950).

STALLYBRASS, C. O.: The mechanism of antibody production. Proc. roy. Soc. Med. 43, 137 (1950).

HAUROWITZ, F.: Role of proteins in immunological reactions in chemistry and biol. of proteins. Herausg. F. Haurowitz. p. 280. New York: Acad. Press. Inc. 1950.

BRAMBELL, F. W. R., W. A. HEMMINGS and M. HENDERSON: Antibodies and embryos. Univ. of London. London: Athlone Press 1951.

WRIHGT, C. ST., and CH. A. DOAN: A discussion of certain aspects of the cellular and humoral defense mechanism in blood cells. Herausg. J. L. Tullis. p. 281. New York: Acad. Press Inc. 1953.

PAPPENHEIMER, A. M.: The nature and significance of the antibody response. New York: Columbia Univers. Press 1953.

TYLER, A.: Ontogeny of immunological properties, in B. H. WILLIER, P. A. WEISS und V. HAMBURGER: Analysis of development. Philadelphia: W. B. Saunders Comp. 1954.

BOYD, W. C.: The proteins of immune reactions, Herausg. H. Neurath u. K. Bailey: The proteins II B. p. 756. New York: Acad. Press Inc. 1954.
HAUROWITZ, F.: The biosynthesis of plasma proteins and antibodies. Scientia **90**, 335 (1955).
SCHMIDT, H.: Fortschritte der Serologie. 2. Aufl. Darmstadt: Steinkopff 1955.
BURNET, F. M.: Enzyme antigen and virus. A study of macromolecular pattern, Cambridge: University Press 1956.
HEIDELBERGER, M.: Lectures in Immunochemistry. New York: Acad. Press Publ. 1956.
WESTPHAL, O.: Immunochemie in Physiol. Chem. II b. Herausg. B. Flaschenträger u. E. Lehnartz. S. 894. Springer 1957.
CUSHING, J. E., and D. H. CAMPBELL: Principles of Immunology. New York, Toronto, London: McGraw-Hill Book Comp. 1957.
ENGELHARDT, G.: Zur Lokalisation der Antikörperbildung in: Dtsch. med. Wschr. **83**, 846 (1958).
GRABAR, P.: The use of immunochemical methods in studies on proteins in: Advanc. Protein Chem. **13**, 1 (1958).
HAUROWITZ, F.: Biosynthese der Proteine und ihre Beeinflussung der Antigene. Naturwissenschaften **46**, 60 (1959).
HAUROWITZ, F.: Immunochemistry in progr. in biochemistry since 1949. Herausg. F. Haurowitz. p. 303. Basel, New York: S. Karger 1959.

[2] SCHULTZE, H. E.: Leder **9**, 145 (1958).
TUPPY, H.: Naturwissenschaften **46**, 35 (1959).

[3] CUSHING, J. E., and D. E. CAMPBELL: Principles of Immunology. P. 266, 279. New York, Toronto, London: Mac Graw-Hill Book Company, Inc. 1957.
KABAT, E. A.: Behringwerk-Mitt. **34**, 39 (1958).

[4] HAUROWITZ, F.: Schweiz. med. Wschr. **73**, 264 (1943).
MARRACK, J. R., H. HOCK and R. G. S. JOHNS: Brit. J. exp. Path. **32**, 212 (1951).
PLESCIA, O. J., E. L. BECKER and J. W. WILLIAMS: J. Amer. chem. Soc. **74**, 1362 (1952).
SCHMIDT, H.: Fortschritte der Serologie. 2. Aufl. S. 413. Darmstadt: Dr. Dietrich Steinkopff 1955.
WESTPHAL, O.: In: Physiologische Chemie, 2b, Herausg. B. Flaschenträger und E. Lehnartz. S. 952. Berlin/Göttingen/Heidelberg: Springer-Verlag 1957.
PAULING, L., D. H. PRESSMAN and C. IKEDA: J. Amer. chem. Soc. **64**, 3003, 3010 (1942).
PAULING, L.: J. Amer. chem. Soc. **62**, 2643 (1940); Bull. Soc. Chim. biol. **30**, 247 (1948).
HEIDELBERGER, M., and F. E. KENDALL: J. exp. Med. **50**, 809 (1929); **61**, 559, 563 (1935); **62**, 697 (1953).
BECKER, E. L.: J. Immunol. **70**, 372 (1953).

[5] BEHRING, E. v.: Einführung in die Lehre von der Bekämpfung von Infektionskrankheiten. S. 253. Berlin: Hirschwald 1912.

Parfentjev, J. A.: U.S.A.-Patent 2065196 (1936); 2123198 (1938).
Hansen, A.: Biochem. Z. **299**, 363 (1938).
Modern, F., u. G. Ruff: Biochem. Z. **299**, 377 (1938).
Pope, C. G.: Brit. J. exp. Path. **20**, 133, 201 (1939).
Sandor, G.: C. R. Soc. Biol. (Paris) **130**, 840 (1939); **131**, 461, 1224 (1939).
Schultze, H. E.: Biochem. Z. **305**, 196 (1940); **308**, 266 (1941).
Scheer, J. van der, R. W. G. Wyckoff and F. H. Clarke: J. Immunol. **40**, 319 (1941); **41**, 349 (1941).
Maloney, P. J., and J. N. Hennessy: Canad. Publ. Hlth J. 157 (1942).
Petermann, M. L.: J. biol. Chem. **144**, 607 (1942).
Höxter, G., u. D. Deconssan: Memoras d'inst. Butantan, Sao Paulo **21**, 187 (1948).
Harms, A. J.: Biochem. J. **42**, 390 (1948).
Hansen, A.: Acta path. microbiol. scand. **25**, 460 (1948).
Williams, J. W.: Fortschr. Chem. org. Naturstoffe **7**, 290 (1950).
Pope, C. G., and M. Stevens: Brit. J. exp. Path. **32**, 314 (1951).
Schultze, H. E.: Angew. Chem. **66**, 400 (1954).

[6] Petermann, M. L.: J. physic. Chem. **46**, 183 (1942); J. biol. Chem. **144**, 607 (1942); J. Amer. chem. Soc. **68**, 106 (1946); vgl. auch W. B. Bridgman: J. Amer. chem. Soc. **68**, 857 (1946).
Williams, J. W., R. L. Baldwin, W. M. Saunders u. P. G. Squire: J. Amer. chem. Soc. **74**, 1542 (1952).
Porter, R. R.: Nature (Lond.) **182**, 760 (1958); Biochem. J. **46**, 473, 479 (1950).
Porter, R. R.: Biochem. J. **46**, 473 (1950).

[7] Haurowitz, F.: Chemistry and Biol. of Proteins. p. 289. New York: Acad. Press Inc. 1950.

[8] Heidelberger, M., and F. E. Kendall: J. exp. Med. **55**, 555 (1932).

[9] Kabat, E. A.: J. Immunol. **77**, 377 (1956); Behringwerk-Mitt. **34**, 46 (1958).

[10] Schultze, H. E.: Angew. Chem. **66**, 396 (1954).

[11] Grabar, P., et C. A. Williams: Biochem. biophys. Acta **10**, 193 (1953); **17**, 67 (1955).
Williams, C. A., and P. Grabar: J. Immunol. **74**, 158, 397, 405 (1955).

[12] Heremans, J. F., Th. Heremans u. H. E. Schultze: Clin. chim. Acta **42**, 96 (1959).

[13] Scheidegger, J. J.: Int. Arch. Allergy **7**, 103 (1955).
Hartmann, L. R., Burtin, P. Grabar et R. Fauvert: C. R. Acad. Sci. (Paris) **243**, 1937 (1956).
Grabar, P., R. Fauvert, P. Burtin et L. Hartmann: Rev. franç. Et. clin. biol. **1**, 175 (1956).
Burtin, P., L. Hartmann, J. Heremans, J. J. Scheidegger, F. Westendorf-Boerma, R. Wieme, Ch. Wunderly, R. Fauvert et P. Grabar: Rev. franç. Etudes clin. biol. **2**, 161 (1957).

[14] Grabar, P., P. Burtin et M. Teligmann: Rev. franç. Et. clin. biol. **3**, 41 (1958).

Barandun, S., H. J. Huser u. A. Hässig: Schweiz. med. Wschr. **88**, 78 (1958).
Wuhrmann, R., Ch. Wunderly u. A. Hässig: Helv. med. Acta **16**, 279 (1949); Brit. J. exp. Path. **31**, 507 (1950).
Lohss, F., u. G. Hillmann: Z. Naturforsch. **8**, 708 (1953).
Lohss, F., E. Weiler u. G. Hillmann: Z. Naturforsch. **8**, 627 (1953).
Lohss, F., A. Hillmann u. G. Hillmann: Z. Naturforsch. **8**, 619 (1953).
Slater, R. J., S. M. Ward and A. G. Kunkel: J. exp. Med. **101**, 850 (1955).
Korngold, L., and R. Lipari: Cancer **9**, 262 (1956).
Scheidegger, J. J., et C. Buzzi: Rev. franç. Et. clin. biol. **2**, 895 (1957).
[15] Waldenström, J.: Acta haemat. **20**, 33 (1958).
Riva, G.: Makroglubulinämie Waldenström. Basel/Stuttgart: B. Schwabe 1958.
[16] Deutsch, H. F., J. I. Morton and C. H. Kratochvil: J. biol. Chem. **222**, 39 (1956).
Korngold, L., and G. van Leeuwen: J. exp. Med. **106**, 467, 477 (1957).
Franklin, E. C., u. H. G. Kunkel: J. Immunol. **78**, 11 (1957).
Scheidegger, J. J., R. Weber u. A. Hässig: Helv. med. Acta **25**, 25 (1958).
Cleve, H., u. G. Schwick: Z. Naturforsch. **126**, 1375 (1957).
[17] Pillemer, L., L. Blum, I. H. Lepow, O. A. Ross, E. W. Todd, A. C. Wardlaw: Science **120**, 279 (1954).
Schultze, H. E., u. G. Schwick: Blut **4**, 280 (1958).
[18] Oncley, J. L., M. Melin, D. A. Richert, J. W. Cameron and P. M. Gross: J. Amer. chem. Soc. **71**, 541 (1949).
Cohn, M., and A. M. Pappenheimer: J. Immunol. **63**, 291 (1949).
Campbell, D. H., J. R. Cann, T. B. Friedman and R. A. Brown: J. Allergy **21**, 519 (1950).
Kuhns, W. J.: J. exp. Med. **99**, 577 (1954).
[19] Oncley, J. L., M. Melin, D. A. Richert, J. W. Cameron and P. M. Gross: J. Amer. chem. Soc. **71**, 541 (1949).
[20] Oncley, J. L., M. Melin, D. A. Richert, J. W. Cameron and P. M. Gross: J. Amer. chem. Soc. **71**, 541 (1949).
Cohn, M., and A. M. Pappenheimer: J. Immunol. **63**, 291 (1949).
Campbell, D. H., J. R. Cann, T. B. Friedman and R. A. Brown: J. Allergy **21**, 519 (1950).
Kuhns, W. J.: J. exp. Med. **99**, 577 (1954).
Grubb, W., u. B. Swahn: Acta path. microbiol. scand. **43**, 305 (1958).
[21] Cann, J. R., R. A. Brown and J. G. Kirkwood: J. biol. Chem. **185**, 663 (1950).
Hink, J. H., and F. F. Johnson: J. Immunol. **64**, 39 (1950).
[22] Pedersen, K. O.: Ultracentrifugal Studies on Serum and Serum Fractions. Upsala 1945.
Oncley, J. L., M. Melin, J. W. Cameron, D. A. Richert and L. K. Diamond: Ann. N. Y. Acad. Sci. **46**, 899 (1946).

Deutsch, H. F., R. A. Alberty, L. J. Gosting and J. W. Williams: J. Immunol. **56**, 183 (1947).
Payne, R., and O. B. Deming: J. Immunol. **73**, 81 (1953).
Faure, R., J. M. Fine, M. Saint-Paul, A. Eyquem et P. Grabar: Bull. Soc. Chim. biol. **37**, 783 (1955).
Müller-Eberhard, H. J., H. G. Kunkel and E. C. Franklin: Proc. Soc. exp. Biol. (N. Y.) **93**, 146 (1956).
Wallenius, G., R. Trautman, H. G. Kunkel and E. C. Franklin: J. biol. Chem. **225**, 253 (1957).
McDuffie, F. C., E. A. Kabat, P. Z. Allen and C. A. Williams: J. Immunol. **81**, 48 (1958).
[23] Campbell, D. H., P. Sturgeon and J. R. Vinograd: Science **122**, 1091 (1955).
[24] Stats, D., E. Perlman, J. Bullowa and R. Goodkind: Proc. Soc. exp. Biol. (N. Y.) **53**, 188 (1943).
Gordon, R. S.: J. Immunol. **71**, 220 (1953).
Weber, R.: Vox Sang. (Basel) **1**, 37 (1956).
Charlwood, P. A.: Brit. J. Haematol. **3**, 273 (1957).
Christenson, W. N., and J. V. Dacie: Brit. J. Haematol. **3**, 153, 262 (1957).
Ess, H., F. Gramlich u. D. Mohring: Klin. Wschr. **36**, 852 (1958).
[25] Kuhns, W. J.: J. exp. Med. **99**, 577 (1954).
Brattsen, J., H. Calldahl u. A. H. F. Laurell: Acta allerg. (Kbh.) **8**, 1 (1955).
Humphrey, J. H., and R. R. Porter: Lancet **272**, (No. 6961), 196 (1957).
[26] Davis, B. D., D. H. Moore, E. A. Kabat and A. Harries: J. Immunol. **50**, 1 (1945).
Tauber, H., C. McLeod, W. Garson and H. J. Magnuson: Proc. Soc. exp. Biol. (N. Y.) **78**, 110 (1951).
Laurell, A. B.: Acta path. microbiol. scand. **36**, 92 (1955).
Laurell, A. B., u. A. Lindau: Acta path. microbiol. scand. **42**, 67 (1957).
[27] Stelos, P.: J. Immunol. **77**, 396 (1956).
[28] Schultze, H. E.: Angew. Chem. **62**, 395, 426 (1950).
[29] Cann, J. R., R. A. Brown, D. C. Gajdusek, J. G. Kirkwood and Ph. Sturgeon: J. Immunol. **66**, 137 (1951).
[30] Sober, H. A., and E. A. Peterson: Fed. Proc. **17**, 1116 (1958).
[31] Fallet, H.: Schweiz. med. Wschr. **88**, 817 (1958).
[32] Franklin, E. C., and H. G. Kunkel: J. exp. Med. **105**, 425 (1957).
Svartz, L. A., A. Carlson, K. Schlossmann u. A. Ehrenberg: Acta med. scand. **160**, 87 (1958).
[33] Wood, H. F., M. McCarty and R. J. Slater: J. exp. Med. **100**, 71 (1954).
[34] Müller-Eberhard, H. J., E. C. Franklin and H. G. Kunkel: Proc. Soc. exp. Biol. (N. Y.) **93**, 146 (1956).
[35] Isliker, H., u. E. Linder: Helv. physiol. pharmacol. Acta **14**c, 34 (1956).
[36] Müller-Eberhard, H. J., E. C. Franklin and H. G. Kunkel: Proc. Soc. exp. biol. (N. Y.) **93**, 146 (1956).
Franklin, E. C., and H. G. Kunkel: J. Immunol. **78**, 11 (1957).

Kunkel, H. G., H. Fudenberg u. E. C. Franklin: VII. Kongress für Bluttransfusion. Rom 1958.
[37] Deutsch, H. F., and J. C. Morton: Science **125**, 600 (1957).
Franklin, E. C., H. R. Holman, J. Müller-Eberhard and H. G. Kunkel: J. exp. Med. **105**, 425 (1957); Amer. J. rheum. Dis. **16**, 315 (1957).
Isliker, H. Ch.: Helv. med. Acta **25**, 41 (1958); IV. Internat. Kongress f. Biochemie. Wien 1958.
Kunkel, H. G., H. Fudenberg u. E. C. Franklin: VII. Internat. Kongreß f. Bluttransfusion. Rom 1958.
[38] Blattberg, B.: Proc. Soc. exp. Biol. (N. Y.) **92**, 745 (1956); **96**, 81 (1957).
Nelson, R. A.: J. exp. Med. **108**, 515 (1958).
Schultze, H. E., u. G. Schwick: Blut **4**, 280 (1958).
[39] Eigene Befunde.
[40] Kabat, E. A.: J. exp. Med. **69**, 103 (1939).
Tiselius, A., and E. A. Kabat: J. exp. Med. **69**, 119 (1939).
[41] Northrop, J. A.: J. gen. Physiol. **25**, 465 (1942).
Rothen, A.: J. gen. Physiol. **25**, 487 (1942).
[42] Pope, C. G., and M. F. Stevens: Brit. J. exp. Path. **34**, 56 (1953).
[43] McFadden, M. L., and E. L. Smith: J. biol. Chem. **214**, 185 (1955).
[44] Largier, J. F.: Arch. Biochem. Biophys. **77**, 350 (1958).
[45] Smith, E. L., R. D. Greene and E. Bartner: J. biol. Chem. **164**, 359 (1946).
Smith, E. L., and R. D. Greene: J. biol. Chem. **171**, 355 (1947).
[46] Porter, R. R.: Biochem. J. **46**, 473 (1950).
McFadden, M. L., and E. L. Smith: J. biol. Chem. **214**, 185 u. 197 (1955).
[47] Putnam, F. W.: J. biol. Chem. **233**, 1445 (1958).
[48] Alberty, R. A.: J. Physiol. Coll. Chem. **53**, 114, (1949).
Putnam, F. W.: Science **122**, 275 (1955).
[49] McFadden, M. L., and E. L. Smith: J. Amer. chem. Soc. **75**, 2784 (1953).
[50] McFadden, M. L., and E. L. Smith: J. biol. Chem. **216**, 621 (1955).
[51] McFadden, M. L.: J. biol. Chem. **214**, 185 (1955).
[52] Porter, R. R.: Biochem. J. **46**, 473 (1950).
[53] Putnam, F. W.: J. Amer. chem. Soc. **75**, 2785 (1953).
[54] Putnam, F. W.: J. biol. Chem. **233**, 1448 (1958).
[55] Putnam, F. W., and A. Miyake: Science **120**, 848 (1954).
[56] Heidelberger, H. P., and M. Heidelberger: J. exp. Med. **73**, 125 (1941).
[57] Porter, R. R.: Biochem. J. **46**, 479 (1950).
Smith, E. L., M. L. McFadden, A. Stockell and V. Buettner-Janusch: J. biol. Chem. **214**, 197 (1955).
Haurowitz, F.: Serological approaches to studies of protein structure. Rutgers Univ. Press, 2, 1954.
[58] Pauling, L.: J. Amer. chem. Soc. **62**, 2643 (1940).
Pauling, L., and D. H. Campbell: Science **95**, 440 (1942); J. exp. Med. **76**, 211 (1942).
Pauling, L.: Bull. Soc. Chim. biol. **30**, 247 (1948).

[59] KENDREW, J. C., G. BODO, H. M. DINITZIS, R. G. PARRISH and H. WYCKHOFF: Nature (Lond.) **181**, 662 (1958).
[60] FRIEDRICH-FREKSA, H.: Z. Naturforsch. **1**, 44 (1946).
HAUROWITZ, F., P. SCHWERIN and S. TUNZ: Arch. Biochem. **11**, 515 (1946).
KUSING, A. M., u. N. A. NEWRAJEWA: Biochemija **12**, 49 (1947); ref. Chem. Zbl. **118**, 1586 (1947).
LOISELEUR, J.: C. R. Acad. Sci. (Paris) **224**, 627 (1947).
DOERR, R.: Die Immunitätsforschung, Antikörper I (1947), IV (1949). Wien: Springer.
WESTPHAL, U.: Z. Naturforsch. **4b**, 53 (1949).
[61] SIMPSON, M. V., and S. F. VELICK: Fed. Proc. **12**, 268 (1953).
[62] ASCONAS, B. A., D. N. CAMPBELL and T. S. WORK: Biochem. J. **56**, IV (1954).
[63] TALIAFERRO, W. H., and L. G. TALIAFERRO: J. infect. Dis. **101**, 252 (1957).
TALIAFERRO, W. H.: J. cell. comp. Physiol. **50**, Suppl. 1, 1 (1957).
[64] HARRIS, T. N., S. HARRIS and F. FARBER: Fed. Proc. **13**, 496 (1954).
[65] GREEN, H., u. H. S. ANKER: Biochem. biophys. Acta **13**, 365 (1954).
[66] BREINL, F., u. F. HAUROWITZ: Z. physiol. Chem. **192**, 45 (1930).
HAUROWITZ, F.: Chemistry and Biology of Proteins. P. 290. New York, N.Y.: Acad. Press Inc. 1950.
HAUROWITZ, F.: Theories of Antibody Response, Herausg. A. M. Pappenheimer. New York: Columbia Univ. Press. 1953.
HAUROWITZ, F.: Scientia **90**, 335 (1955).
HAUROWITZ, F.: 100. Tagung d. Naturf. u. Ärzte, Wiesbaden Okt. 1958.
[67] GÜNTHER, O.: Arbeiten aus dem Paul-Ehrlich-Inst., Ffm. **51**, 69 (1954).
[68] BURNET, F. M., and F. J. FENNER: The Production of Antibodies. Melbourne: MacMillan and Co. 1949.
[69] BURNET, F. M.: Canad. J. Microbiol. **2**, 153 (1956); Aust. J. Sci. **20**, 67 (1957).
[70] HAUROWITZ, F., and C. F. CRAMPTON: J. Immunol. **68**, 73 (1952); **69**, 457 (1952).
[71] CRAMPTON, C. F., H. H. BELLER and F. HAUROWITZ: Proc. Soc. exp. Biol. (N. Y.) **80**, 448 (1952).
[72] CRAMPTON, C. F., H. H. BELLER and F. HAUROWITZ: J. Immunol. **71**, 319 (1953).
HAUROWITZ, F., and H. WALTER: Proc. Soc. exp. Biol. (N. Y.) **88**, 67 (1955).
[73] HARVEY, J. S., and D. H. CAMPBELL: J. exp. Med. **105**, 361 (1957).
[74] HARVEY, J. S., and D. H. CAMPBELL: J. Immunol. **72**, 131 (1954); **76**, 36 (1956).
CAMPBELL, D. H., and J. S. HARVEY: Internat. Arch. Allergy appl. Immunol. **12**, 70 (1958).
[75] EHRICH, W. E., D. L. DRABKIN and C. FORMAN: J. exp. Med. **90**, 157 (1949).
[76] HARRIS, T. N., and S. HARRIS: J. exp. Med. **90**, 169 (1949).

[77] MAKINODAN, T., R. F. RUTH and H. R. WOLFE: J. Immunol. **72**, 39, 45 (1954).
[78] SCHWARTZ, R., J. STOCK and W. DAMASHEK: Proc. Soc. exp. Biol. (N. Y.) **99**, 164 (1958).
[79] INGRAHAM, J. S.: J. infect. Dis. **89**, 109 (1951); **96**, 105 (1955).
[80] MCMASTER, PH. D., and H. KRUSE: J. exp. Med. **94**, 323 (1951).
MCMASTER, PH. D., H. KRUSE, E. STURM and J. L. EDWARDS: J. exp. Med. **104**, 341 (1954).
MCMASTER, PH. D., and J. L. EDWARDS: J. exp. Med. **106**, 219 (1957).
[81] FELTON, L. D.: J. Immunol. **61**, 107 (1940).
KAPLAN, M. H., A. H. COONS and A. W. DEANE: J. exp. Med. **91**, 15 (1950).
HILL, A., A. W. DEANE and A. H. COONS: J. exp. Med. **92**, 35 (1950).
[82] HEIDELBERGER, M.: Behringwerk-Mitt. **29**, 68 (1954).
HEIDELBERGER, M.: Lectures in Immunochemistry. P. 52, 121. New York (N. Y.): Acad. Press Inc. 1956.
[83] REISS, E., E. MERTENS and W. E. EHRICH: Proc. Soc. exp. Biol. (N. Y.) **74**, 732 (1950).
[84] NOSSAL, G. J. V., and J. LEDERBERG: Nature (Lond.) **181**, 1419 (1958); vgl. auch G. J. V. NOSSAL, Brit. J. exp. Path. **39**, 550 (1958); R. G. WHITE: Nature (Lond.) **182**, 1383 (1958).
[85] LANDSTEINER, K., and J. VAN DER SCHEER: J. exp. Med. **67**, 709 (1938).
[86] PAPPENHEIMER, A. M., and W. J. KUHNS: J. Immunol. **63**, 291 (1949).
[87] HEIDELBERGER, M.: Behringwerk-Mitt. **29**, 68 (1954).
[88] KLIMA, R., u. J. BEYREDER: Wien. klin. Wschr. **67**, 714 (1955).
[89] DOUGHARTY, T. F., and A. WHITE: Endocrinology **39**, 370 (1946).
WESSLEN, T.: Acta derm.-venereol. (Stockh.) **32**, 265 (1952).
ROBERTS, J. C., and F. J. DIXON: Amer. J. Path. **32**, 625 (1956).
[90] EHRICH, W. E.: Umschau (Ffm.) **57**, 261 (1957).
[91] FAGRAEUS, A.: Nature (Lond.) **159**, 499 (1947), Acta med. scand. **130**, Suppl. 204 (1948); J. Immunol. **58**, 1 (1948).
FAGRAEUS, A., u. H. GORMSEN: Acta path. microbiol. scand. **33**, 421 (1953).
FAGRAEUS, A., et P. GRABAR: Ann. Inst. Pasteur **85**, 1704 (1953).
FAGRAEUS, A.: Behringwerk-Mitt. Heft **30**, 9 (1955).
FAGRAEUS, A.: Acta haemat. (Basel) **20**, 1 (1958); vgl. auch: G. BENASSI: Boll. Ist. sieroterap. milan. **29**, 258 (1950).
STALLYBRASS, C. O.: Proc. roy. Soc. med. **43**, 137 (1950).
REISS, E., E. MERTENS and W. E. EHRICH: Proc. Soc. exp. Biol. (N. Y.) **74**, 732 (1950).
MOESCHLIN, S., J. R. PELAEZ u. F. HUGENTOBLER: Acta haemat. (Basel) **6**, 321 (1951); Schweiz. med. Wschr. **81**, 1247 (1951)
MOESCHLIN, S., u. B. DEMIRAL: Klin. Wschr. **30**, 827 (1952).
EHRICH, W.: Klin. Wschr. **33**, 315 (1955).
SCHMIDT, H.: Fortschritte der Serologie. 2. Aufl. S. 494. Darmstadt: Dr. Dietrich Steinkopff 1955.

BERGLUND, K., and A. FAGRAEUS: Nature (Lond.) **177**, 233 (1956); vgl. auch F. J. KEUNING and L. B. VAN DER SLIKKE: J. Lab. clin. Med. **36**, 167 (1950).
[92] WUHRMANN, F., u. CH. WUNDERLY: Die Bluteiweißkörper des Menschen. 3. Aufl., S. 469. Stuttgart/Basel: B. Schwabe 1957.
[93] THORBECKE, H. J., and F. J. KEUNING: J. Immunol. **70**, 129 (1953).
MILLER, L. L., and W. F. BALE: J. exp. Med. **99**, 125 (1954).
MILLER, L. L., C. H. BLY and W. F. BALE: J. exp. Med. **99**, 133 (1954).
[94] MCMASTER, PH. D., and S. S. HUDACK: J. exp. Med. **61**, 783 (1935).
MCMASTER, PH. D.: In Symposium No. 5 of the N. Y. Acad. of Medicine, "The nature and signification of the antibody response". Columbia Univ. Press. N. Y. 2. Kap. (1953).
[95] ASKONAS, B. A., J. H. HUMPHREY and R. R. PORTER: Biochem. J. **63**, 412 (1956).
[96] PORTER, R. R., and E. M. PRESS: Biochem. J. **66**, 600 (1957).
[97] DOAN et al.: Acta haemat. (Basel) **20**, 394 (1958).
[98] THORBECKE, H. J., and F. J. KENNING: J. infect. Dis. **98**, 157 (1956).
[99] COONS, A. H., H. J. CREECH, R. N. JONES and E. BERLINER: J. Immunol. **45**, 159 (1942).
KAPLAN, M. H., A. H. COONS and H. W. DEANE: J. exp. Med. **91**, 15 (1950).
COONS, A. H., E. H. LEDNE and J. M. CONNOLLY: Fed. Proc. **12**, 439 (1954); J. exp. Med. **102**, 49 (1955).
LEDNE, E. H., A. H. COONS and J. M. CONNOLLY: J. exp. Med. **102**, 61 (1955).
WHITE, R. G., A. H. COONS and J. M. CONNOLLY: J. exp. Med. **102**, 73 (1955).
KAPLAN, H. M.: J. exp. Med. **107**, 341 (1958); vgl. W. KOSENOW, Lebende Blutzellen im Fluorescenz- und Phasenkontrastmikroskop. Basel/New York: S. Karger 1956.
[100] ORTEGA, L. G., and R. C. MELLORS: J. exp. Med. **106**, 627 (1957).
[101] EVANS, D. G.: Lancet **1943** II, 316.
[102] Unveröffentliche Arbeiten.
[103] BECK, W. H., BÜRKLE DE LA CAMP u. R. HAAS: Chirurg **28**, 193 (1957).
[104] BRUTON, O. C.: Pediatrics **9**, 722 (1952).
LANG, N., G. SCHETTLER u. R. WILDHACK: Klin. Wschr. **32**, 856 (1954).
MONCKE, C.: Schweiz. med. Wschr. **84**, 1033 (1954).
RAFFEL, S.: Ann. Rev. Med. **7**, 387 (1956).
JANEWAY, C. A., and D. GITLIN: Advanc. Pediat. **9**, 65 (1957).
GIEDION, A., u. J. J. SCHEIDEGGER: Helv. paediat. Acta **12**, 241 (1957).
BARRETT, B., and W. VOLWILER: J. Amer. med. Ass. **164**, 866 (1957).
BARANDUM, S., H. J. HUSER u. A. HÄSSIG: Schweiz. med. Wschr. **88**, 78 (1958).
GRABAR, P., P. BURTIN et M. SELIGMANN: Rev. franç. Et. clin. biol. **3**, 41 (1958).
BURTIN, P.: Rev. franç. Et. clin. biol. **3**, 62 (1958).
[105] GOOD, R. A.: J. Lab. clin. Med. **46**, 167 (1955).

Bildung der Antikörper 193

[106] MAXIMOW, A.: Folia haemat. (Lpz.) **4**, 611 (1907).
SCHRIDDE, H.: Aschoff's Lehrbuch der pathologischen Anatomie. Jena 1911.
[107] GITLIN, D., and CH. A. JANEWAY: Scient. Amer. **197**, 93 (1957); vgl. auch W. H. HITZIG: Helv. paediat. Acta **12**, 596 (1957); J. J. SCHEIDEGGER et R. MARTIN DU PAN: Et. neo-natal. **6**, 135 (1957).
[108] GIERTMÜHLEN u. JESS: Klin. Wschr. **6**, 353 (1927).
[109] SCHEIDEGGER, J. J., et R. MARTIN DU PAN: Et. néo-natal. **6**, 135 (1957).
SCHEIDEGGER, J. J.: IV. Journées Biochimiques Franco-Helvetico-Hispano-Italiennes. Montpellier, Mai 1957.
MARTIN, E., et J. J. SCHEIDEGGER: Bull. Acad. Suisse Sci. med. **13**, 526 (1957).
GIEDION, A., u. J. J. SCHEIDEGGER: Helv. paediat. Acta **12**, 596 (1957).
HITZIG, W. H.: Helv. paediat. Acta **6**, 596 (1957).
WIESENER, H.: Int. J. prophyl. Med. u. Sozialhyg. **2**, 191 (1958).
[110] KOCH, F., H. E. SCHULTZE u. G. SCHWICK: Klin. Wschr. **36**, 17 (1958).
[111] LANG, N., G. SCHETTLER u. R. WILDHACK: Klin. Wschr. **32**, 856 (1954).
GITLIN, D., CH. JANEWAY and L. FARR: J. clin. Invest. **35**, 44 (1956).
GOOD, R., and S. ZAK: Pediatrics **18**, 109 (1956).
MARTIN, CH. M., R. S. GORDON, W. R. FELTS and N. B. MCCALLOUGH: J. Lab. clin. Med. **49**, 607 (1957).
[112] ZAK S. J., u. R. A. GOOD, J. clin. Invest. **38**, 579 (1959).
[113] WIENER, A. S.: J. exp. Med. **94**, 213 (1951).
[114] GOOD, R. A., and R. L. VARCO: J. Amer. med. Ass. **157**, 713 (1955).
GOOD, R. A., R. L. VARCO, J. B. AUST and S. J. ZAK: N. Y. Acad. Sci. **64**, 924 (1957).
[115] ALLGÖWER, M., u. L. HULLIGER: Organ-Homotransplantation. Experimentelle Grundlagen und klinische Verwendung in Immunpathologie. S. 543. Stuttgart: Georg Thieme 1957.
BRENT, L.: Tissue Transplantation Immunity in J. KALLÓS, Progress in Allergy V. S. 271. Basel: S. Karger 1958.
[116] MARTIN, CH. M., J. B. WHITE and N. B. MCCULLOGH: J. clin. Invest. **36**, 405 (1957).
[117] PARKER, R.: Science **85**, 292 (1937).
CHASE, M. W.: Fed. Proc. **10**, 404 (1951).
HARRIS, S., and T. N. HARRIS: Fed. Proc. **10**, 409 (1951); J. exp. Med. **100**, 269 (1954); J. Immunol. **74**, 318 (1955).
THORBECKE, G. T., and F. J. KEUNING: J. Immunol. **70**, 129 (1953).
HARRIS, T. N., S. HARRIS, H. D. BEALE and J. J. SMITH: J. exp. Med. **100**, 289 (1954).
HARRIS, T. N., S. HARRIS and M. FARBER: Fed. Proc. **13**, 496 (1954).
STONER, R. D., and W. M. HALE: J. Immunol. **75**, 203 (1955).
STERZL, J.: Folia biol. **3**, 65 (1957).
DIXON, F. J., W. O. WEIGLE and J. C. ROBERTS: J. Immunol. **78**, 56 (1957).
[118] STAVITSKY, A. B.: J. infect. Dis. **94**, 306 (1954); J. Immunol. **75**, 214 (1955); Symposium on Nutrition in Infections, New York Acad. Sci.

Art 2, **63**, 211 (1955); Fed. Proc. **15**, 615 (1956); **16**, 652 (1957); J. Immunol. **79**, 187 (1957).
STAVITSKY, A. B., A. E. AXELROD and PRUZANSKY: J. Immunol. **79**, 200 (1957).
[119] ASKONAS, B. A.: Rec. Trac. Chim. Pays-Bas **77**, 611 (1958).
[120] TALIAFERRO, W. H., and D. W. TALMAGE: J. infect. Dis. **97**, 88 (1955).
ROBERTS, J. C., and F. J. DIXON: J. exp. Med. **102**, 379 (1955).
STAVITSKY, A. B.: Fed. Proc. **16**, 652 (1957).
[121] ROBERTS, J. C., and F. J. DIXON: Amer. J. Path. **32**, 3 (1956)
[122] BISST, K. A.: J. Hyg. **45**, 128 (1947); J. Path. Bact. **60**, 91 (1948).
[123] BENJAMIN, E., u. E. SLUKA: Wien. klin. Wschr. **21**, 311 (1908).
[124] DIXON, F. J., D. W. TALMAGE and P. H. MAURER: J. Immunol. **68**, 693 (1952).
[125] KOHN, H. J.: J. Immunol. **66**, 525 (1951).
TALIAFERRO, W. H., L. G. TALIAFERRO and E. F. JANSSEN: J. infect. Dis. **91**, 105 (1952); **94**, 134 (1954).
[126] STENDER, H. ST., D. STRAUCH u. H. WINTER: Z. Naturforsch. **13**b, 17 (1958).
[127] SPEIRS, R., and U. WENCK: Proc. Soc. exp. Biol. (N. Y.) **90**, 571 (1955).
SPEIRS, R.: Ann. N. Y. Acad. Sci. **59**, 706 (1955); Fed. Proc. **16**, 563 (1957).
SPEIRS, R., and M. E. DREISBACH: Blood **11**, 44 (1956).
SPEIRS, R., U. WENCK and M. E. DREISBACH: Blood **11**, 56 (1956).
DREISBACH, M. E., G. SNELL and R. SPEIRS: J. Nat. Cancer Inst. **17**, 297 (1956).
[128] SPEIRS, R.: Nature (Lond.) **181**, 681 (1958).
[129] SPEIRS, R., u. U. WENCK: Acta haemat. (Basel) **17**, 271 (1957).
SPEIRS, R.: J. Immunol. **77**, 437 (1957).
[130] SCHEIFFARTH, F., G. BERG, F. LEGLER u. E. SCHULER: Arzneimittelforsch. **7**, 360 (1957); vgl. A. A. WERDER, C. A. HARDIN and P. MORGAN: Radiation Res. **7**, 500 (1957).
[131] HARRIS, S., T. N. HARRIS and M. B. FARBER: J. exp. Med. **108**, 21, 411 (1958).
[132] ORTEGA, L. G., u. R. C. MELLORS: J. exp. Med. **106**, 618 (1957).
[133] GOOD, R. A.: Med. News **2**, 1 (1957).
[134] GITLIN, D., and CH. A. JANEWAY: Scient. Amer. **197**, 93 (1957).
[135] GRABAR, P., J. COURCON, P. L. T. ILBERG, J. F. LOUTIT et J. P. MERRIL: C. R. Acad. Sci (Paris) **245**, 950 (1957).
[136] TRNKA, Z., and I. RIHA: Nature (Lond.) **183**, 546 (1959).
[137] STERZL, J.: Nature (Lond.) **183**, 547 (1959).
[138] LÜDKE, H.: Klin. Wschr. **49**, 1034 (1912).
FAGRAEUS, A.: J. Immunol. **58**, 1 (1948).
KEUNING, F. J., and L. B. VAN DER SLIKKE: J. Lab. clin. Med. **36**, 167 (1950).
KEUNING, F. J.: Chem. Weekbl. **50**, 702 (1954).
STAVITSKY, A. B.: J. Immunol. **75**, 214 (1956); Fed. Proc. **15**, 615 (1956).

Steiner, D. F., and H. S. Anker: Proc. nat. Acad. Sci. (Wash.) **42**, 580 (1956).
Harris, T. N., S. Harris and E. Tulsky: J. Immunol. **82**, 26 (1959).
[139] Stavitsky, A. B.: Brit. J. exp. Path. **39**, 661 (1958).
Wolf, B., and A. B. Stavitsky: J. Immunol. **81**, 404 (1958).
[140] Stevens, K. M., and J. M. McKenna: Nature (Lond.) **179**, 870 (1957).
Stevens, K. M., and J. M. McKenna: J. exp. Med. **107**, 537 (1958).
McKenna, J. M., and K. M. Stevens: J. Immunol. **78**, 311 (1957).
[141] Grabar, P.: Ann. Inst. Pasteur **79**, 640 (1950); Texas Reports on Biol. Med. **15**, 1 (1957); Behringwerk-Mitt. Heft 35, 19 (1958).
[142] Gustafsson, B. E., and C. B. Laurell: J. exp. Med. **108**, 251 (1958); Proc. 6. int. Congr. int. Soc. Hemat. 1958, 832.
Ensgraber, A.: Ber. dtsch. bot. Ges. **71**, 350 (1958).
[143] Borsos, T., and H. N. Kent: Proc. Soc. exp. Biol. (N. Y.) **99**, 105 (1958).
[144] Schultze, H. E., u. G. Schwick: Clin. chim. Acta **4**, 15 (1959); Behringwerk-Mitt. Heft 35, 57 (1958).

Diskussion

Diskussionsleiter: Wieland, *Frankfurt*

Zimmermann (Homburg/Saar): Die Bildung der Antikörper in den Plasmazellen hat Möschlin in Phasenkontrastuntersuchungen gezeigt: In dem Zeitraum, in dem die Antikörper in den Zellen gebildet werden, treten in den Plasmazellen Körnchen auf und verschwinden in dem Moment, in dem die Antikörper im Serum nachweisbar werden. Heute wird daher allgemein angenommen, daß die Plasmazellen die Antikörper bilden, im Gegensatz zur früheren Auffassung, als man glaubte, es wären die Lymphocyten. Die Lymphocyten müssen doch auch irgend etwas mit der Antikörperbildung zu tun haben. Röntgenbestrahlung schädigt in erster Linie die Lymphocyten, dann entstehen keine Antikörper mehr. Welches ist die Rolle der Lymphocyten bei der Antikörperbildung ?

Schultze: In Transplantaten hat man nachgewiesen, daß Lymphocyten in dem Maße verschwinden, wie sich Plasmazellen bilden. Das hat zu der Vorstellung geführt, als ob Lymphocyten irgendwie durch Plasmazellen abgelöst würden, als ob sie quasi eine Vorstufe der Plasmazellbildung seien.

Zimmermann (Homburg/Saar): Bei der Aufnahme der Antigene sprachen Sie von den eosinophilen Zellen. Es sind doch wohl allgemein neutrophile Granulocyten, nicht nur die eosinophilen, die diese Phagocytose bewirken, und damit die primären Antigene in die eigentlichen sekundär wirksamen Stoffe transformieren.

Schultze: Hauptträger der Phagocytosewirkung sind ja wohl die Makrophagen, aber außerdem sollen nach Untersuchungen von Speyers in der ersten, von Röntgenstrahlen geschädigten, Phase hauptsächlich eosinophile Leukocyten eine Rolle spielen.

Fischer (Frankfurt): Zur Frage von Herrn Prof. Zimmermann möchte ich folgendes bemerken: Beim Ablauf einer Entzündung machen die dabei beteiligten Zellen einen recht bedeutenden Form- und Funktionswandel durch, den man z. B. mit der von REBUCK in Amerika entwickelten Technik recht gut erfassen kann. Diese Technik besteht darin, daß auf die scarificierte Haut, z. B. über dem Schienbein, ein Glas- oder Glimmerplättchen befestigt wird, das man in bestimmten Zeitintervallen erneuert und die darauf befindlichen Zellen anfärbt bzw. histochemisch analysiert. Zunächst sieht man fast ausschließlich segmentierte Leukocyten, nach 1—2 Std. daneben aber in steigender Zahl große rundkernige bzw. bohnenkernige Zellen, die entweder stimulierte Lymphocyten oder aktivierte Mesenchymzellen sind. Bei diesen Zellen handelt es sich um Makrophagen, die vermutlich mit der Antigenaufbereitung im Organismus und möglicherweise auch mit der Antikörperbildung eng verknüpft sind. Wie früher für die Blutleukocyten haben wir in letzter Zeit für diese Makrophagen zeigen können, daß sie auf den Reiz der Phagocytose hin ihre Atmung hochgradig steigern, vermehrt Milchsäure bilden und ihre Phosphataseaktivität erhöhen. Ich schildere diesen Befund, um darauf hinzuweisen, daß die bei der Phagocytose und Antikörperbildung beteiligten Zellen bzw. Systeme außerordentlich plastisch und zur schnellen Funktionsänderung imstande sind.

Damit komme ich zu der von Herrn Prof. SCHULTZE geschilderten Tatsache, daß Milzzellen, die nach Injektion von bakteriellen Lipopolysacchariden gewonnen wurden, in der Kultur noch imstande sind, auf Antigenreiz Antikörper zu bilden, während gewöhnliche Milzzellen das nicht können. Eine mögliche Erklärung dieses Phänomens ist folgende: genau so, wie man bei lokaler Applikation von Pyrogen auf eine scarificierte Hautstelle sich dort aktivierte Mikrophagen rasch anhäufen, so geschieht dies nach i.v. Injektion im gesamten Organismus. Die Milz enthält dann sehr viel mehr aktivierte Makrophagen als ohne Pyrogeninjektion. Tatsächlich hat der Schweizer Immunhämatologe MIESCHER gezeigt, daß Zupf-Präparate von Kaninchenmilzen sehr viel mehr phagocytierende Zellen enthalten, wenn diese Tiere zuvor bakterielles Lipopolysaccharid injiziert erhalten hatten.

Ich darf zum Schluß darauf hinweisen, daß diese vom Aktivierungszustande des RES abhängige Intensität der Proteinsynthese ein Hinweis sein kann, daß vielleicht auch in anderen Organen und Zellen die Proteinsynthese nicht kontinuierlich sondern phasenartig verläuft. Einzelne der schönen radioautographischen Diapositive von Prof. MAURER, vor allem die von Nierenkanälchen, zeigten, daß Inkorporation nur in einzelnen Zellkernen bzw. Nucleolen stattfand, während bei anderen die Inkorporation, d. h. Schwärzung der Platte ausblieb.

ZIMMERMANN (Homburg/Saar): Einen wichtigen Umstand möchte ich noch hervorheben: Die Antigene werden nur bei bakteriellen Erkrankungen primär durch Phagocytose transformiert, nicht bei Viruskrankheiten.

KEUTEL (Homburg/Saar): Sind bei der Autoantikörperbildung, z. B. der Niere, auch die Plasmazellen verantwortlich zu machen, oder bestimmte Zellverbände des betreffenden Organs?

SCHULTZE: Es ist mir nicht bekannt, daß bei der Entstehung von Autoantikörpern, die sich ja bekanntlich über sehr lange Zeit erstreckt, schon irgendwie Untersuchungen über Plasmazellen gemacht wurden.

Bildung der Antikörper 197

PETUELY (Graz): Die Verwendung fluorescierender Antikörper und Antigene ist für die Immunhistologie und auch die Bakteriologie von besonderer Bedeutung. Das Fluorescinisocyanat führt aber bei der Kupplung leider zu sehr vielen unspezifischen Produkten, nicht dagegen das Säurechlorid der 1-Dimethylaminonaphthalinsulfosäure-5. Dieses ist relativ wasserbeständig und die Kupplung ganz einfach durchzuführen. Durch Dialyse kann man die Immunglobuline oder sogar das ganze Serum kuppeln, ohne daß es Nebenreaktionen gibt. Dazu braucht man nicht einmal die Immunglobuline anzureichern. In der Bakteriologie breitet sich diese Methode schon jetzt weit aus.

FELIX (Frankfurt): Ich würde gerne mehr über die Immuntoleranz erfahren. Sie besteht darin, daß man einem Embryo ein fremdes Eiweiß injiziert; später kann dieses Tier, wenn es erwachsen ist, gegen dieses injizierte artfremde Eiweiß keine Antikörper erzeugen. Aber es kann doch wohl noch andere γ-Globuline bilden? Es würde also nur die Fähigkeit zur Bildung eines bestimmten γ-Globulins ausfallen.

SCHULTZE: Es ist möglich, daß die Immuntoleranz mit dem von FELTON entdeckten Erscheinungsbild der Immunparalyse in Beziehung steht. Bei der Immunisierung von Mäusen mit Pneumokokkenpolysacchariden wurde beobachtet, daß sie nur in kleinsten Mengen Antikörper zu stimulieren vermögen. Schon Mengen über 10 γ paralysieren die Antikörperbildung, indem sie jeweils neu gebildetes Antikörperprotein durch Bindung abfangen und auf dem Wege über eine Antigen-Antikörperverbindung dessen beschleunigte Ausscheidung bewerkstelligen. Voraussetzung für die Immunparalyse ist die chemische Resistenz des Antigens.

Prä- oder postnatal verabreichte Antigene treffen einen Organismus mit unterentwickelten Abbaumechanismen, weshalb auch für solche von Proteincharakter wie z. B. Albumine fremder Herkunft eine lange Persistenz anzunehmen ist, insbesondere, wenn sie in das Zellinnere geraten.

Im Funktionsbereich einer antikörperbildenden Zelle ist die erwähnte Abfangreaktion gebildeter Antikörper durch das ortsnahe Antigen wahrscheinlich viel wirksamer bei einer noch im Stadium der Unreife befindlichen Antikörperproduktion als bei einer ausgereiften. Immunparalyse und Immuntoleranz sind streng spezifisch eingestellt und werden durch heterologe Antigene nicht beeinflußt.

ROKA (Frankfurt): Bei der gleichzeitigen Immunisierung eines Tieres mit zwei Antigenen produziert eine Zelle nur den einen, die andere Zelle nur den anderen Antikörper. Weiß man schon irgend etwas darüber, wie lange diese Spezifität anhält? Wenn die Antigene sehr lange in den Zellen bleiben, sollte eine Zelle für sehr lange Zeit auf die Produktion eines Antikörpers festgelegt sein. Oder kann eine Zelle oder eine ihrer Tochterzellen — denn über 5 Jahren wird dieser spezifische Antikörper ja wohl nicht immer von den selben Zellen gebildet — nachträglich doch wieder ein anderes γ-Globulin bilden? Besteht ein Zusammenhang mit der Immuntoleranz? Hierbei könnten die Zellen auf die Bildung eines γ-Globulins, das keine nachweisbaren Immuneigenschaften zu haben braucht, einmal festgelegt sein und daher nie mehr Globuline mit anderen Immuneigenschaften herstellen.

SCHULTZE: Man muß damit rechnen, daß die chemische Natur der Antigene die Persistenz maßgeblich beeinflußt. In den geschilderten Fällen wurde Brucella- oder Salmonella-Antigen verwandt, von denen bekannt ist, daß sie Polysaccharidverbindungen enthalten, die sich über viele Jahre als körperbeständig erwiesen.

Neu ist, daß auch Proteinantigene sehr lange persistieren können, wenn sie im Inneren von Zellen gebunden werden. Bei der Immunisierung können mit einer Impfdosis sehr viele Antigenteilchen in eine Zelle geraten. Durch Teilung der Zelle wird der auf eine Tochterzelle entfallende Antigenanteil immer geringer. Ich kann mir vorstellen, daß die Antikörperbildung schließlich erlischt, wenn eine Teilung bei Zellen mit nur einem Molekül Antigen stattfindet, daß aber fermentativ nicht angreifbare Polysaccharide auch als Einzelmoleküle die Zellteilung überstehen.

Die Erfahrungen der praktischen Immunisierung lehren, daß bei manchen Antigenen die Antikörperbildung für relativ kurze Zeit zum Stillstand kommt, bei anderen auch ohne Antigen-Nachschub über viele Jahre anhält.

Schließlich spielt eine Rolle, ob das Antigen mit oder ohne einem Trägerkolloid verabreicht wird.

ROKA (Frankfurt): Die gleichzeitige Immunisierung mit zwei verschiedenen Antigenen spricht doch dafür, daß für die Auslösung der Antikörperbildung offenbar sehr wenig Moleküle ausreichen, denn sicherlich kommen in jede Zelle genügend Anteile von beiden Antigenen. Aber den eigentlichen Ort der γ-Globulinbildung erreicht offenbar nur ein Antigenmolekül und determiniert für lange Zeit die γ-Globulinsynthese dieser Zelle.

SCHULTZE: Von dem Reservoir der von einer Zelle aufgenommenen Antigenmoleküle ist nur eines für die Entstehung spezifischer Antikörper notwendig. Es kommt sogar nur darauf an, daß eine determinierende Gruppe dieses Antigenmoleküls vererbt wird. Hat ein Molekül verschiedene determinierende Gruppen, so halte ich es theoretisch für möglich, daß in einem späteren Teilungsstadium eine Spezifitätsänderung auftreten kann.

DECKER (Hannover): Bisher ist noch gar nicht betont worden, daß offensichtlich sehr enge Zusammenhänge zwischen der Eiweißsynthese als solcher, der Synthese induzierter Enzyme und der Synthese der Immunkörper bestehen. Was passiert mit einer Zelle, die einen bestimmten Antikörper produziert, wenn sie sich vermehrt? Da das Antigen sich nicht vermehrt, wenn die Zelle sich teilt, können wir ganz analoge Verhältnisse wie bei der Induktion der Penicillase erwarten, also eine lineare Weiterproduktion des Antikörpers. Gibt es darüber irgendwelche experimentellen Anhaltspunkte ?

SCHULTZE: Es ist sehr schwer, diese verschiedenartigen Probleme spontan zu koordinieren. Die gehaltenen Vorträge dürften gezeigt haben, daß es offenbar verschiedenartige Adaptationsverfahren gibt und daß das Verfahren der Bildung spezifischer Antikörper sehr wahrscheinlich nicht gengesteuert ist. Vererbbar ist sicher die Anlage zur γ-Globuline-Produktion, aber es gibt keine Anhaltspunkte dafür, daß die Ausbildung einzelner spezifischer Bindungskräfte, mit denen ein γ-Globulin zur Abwehr hochmolekularer, zellfremder Eindringlinge ausgestattet wird, von Genen abhängt.

Bildung der Antikörper 199

KLENK (Köln): Wie Sie sagten, nimmt man heute allgemein an, daß ded Reaktionsort am Antikörper eine Höhlung ist, in die die determinante Gruppe des Antigens hineinpaßt. Warum nimmt man für den Reaktionsort am Antikörper eine Höhlung an? Es könnte doch genauso umgekehrt sein. Dann hat mich noch besonders interessiert, was Sie über die Neuraminsäure sagten. Habe ich Sie richtig verstanden, daß sich die immunologischen Eigenschaften der γ-Globuline ganz ändern, wenn man die Neuraminsäure abspaltet?

SCHULTZE: Ich glaube, man darf die vereinfachten Vorstellungsbilder von Antikörperstrukturen nicht allzu ernst nehmen. Die Vorstellung von Kavitäten für die Antikörper bieten den Vorteil, daß man sie, bildlich gesprochen, mit Haptenen ausloten und damit ihr Bindungsvermögen quantitativ absättigen kann. Leider fehlt ein dreidimensionales Strukturbild des γ-Globulins, wie es kürzlich für das Myoglobin aufgestellt werden konnte.

KLENK (Köln): Es hat eben nur den Nachteil, daß es nicht nur ein γ-Globulin gibt.

SCHULTZE: Da sie wahrscheinlich alle Träger von Antikörperwirkungen sind, wäre die Aufklärung der Tertiärstruktur bei nur einem spez. γ-Globulin schon sehr nützlich.
Zur weiteren Frage von Herrn Prof. KLENK muß ich bemerken, daß noch kein determinierender Einfluß der Neuraminsäure auf die Antikörperspezifität beobachtet wurde, was wahrscheinlich darauf beruht, daß die Neuraminsäure in allen, üblicherweise bei Immunisierungsversuchen verwandten Tieren vorkommt.
Die Serumalbumine enthalten keine Neuraminsäure. Die am meisten verbreiteten Vertreter der γ-Globulinkomponenten mit der Sedimentationskonstante $S = 7$ enthalten nur etwa 0,3%, die beiden übrigen γ-Globulinfraktionen etwa 2,0% Neuraminsäure. Unter den besonders kohlenhydratreichen α-Globulinen enthält das Orosomucoid 12% Neuraminsäure.
Offenbar ist die Neuraminsäure endständig, denn durch Einwirkung von Neuraminidase aus dem Kulturfiltrat von Choleravibrionen wird sie leicht aus α-Globulinen abgespalten, die hierdurch eine starke Verzögerung ihrer elektrophoretischen Mobilität erleiden und die Beweglichkeit von β- oder γ-Globulinen annehmen können, ohne im Antigencharakter verändert zu werden.

WIELAND (Frankfurt): Ich darf hier vielleicht zu der Frage der Beweglichkeit im elektrischen Feld in Abhängigkeit von der Struktur darauf hinweisen, daß kleine Eingriffe an der Primärstruktur genügen — z. B. wenn die Karboxylgruppen in Amide übergeführt werden, oder wenn OH-Gruppen durch Phosphorsäuren verestert sind — um das elektrophoretische Verhalten zu verändern. Mit solchen Modifikationen wäre vielleicht zu rechnen.

ROKA (Frankfurt): Ändert sich die Antikörpereigenschaft, wenn einem Immun-γ-Globulin die Neuraminsäure mit Neuraminidase abgespalten wird? Wenn nicht, würde das dafür sprechen, daß mit dem Abspalten der Neuraminsäure nicht sehr viel an der tertiären Struktur geändert wird.

SCHULTZE: Tatsächlich ist im Falle der Plasmaproteine die prosthetische Neuraminsäure ohne Einfluß auf das Antigenvermögen. Im Gegensatz zu den

Belkterienpolysacchariden wurde auch bei anderen Kohlenhydratbestandteihen der Plasmaproteine noch nie ein determinierender Einfluß auf die Antikörperbildung beobachtet. Diese wird nach den zur Zeit vorliegenden Befunden nur von der Zusammensetzung der Peptidketten maßgeblich beeinflußt, offenbar weil die Art der Polysaccharidverbindungen bei den fast ausschließlich für Antikörperversuche herangezogenen Versuchstieren dieselbe ist.

ZIMMERMANN (Homburg): Muß nach der heutigen Ansicht die Matrize, d. h. das Montagegestell für die γ-Globulinsynthese unter dem Antigenreiz geändert werden?

SCHULTZE: Das experimentelle Material ist noch gering. Ich fand aber bisher noch keinen humanen Antikörpertyp, der nicht auch in Spuren unter den γ-Globulinen des Normalserums Erwachsener vorkommt. Deshalb möchte ich mich zu der Hypothese bekennen, daß die verschiedenartigsten spezifischen Anlagen frühzeitig erworben und durch Kontakt mit späteren Antigenen spezifischer ausgerichtet werden können.

WIELAND (Frankfurt): Sie sagten, daß steril aufgewachsene Tiere, die also keinen Reiz empfangen haben, nur ganz wenig γ-Globulin enthalten. Kann man überspitzt vielleicht sagen, daß alle γ-Globuline Antikörper sind, so daß es vielleicht gar keine anderen γ-Globuline gibt, die nicht diese Funktion haben?

SCHULTZE: Das entspricht durchaus meiner Auffassung. Es gibt nur graduelle Unterschiede hinsichtlich der Spezität.

GPSR Compliance

The European Union's (EU) General Product Safety Regulation (GPSR) is a set of rules that requires consumer products to be safe and our obligations to ensure this.

If you have any concerns about our products, you can contact us on

ProductSafety@springernature.com

In case Publisher is established outside the EU, the EU authorized representative is:

Springer Nature Customer Service Center GmbH
Europaplatz 3
69115 Heidelberg, Germany

www.ingramcontent.com/pod-product-compliance
Lightning Source LLC
Chambersburg PA
CBHW071720100426
42873CB00016B/348